生态意念：森林在城市的回响

Green Obsession: Trees Towards Cities, Humans Towards Forests

斯坦法诺·博埃里建筑事务所（Stefano Boeri Architetti） 著

徐娴雅 译

同济大学出版社·上海

序言1

斯坦法诺·博埃里（Stefano Boeri）

问题及概述

如何为城市中高耸的树木创造最佳的生存环境？

如何引导橡树或椴树的根部向水平方向延伸，而不是垂直延伸？

在100m高的阳台上，花盆里的土的最佳化学成分是什么？合适的重量应该是多少？

若一座摩天大楼的外墙上养了一些植物，需要在花盆里放多少只瓢虫才能对抗侵害这些植物的害虫？

树木如何应对风的存在？

如何将一棵枫树的树干固定在摩天大楼的外墙上，并防止它开裂？

要了解一棵小树在田里的生长速度，应该跟踪调查多少年？

为了形成一片冷杉林，每公顷需要多少棵样本？同样，形成一片具备生物多样性的森林需要多少种树？此外，一棵10m高的树，一年能吸收多少吨微尘？

在水平或垂直表面上，一棵树及其叶子可以减少多少热量？

对于那些靠朝北的外墙生长的落叶树，鉴于其接触的光照较少，如何帮助它更好地生长，同时避免其树叶在冬季遮挡室内微弱的光线？

居住在一个花草树木广布的社区在增强免疫反应方面有何优势？

一棵成熟的树在其10年的生命周期中可以将多少二氧化碳转化为氧气？

通过使用绿色走廊连接生物多样性的两极，如花园、公园、绿化屋顶、林荫大道、长有植被的外墙等，有何优势，以及如何在城市环境中发挥这一优势？

什么是城市森林？城市森林真的存在吗？

最重要的是，一棵长在悬崖边的松树是如何存活的？它会如何感知其周围的环境？与一棵长在混凝土建筑旁边的松树相比，它们所感知的内容有何不同吗？

如果将同一科的两棵树并排放置，其叶子为什么会互相靠近？

当植物与昆虫、鸟类和小型啮齿动物日常接触时，它们是什么样的感觉？

当植物与人类日常接触时，它们又会是什么样的感觉？

一棵杜松的单轴或合轴分支内会传递哪些信息？

如何衡量一棵橡树的寿命？

我们在米兰的多尼泽蒂大道4号（via Donizetti），即博埃里建筑设计事务所（Stefano Boeri Architetti）的总部，已从事植物学研究至少20年了。

我们是一家专业与植物打交道的建筑公司。最重要的是：我们对植物在环境中的表现很感兴趣；我们研究了植物的态度和偏好，并开始了解它们对气候的适应度。

我们特别热衷于与树木融合设计建筑，这些建筑也可以供人类甚至鸟类居住。

我们也热衷于设计森林城市。在这里，植物和自然的存在感不亚于人类，且二者共同创造了一片栖息地，这里的矿物表面数量将被减少至生命所需的最低限度。我们热衷于为生物多样性创建大型绿廊，连接大型地域系统内的公园、天然绿洲和森林。

最终，我们也热衷于打造森林城市或绿色城市，通过创建生物多样性走廊将其转变为连接点。

据说对某事物的热衷是碰巧出现的，但事实并非如此。热衷源于对其他事物的热衷。天体物理学家詹姆斯·洛夫洛克（James Lovelock）在思考如何到达火星时，就得到了盖亚（Gaia）的灵感。

洛夫洛克表示，在苦思冥想到达火星的最合适方式时，他突然将目光转向地球，从概念上讲，地球距离火星不过数百万公里。突然间，他能够想象地球的完整性，包括其生物多样性的活跃与盎然，而这在我们所知的宇宙片段中却如此难得。

同样的事情也发生在我们身上，在思考城市的未来，以及需要建造优质且功能丰富的高楼大厦时，我们会开始想象，如果在一栋高层住宅，甚至是在办公楼或博物馆的屋顶或阳台上种一棵大树会怎样。

从此，一切都变了。

花草树木从装点建筑的装饰物演变为会思考、具有自主性的卓越主体，被赋予了鲜明的个性和独特的生命轨迹。我们对绿色植物的热衷只是执着于打造更加环保的建筑，而是一种对建筑领域不同观点的执着探索。它代表了一种生物多样性的建筑想法，有利于各种物种的和谐共生，而不仅限于人类。我们坚信生物多样性不仅是衡量某地物种密度的一个指标，也是强化人类免疫屏障的重要资源。

我们在多尼泽蒂大道、上海和地拉那（阿尔巴尼亚的首都）办事处打造的生物多样性实际是一种修行，同时也是一场博弈，让我们站在树木、枫树、山毛榉，甚至狐狸、乌鸦和刺猬的视角来博弈，同时站在其视角思考城市世界。

这本书给出了多个观点，目的是表达这种有点疯狂但总体上很有意义的"执着"。

物种的脆弱

首先，让我们来简明扼要地说一说，什么是脆弱。

新冠疫情肆虐全球，每个个体都无疑被卷入其中。人类终于不可否认地意识到自身的脆弱性。

我们曾自以为是地相信专家统治论，而如今这变成了伤害我们的利器，让我们的脆弱暴露无遗。我们意识到，我们根本没有做好准备，甚至都无法预知一场病毒的传播会带来怎样的后果。当疫情来袭，我们如此脆弱，如此绝望，只希望能够继续存在于这个世界上，能够对抗这场暴风雨。

不得不说，我们必须接受这一现实：无论多么的不情愿，我们的脆弱正显现出来，且无处可逃。如果想要将这一弱点转化成为积极的力量，转化成生产力，必须辩证地看待地球上的人类中心论，以及我们是否是生命舞台的主宰。重新思考人类中心主义并不意味着要完全用去中心化的角度看待问题，或者陷入本体相对论之中，而是要同时进行双向的思考。

一方面，我们要学会重新阐释人类作为一种存活的物种的意义。茫茫宇宙，生命以各种各样的形式存在，而人类只是其中一种［哲学家伊曼纽尔·科西亚（Emanuele Coccia）时常提醒我们这一点］。这意味着我们要衡量与审视每一个举动、每一项政策、每一个决定在此时此刻对城市和空间会有怎样的影响，并且还要考虑其他物种的视角、期待和需要。

另一方面，不可否认，去中心化创造并鼓励要强化认知。这不仅仅是因为詹姆斯·洛夫洛克告诉我们如此，我们对地球未来的愿景也是一种视觉上的去中心化，将其看作一个统一的生态系统，也就是说，我们以月球或火星的角度看待自己；去中心化需要睿智和科技，在这里我想说，它还需要征服世界的欲望。此外，这一举动让我们站到一个位置去看待别的物种，这需要在文化和认知上迈出一大步，并且我们被抛出了关于我们的文化和科学能力的问题。这样一来，我们首先不得不去面对和处理的问题不仅是经济和社会的问题，还有文化上不平衡的问题。要知道人类这个物种仍然在为种族主义和少数民族的利益而争得面红耳赤，互相蔑视。而乔治·弗洛伊德（George Floyd）被杀的不幸事件以及2020年5月在美国发生的悲剧，当然还有在欧洲的事件，都以不同的方式说明这一点。而现在，我们需要将这种已然被征服的脆弱性转变成一种有意识的新的精神上的力量。因此，在探索这个我们尚未了解的庞大的世界之时，的确，从现在开始我们会引入其他物种的观点。换句话说，我们仍未知晓的不仅是我们的智力在理性上无法掌握的庞大现象范围，还包括其他类型的智慧［其他的思维，借用彼得·戈弗雷-史密斯（Peter Godfrey-Smith）的话］已经发展了成型的世界观。这就为我们的智慧打开了一个强大的可扩张的领域，去探索我们的学科一直认为未知的现象［史蒂芬·平克（Steven Pinker）和他关于启蒙的研究］。与此同时，我们也在走向了解其他物种的所知和所学，以及他们智慧的世界与他们眼中未知的世界。这样想来，我们想要去看一看那些在不同维度等着我们去探索的无限可能性，去谱写人类的智慧、城市的未来、植物的世界，以及共同带来的最为先进的策略和项目。这也是我和我的团队一直以来致力于从事的事情，至今已20多年。

在这里，我想提及几大关键问题：气候危机，因为它可能会变成空前的社会危机，并且对环境也会造成严重影响；自然的概念，我们也是自然的一部分，无论我们多不愿意承认都是如此；城市与森林之间的不断变化的关系。只有艺术、建筑、城市规划、哲学和科学等不同学科之间发生激烈的碰撞，才能帮助我们跨出这具有进化意义的一大步，这也是我们人类必须要做的，在今时今日尤其如此。

2020年7月11日在米兰三年展"从月球看地球"研讨会上的演讲

序言2

玛丽亚·基亚拉·帕斯托雷（Maria Chiara Pastore）

这是一本关于追寻绿色生态的书，目标是讲述博埃里建筑设计事务所（SBA）的专业性和研究工作的演变历程。

本书回顾了公司项目历史、灵感来源，以及这些项目背后的个人、文化和经济网络理念。

但本书不限于此：近年来诸多专业人士、研究人员、思想家和权威机构与该专业公司合作共事，探讨、设计、创建活动，策划、组织研讨会和研究，共同见证了博埃里建筑设计事务所对绿色生态的痴迷。其中包括马里奥·皮亚扎（Mario Piazza），他负责这本书的图画设计，并持续参与斯坦法诺·博埃里事务所的多个项目。

本书分为5章，每章都呈现了一系列的主题和项目，并介绍了多个领域的内容供读者参阅。书中包含项目相关信息，多年来工作室主要人物的采访，以及斯坦法诺·博埃里多年的研究文本，这些文本重新梳理了自然和建筑之间的复杂关系。书中斯坦法诺·博埃里建筑师研究小组的叙述者利用图像和数据交替呈现的方式，将建筑工作室处理的相关材料和场景回归生物多样性的中心主题，考察不同的工作规模，并考虑不同的地理图形背景、政策和未来的挑战等多种因素的影响。

生物多样性指："生物有机体系间的多样性，包括陆地、海洋和其他水生生态系统及其所属的生态复合体系，以及物种与生态系统之间的多样性"（Treccani, 2021），它衔接了共存、平衡和进化的概念。

随着一系列与生物多样性主题相关的项目和概念的发展，本书凸显了工作室对新目标和新应用机会的锐意进取和不可磨灭的执着追求。

垂直森林项目的发展更是如此（如今，工作室活跃于世界各地），工作室在随后的一系列实验中，以米兰垂直森林为起点，为更广泛的用户群提供了建造这种建筑的可能性（荷兰埃因霍温和中国黄冈已建成垂直森林住宅），以及使用木材作为结构材料，最大限度地减少建筑过程中二氧化碳的产生，比如为米兰新门Porta Nuova街区设计的Botanica塔，或者为阿马特里切地震后重建设计的一系列模块化建筑。

人们反复关注城市环境中生物物种之间的共居问题，但同样的困扰已经出现。这始于2008年斯坦法诺·博埃里的一篇文章，题为《从立场出发：支持非人类中心城市伦理的论点》（*Abitare*, 2008），源自和安德烈亚·布兰齐（Andrea Branzi）共同的愿景，即将巴黎转变为一个生物和谐共存的大都市，随后在米兰理工大学（Politecnico di Milano）致力于生物共居课程中再次被提及（*Animal City*, 2015），并再次高调出现在最近的日内瓦大都市圈项目中，该项目的核心不是建造广场或纪念碑，而是一个拥有生物多样性的山区。

随后，在编辑这些知识灵感和个人关系线索的过程中，本书提供了内科教授皮尔·曼努西奥·曼努奇（Pier Mannuccio Mannucci）和农业经济学家兼景观设计师劳拉·加蒂（Laura Gatti）关于健康与环境关系的对话，并将这些文本与多年来持续开展的工作联系起来。首先是博埃里工作室，然后是SBA关于城市林业，特别是大米兰的绿色连接，从Metrobosco项目开始，该项目于2005年提出了在米兰大都市建立轨道森林的想法。2015年世博会的行星花园项目（包括2014年的绿色河流项目）延续了这一思路，该项目提议利用废弃的火车站，将其重新规划为米兰密集建筑区内承载自然的新区域，以应对"森林米兰"方案的巨大挑战，该项目目前正在米兰大都会城市进行，其目标是试图改善环境质量、健康和绿化问题。

本书还阐释了事务所对跨学科工作的态度，不断寻求与研究人员、思想家和哲学家、政治家、活动家、科学家、学者和艺术家的伙伴关系和对话交流，如恩里科·阿列瓦（Enrico Alleva）、伊曼纽尔·科西亚（Emanuele Coccia）、弗雷迪·德瓦斯（Fredi Devas）、劳拉·加蒂（Laura Gatti）、简·古道尔（Jane Goodall）、保罗·霍肯（Paul Hawken）、塞西尔·科尼纳迪克（Cecil Konijnendijk）、戴维·科佩纳瓦·雅诺马米（Davi Kopenawa Yanomami）、皮尔·曼努奇奥·曼努奇（Pier Mannuccio Mannucci）、大卫·米勒（David Miller）、哈里尼·纳根德拉（Harini Nagendra）、托马斯·B. 兰德鲁普（Thomas B. Randrup）、朱塞佩·萨拉（Giuseppe Sala）、米切尔·西尔弗（Mitchell Silver）、乔治·瓦基亚诺（Giorgio Vacchiano）和李翔宁。

2018年，联合国粮食及农业组织（FAO）、意大利造林和森林生态学会（SISEF）、米兰理工大学和斯坦法诺·博埃里建筑师事务所合作，将这些对生物多样性和自然景观连通性执着的地方、人、项目和愿景汇聚在一起，举办了第一届世界城市森林论坛，其意义重大。事实上，该论坛是各种关系的十字路口，也是来自不同背景的人群及设计专业人士经验交流的十字路口，例如世界公园的理查德·韦勒（Richard Weller），他设想了美洲与生物多样性走廊的联系，也为SBA的工作提出了新的建议。

众多的灵感进一步催生了真正的宣言，如首座垂直森林（2008年）或Botanica塔，这是垂直森林作为米兰城市韧性和生物多样性催化剂的新原型；又如作为卡地亚当代艺术基金会举办的展览的章节——《森林城市宣言》，于2021年在上海当代艺术博物馆展出。

正是这种反复出现的、雄心勃勃的宣言形式，或许最能反映出富有成效的绿色执念，这种执着在过去20年中使得SBA的思想、研究和工作与众不同。

目 录

序言1

序言2

第1章 环境与气候危机

1.1 概述　　002

1.2 关于责任伦理　　010

1.3 伦理选择的背后　　012

1.4 再生与提取：人之本性　　016

第2章 地球的分类标准

2.1 新的约定　　034

2.2 改变的驱动力　　036

2.3 对新世界的想法：时间、空间和移动　　047

2.4 保护盖亚的理论：全球性项目和网络中的生物多样性　　056

2.5 绿色城市绿洲：一个全球项目　　059

2.6 按比例缩小：从全球到各洲　　061

2.7 城市与乡村之间新的互惠契约　　063

2.8 全国范围的"意大利公园"　　066

2.9 内陆地区及村庄的四个构想：引人深思　　068

第3章 城市框架

3.1 三大反乌托邦　　074

3.2 城市框架　　076

3.3	城市的作用	081
3.4	城市林业：景观生态都市主义概述	094
3.5	地拉那2030	102
3.6	圣马力诺2030	105
3.7	绿色河流	107
3.8	垂直森林	110
3.9	垂直森林作为一个符号	113
3.10	垂直森林：体验与观点	124
3.11	植物学宣言	128

第4章 城市之树，森林之人

4.1	人畜共通病，森林砍伐：城市林业的前景	132
4.2	森林简史与农业的作用	139
4.3	世博会与农业	145
4.4	森林与人类的关系：意义与身份	151
4.5	坎昆智慧森林城市	159
4.6	锡拉库扎—特洛伊妇女—死去的树木	164
4.7	记忆之林："红环"公园总体规划项目	170
4.8	亚诺玛米族的智慧	174
4.9	展开的森林	179
4.10	公众健康与绿色植物之间的关系	185
4.11	人类与野生动物共同生活在一样的城市之中：他们的关系是盟友，还是彼此敌对呢？	190
4.12	设计的角色：以城市林业为手段	195
4.13	关于《设计结合自然》	200
4.14	地拉那河畔	202
4.15	博埃里建筑设计事务所对绿色的热衷	206
4.16	"普拉托都市丛林"	214
4.17	奇迹森林	218
4.18	木材循环	221
4.19	大日内瓦都会圈联合体	226

4.20 阿马特里切Polo del gusto餐饮中心 229

4.21 让我们谈谈森林和城市林业，以重新设计我们生活的世界 233

第5章　千变万化的未来

5.1 四种未来：环境与政治 238

5.2 绿色城市如何帮我们拯救地球 240

5.3 特鲁多垂直森林 246

5.4 树木栖身的权利 252

5.5 迈向城市与自然的新联盟 255

5.6 塑造（重塑）韧性城市 258

5.7 自然建造：迈向另一种"绿色建筑" 265

5.8 南京垂直森林 270

5.9 黄冈居然之家垂直森林 274

5.10 公园的观念：纽约的绿地和社会不平等现象 278

5.11 关于生态系统服务、无障碍城市和环境正义在城市规划中关于包容性的新方法 290

5.12 森林米兰 297

5.13 森林米兰：米兰市种植300万棵树木活动 300

5.14 森林城市宣言：不以人类为中心的城市现象 303

5.15 写在最后的思考 306

致谢 309

参考文献 310

附录 320

第1章
环境与气候危机
The Environmental and Climate Crisis

1.1 概述

西蒙内·马尔凯蒂（Simone Marchetti）和玛丽亚·基亚拉·帕斯托雷

大加速

与以往的气候"危机"或不同地质时代发生的早期气候变化不同的是：我们目前遭遇的气候危机是由人类一手造成的，对整个陆地生态系统的影响极其严重。波茨坦气候影响研究所（Potsdam Institute for Climate Impact Research）开展的一项研究表明，大气中的碳浓度呈指数增长，达到了约412ppm。它在短短几十年内就达到了在过去三四百万年来都未曾检测到的数值（Gütschow, 2016）（表1-1）。

表1-1 二氧化碳在短时间内达到了前所未有的水平

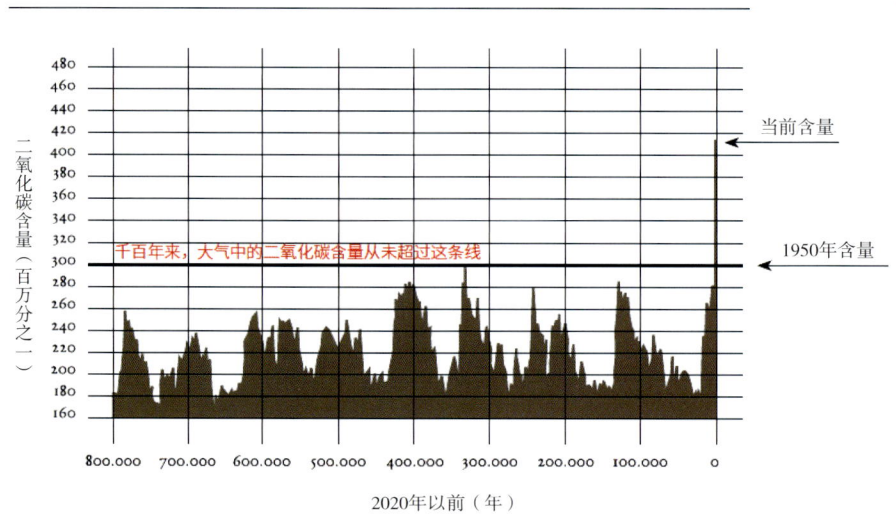

来源：Luthi, D., et al., 2008; Etheridge, D. M., et al. 2010; 东方站冰芯数据/J.R.Petit et al.; NOAA 莫纳罗亚山二氧化碳记录。
一些说明摘自美国斯克瑞普斯研究所（Scripps）二氧化碳项目网站，"基林曲线课程"。

这些碳痕迹是人类世[①]（Anthropocene）的明确证据。关于人类世何时开始众说纷纭，但由西蒙·刘易斯（Simon Lewis）和马克·马斯林（Mark A.Maslin）在《自然》杂志（*Nature*）上发表的一篇文章中所提出（Lewis S.L., Maslin M.A., 2015）的两个可能的时间点似乎很有参考价值，这两个时

[①] 译者注：该词最早由美国生物学家尤金·施特默（Eugene Stoermer）于20世纪80年代创造，用来指人类行为开始引起全球性生物物理变化的时代。

间点分别为1610年和1964年。1610年标志着大陆之间物种的大规模交换，这是首要分析要素，事实上，这次交换始于1492年，但在1610年才被察觉。

"这次交换的一个生物学结果是人类食物的全球化。新世界开始种植玉米、土豆和热带主食木薯！欧洲、亚洲和非洲也紧随其后，开始种植木薯。与此同时，旧大陆则开始种植甘蔗和小麦等旧大陆作物。数十种其他食物，驯养家畜和与人类共生动物（黑鼠被带到美洲）的跨大陆移动，以及意外的转移（多种类蚯蚓到美国北部；美洲水貂到欧洲）在没有地质先例的情况下促成了地球上生命迅速、持续、彻底的重组（Lewis S.L., Maslin M.A., 2015）。

而第二个要素则涉及由疾病传播（特别是天花）、战争和饥荒引起的人类数量的骤降。

"……随之而来的是几乎停止耕作，以及减少用火导致超过5,000万公顷（1公顷=10,000m²）的森林、灌木草原和草地得以再生。碳固定的大致幅度和时机表明，这一事件对1570年至1620年间观察到的大气二氧化碳的下降有着显著贡献，这一下降在两个高分辨率的南极冰芯记录中有所记载就变化率和幅度而言，在过去的2000年大气二氧化碳记录中，大工业化前期其含量的下降是最突出的。"（Lewis S.L., Maslin M.A., 2015）

上述提到的另一个历史时期是1964年。"自20世纪50年代以来，人类活动对地球系统的影响显著增加。这次大加速上升的特点是人口的激增，自然作用的巨大变化，以及新材料的开发，从矿物到塑料再到持久性有机污染物和无机化合物。在这些变化中，核弹试验对全球造成的影响已被建议作为一个全球事件。最清晰的信号来自大气碳-14，它可直接在空气测量中看到，也能在树木年轮和冰川冰中找到蛛丝马迹。"（Lewis S.L., Maslin M.A., 2015）

这两个时间点都非常具体，是全球范围内发生重大变化的关键节点，而在这两种情况下，大自然都记录了这一突如其来的变化。从1964年到今天，这种"大加速"已有所改变，且正在以一种出人意料的方式快速改变着地球。在《谢谢你迟到了》（*Thank You For Being Late*，Friedman T.L., 2017）一书中，托马斯·洛伦·弗里德曼（Thomas L. Friedman）介绍了在短短几代人的时间里，人类如何成功地成为真正的"全球范围内的地质作用力超速上升趋势提供了一个动态的观点，即通过全球化在全球社会经济体系和地球生物物理系统之间的新联合……已经将地球的所有关键系统推到了定义全新世的安全功能的极限，甚至可能已经超出"，即当前时代之前的地质时代（大约始于11,700年前），并且自20世纪初以来，这些生物物理因素发生了重大变化。

倾覆点

为了更好地定义地球所经历的变化，我们参考了《自然》杂志上发表的关于气候"倾覆点"（Lenton等，2019）的文章，或者更确切地说，是地球气候系统的不连续点或突变点。"倾覆点"或"不归宿点"一词最早由联合国政府间气候变化专门委员会（The Intergovernmental Panel on Climate Change，IPCC）提出，该政府间机构由联合国环境规划署（United Nations Environment Programme，UNEP）和世界气象组织（World Meteorological Organization，WMO）于1998年成立，其主要职能是为政府提供信息和科学数据，以用于制定气候政策。研究人员使用倾覆点的概念来证明其中一些已经被超过，以进一步证明气候变化是真实的，且目前处境很紧急，需要采取切实行动。

这里要说明的一点是，这些倾覆点在地球上已周期性地出现过。事实上，这并不是生物圈第一次经历一系列剧变性事件，这些事件相对大规模灭绝，对那个特定时代的气候和物种都具有重要意义。举一个离我们当下最近的气候事件，例如在冰川期或冰河期，试想一下，全球气温下降导致极地冰盖覆盖了欧洲和北美的大部分地区，山区的冰川比今天大得多。关于这些循环（降温或升温）的发生原因有许多假设：其中一种与洋流和大气中二氧化碳的浓度有关；另一种与地球轴的倾斜有关。我们目前正面临着达到（和超过）临界值的倾覆点，这些临界点可能会产生一系列事件，从而危及地球上多种动物物种的生命，包括人类。

下面列举一个倾覆点的例子，这个例子凸显了标记的重要性，以及需要理解这些变化的必要性。例如，在已经达到的阈值中，涉及两极冰川的融化（Lemon等，2019）。北极和南极极地系统都是启动生物、海洋和大气过程的基础，涉及整个陆地生态系统，而气候变化可能对其造成许多影响。现在已经确定，极地冰盖及全世界几乎所有的冰川都在迅速缩小。这是因为已经触发了一个融合过程，一个自我放大的连锁反应过程，正如北极正在以两倍的速度升温和融化。

根据发表在《自然》杂志上的研究，倾覆点意味着被称为"大西洋经向翻转环流"（Atlantic Meridional Overturning Circulation, AMOC）的海洋环流系统减弱（与1600年前的值相比），导致了暖/寒流循环及热能和能量交换，这对地球气候平衡非常重要。其重要性有两个原因：首先，可调节欧洲气候，影响气压分布并有利于暖空气流向欧洲（AMOC减速实际上可能导致中欧气温升高和雷暴事件增加）；其次，一些研究表明AMOC减弱可能导致美国沿海的海平面上升（Yin等，2009）。

另一个倾覆点是潜在的，是由气候变化、火灾和森林砍伐引起的干旱，且正在危及亚马孙雨林的健康。根据发表在《自然》杂志上的另一项研究（Amigo I., 2020），在过去50年中，亚马孙雨林的某些地区旱季从4个月延长到至少5个月，20世纪平均气温上升1～1.5℃，且旱季的延长和气候变暖可能会使未来30年受火灾影响的森林面积增加一倍，从而进一步削减地球之肺。

研究人员还在倾覆点的列表中加入了北方森林的状态，由于温度的升高，它们更容易受到"干扰"，换句话说，所有这些现象的影响有时不一定是负面的，而是产生自然和再生的某种现象，比如火灾。然而，由于不断增强的热浪增加了火灾的风险，这对北方森林的影响可能会对此类生态系统造成灾难性后果。西伯利亚受热浪影响特别大，在远超北极圈的纬度上温度达到了+38℃的峰值，远高于前几年同期记录的温度（ACF, 2020）。对2020年5月西伯利亚西北部记录的温度进行初步分析就非常重要，因为如果没有人类对全球气温上升的影响，这种高温通常每10万年才会出现一次。

如前所述，格陵兰（Greenland）冰盖的快速融化已导致冰川融化，从20世纪90年代的每年约250亿吨增加到今天的平均每年约2340亿吨，其速度快了9倍（Shepherd等，2020）。

2020年夏天，根据对格陵兰岛200多个冰川的卫星监测结果，俄亥俄州立大学伯德极地与气候研究中心（Ohio State University Byrd Polar and Climate Research Center）的专家估计已经达到了不归宿点。这表明了一个不可逆转的融化过程，即使我们此刻停止全球温室气体排放，也无法阻止该进程（Sasgen等，2020）。

永久冻土的融化也被认为是达到倾覆点的标志之一，这离"极限点"

恐怕已经非常接近，其最严重的后果将是大量二氧化碳和甲烷释放到大气中，从而进一步加剧当前局势的恶化（Plaza C., 2019）。

综上所述，已经超过不归宿点的现象包括（表1-2）：

印度和西非的季风变化；

格陵兰冰盖的融化；

北方森林的减少；

永久冻土的大规模融化；

AMOC的减弱，使得欧洲海岸可能变暖；

亚马孙森林的干旱和森林砍伐；

珊瑚礁大规模死亡；

南极洲西部和东部浮冰崩塌。

（资料来源：Lenton等，2019）

表1-2 敲响警钟

a.亚马孙雨林/干旱频发
b.北极海冰/面积减少
c.大西洋环流/自20世纪50年代以来速度减慢
d.北方森林/火灾与动物的变化
f.珊瑚礁/大规模死亡
g.格陵兰冰盖/冰川加速流失
h.多年冻土/解冻
i.南极西部冰盖/冰川加速流失
j.威尔克斯盆地/南极洲东部冰川加速流失

● 倾覆点
➤ 连接性

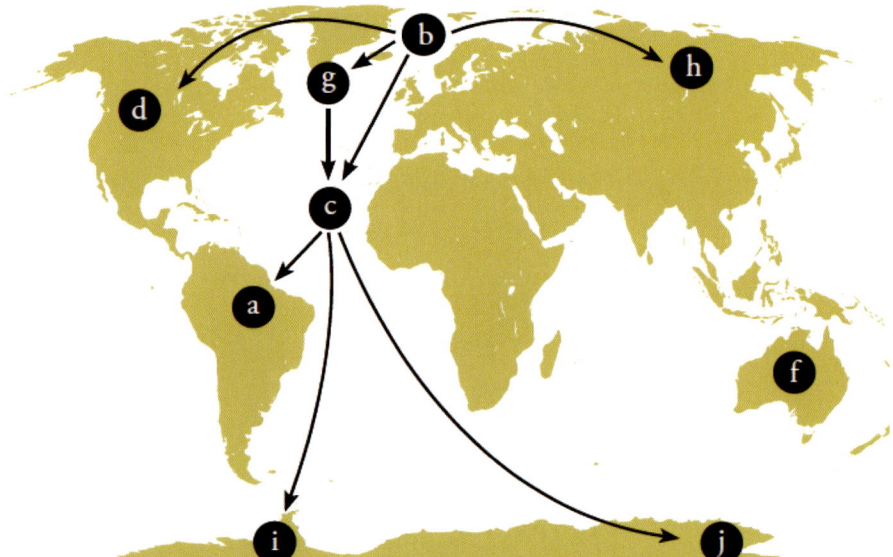

过去十年中，越来越多的证据表明倾覆点正在出现以及系列多米诺骨牌效应

来源：Lenton T.M. et al.

在科学家和气候学家已确定的一段时间的所有不归宿点（大约30个）中，似乎有9个已经超过临界阈值，与人类活动直接相关的原因导致与前工业时代相比，温度升高了1℃。

并非所有这些事件都易于监控。IPCC科学家在大约20年前进行的一项研究表示，只有在全球变暖超过5℃后这些阈值才会被超过，而现在越来越多的观察结果表明，正如以上所列，一些事件已经发生。这就是为什么认可我们正处于紧急状态的说法：这是一种危险的境地，几乎没有时间来预防。面对人类历史上前所未有的时刻，我们可以以某种方式有所作为。

温度升高正是"异常"现象发生频率增加的原因，之所以说异常是因为它们比长期干旱或大雨等普遍现象更强烈。高温导致大气中存在更多水蒸气，导致了大型气候事件愈演愈烈，例如，大气中的热量越高，海洋的表面温度越高，热带气候下风暴的强度越大。海平面的上升将使受到海洋"侵蚀力"影响最大的沿海地区更易遭受潜在灾害。

濒危物种

气候和环境危机也会影响动植物等生物物种，并对那些没时间适应新变化（无论是由人为还是由自然行为引起）的物种影响更大。

根据联合国（生物多样性和生态系统服务政府间科学政策平台，Intergovernmental Science-Policy Platform on Biodiversity and Ecosystem，IPBES，2019）的数据，由于这些物种所处生态系统的健康问题，动物物种的灭绝速度正在加快。平均而言，约25%的动植物物种受到威胁，相当于约100万种动植物濒临灭绝。根据该数据，对仍有足够栖息地的物种数量的分析表明，迄今为止，已有50万种陆生动植物由于栖息地的丧失或恶化而注定要灭绝。

根据国际自然保护联盟（International Union for Conservation of Nature，IUCN）的数据，目前约有32,000种动物濒临灭绝（其中两栖动物占41%，哺乳动物占26%，鸟类占14%，鲨鱼和鳐鱼占30%，一些甲壳类动物占28%）（IUCN，2020）（表1-3）。

这种全球性物种濒临灭绝的趋势正在加速，比过去1000万年的平均水平高出数十到数百倍。在保护生态系统和濒危物种方面，引发我们反思对生物多样性的必要性的原因有很多，但均可追溯到一个概念：人类的生存有赖于其他物种的生存。事实上，大自然是人类维持生计的基础，为我们提供着食物、能源、药物和主要资源。想想我们呼吸的空气、喝的水或吃的食物，例如，超过75%的粮食作物（如水果和蔬菜）依赖于授粉动物。根据IPBES的研究，大约75%的土地发生了重大变化，66%的海域正遭受重大影响，超过

表1-3　超过 32 000 个物种濒临灭绝

只占所有被评估物种的27%

两栖动物	41 %
哺乳动物	26 %
针叶树	34 %
鸟类	14 %
鲨鱼和鳐鱼	30 %
珊瑚礁	33 %
部分甲壳类动物	28 %

来源：《世界自然保护联盟濒危物种红色名录》，世界自然保护联盟，2021年

85%的所谓"湿地"已经消失。

　　许多国家早已通报鸟类和昆虫灭绝日益严重，而这些鸟类和昆虫从前可以通过自然方式调节寄生虫和疾病的存在（联合国粮食及农业组织，FAO，2019）。其中这种严重失控带来的损失最显著的例子就是蜂群的消失。事实上，全球大约17%的授粉物种几乎濒临灭绝，且在温度升高的气候危机更加明显的地区，花粉媒虫的比例急剧下降。由此，气候危机和气温升高是这些物种面临的最大风险（Soroye等，2020）。实际上，这场灾难甚至会破坏我们自己的生态系统：只需想想农业生产（作物授粉）对这些类型昆虫的依赖性就足够了（Wido等，2019）。

　　同时，自2000年以来全球范围内森林的流失正在放缓。在热带地区，2010年至2015年间，约有3200万公顷的原始森林或"恢复的森林"消失（IPBES，2019）。砍伐森林的主要驱动力似乎是土地利用的变化，主要是为大规模农业发展（33%）腾出空间，原因也与城市扩张（10%）、基础设施（10%）和矿山（7%）相关；而森林退化的主要原因包括砍伐木材（58%）、将木材用作柴火（27%）、无法控制的火灾（10%）和城市扩张（5%）。

受到生物多样性丧失影响最大的地区将是干旱和湿润的热带和亚热带森林。这些地区在全球生物多样性方面占有主导地位，拥有10个具有最多陆生脊椎动物特有物种和同时最多濒危物种的热点地区（IPBES, 2019）。

该报告附有一系列关于全球生物多样性状况的重要事实，分析了所有类型的气候带及相关动植物物种的状况。很明显，通过与人类圈、农业用地及所有其他城市用地区域复杂的相互作用，这些可以显著改变生物群落的状态。

人类身体和心理健康的所有方面几乎都依赖于自然生态系统。无法想象在没有其他动植物物种的情况下，我们如何生存。

鉴于上述关于濒危物种的数字，针对当前令人担忧的趋势，我们务必要通过评估来了解可采取哪些可持续管理策略来改变现状，以减少对已经受损和退化的生态系统的影响。

一些生态系统的减少和退化会为其他生态系统带来灾难性后果，即便我们不是直接依赖其中的某个物种，但仍应强调物种（包括人类）之间的相互依赖性。

在欧洲，为了应对生物多样性消失带来的挑战，欧盟委员会（European Commission, EC）正在针对2030年制定一项远大的生物多样性战略，目标是让自然回归到人们的生活（EC, 2020）。该战略意识到生物多样性和气候危机密切相关，而生物多样性的消失和生态系统的崩溃都是人类面临的最大威胁之一。为了应对这些威胁，该计划提议在未来十年，解决与生物多样性和气候相关的所有问题，并涵盖所有可能的领域，包括渔业、农业、保护区、污染、有机农业、植树以及城市和城郊地区的绿化等。

在接下来的章节中，本书将概述关于城区、村庄和大城市的演变的一些想法。

1.2 关于责任伦理

斯坦法诺·博埃里

2020年初暴发的疫情迫使我们思考人类与自然的关系，尤其是我们人类长期以来其实一直想模仿并控制自然。人类通过技术将其物化，最终试图将其视为一种易使用的材料来支配。新冠疫情拉近了人类与野生自然的亲密度，但这种亲密并不和谐，在一定程度上质疑了一种古老的统治和控制模式。这迫使我们直接面对不可预测与突发状况的可能，且这种突发状况是一种岌岌可危的失衡，从而打开视角，进而提供了一系列行动方案。首先是对技术的完全依赖，肯定地认为仅仅通过应用科学的工具和精确的数学，就有可能再次在更大程度上管控自然，虽然后者（自然）似乎已有所反抗。其次是否认疫情的影响，不认为其影响了我们的观点和对未来的愿景。

就好像我们不得不接受物种灭绝的潜在风险，而气候变化已经表明其现实的可能性，且新冠疫情正在以迫切的方式强调这一点。

当我们开始深入思考实质性的生态转变时，我们会意识到，事实上我们就是地球的一部分，是这共同家园的一部分（图1-1）。

从这个角度来看，在对我们自身与其他生物种类之间关系的整体观念，以及与大自然过程和现象统一的综合生态学的观念中，有很多来自启蒙和科学理性最先进的成果。后者是达尔文式思维过程的一部分，虽经常被遗忘，但时常提醒我们：人类只是众多生物物种中的一个，我们是动物中的一种。这种生态转变从基础层面开始，从我们作为个体的存在开始，涉及人们当今的生存方式、思维方式、生活方式，以及在空间和地点之间移动的方式。

这也再次成为一个涉及内在转变、个人信念及所有人共同努力参与的问题。

在这方面要提到的一个重要问题是植树造林和森林砍伐：前者目前无疑是必要的，与后者完全对立；而后者代表了生物多样性的锐减，并且是人畜共患病（某些疾病从动物界传播到人类）的主要原因之一。生物多样性降低的风险迫使我们思考未来，在我们的城市周围和内部，各种绿色植物、花草树木的生存确实成为一个必须面对的挑战。

图1-1 地出
来源：美国国家航空航天局，2013年6月25日。

1.3　伦理选择的背后

西蒙内·马尔凯蒂

政治和经济、建筑学和城市化在根源上都面对伦理选择。伦理也是政治生活和市民生活的基础；然而，我们必须避免简单地将我们的行动和行为限制与奖惩机制联系起来。

无论是个人的选择，还是在国家和国际层面作出的重要选择，都在很大程度上决定了对当前气候危机的影响。对于正在发生的生态灾难，我们要仔细权衡后在伦理层面作出对环境的选择，超越伦理，抑或超越我们在某个时刻所认为的是非观念。我们只有在不顾奖励或惩罚机制的情况下，抱着一种必须负责任的态度，驱使所有人朝着同一方向前进时，才能解决目前气候危机的问题。在这种情况下，我们心中要有明确的伦理准则，沿着它的方向前进，而不是被一些人的不理性态度所左右。因此，人们所关注的不应是内疚感（这通常会导致感觉被排斥），而是那些更能鼓励人们采取行动的集体意愿（Tielbeke, 2020）。

环境伦理是人类进步的一部分，或者换句话说，由于有了新的工具和思想，人们自身和他人的痛苦都会减少。这种形式的伦理规范已经成为热门话题，而在格蕾塔·桑伯格（Greta Thunberg）等活动家领导下，世界各地的年轻一代也正在宣扬这一观念。

目前我们需要采取变革性的行动，即通过阻断温室气体的排放来保护当前及子孙后代的生活环境。这对于防止之前谈到的一系列不可逆的连锁反应的发生至关重要，但如果全球平均气温上升超过1.5℃，这种连锁反应很可能会发生（IPCC, 2018）。可以预知的是，气候危机将导致一系列具有毁灭性影响的事件。科学家们已经提出了令人担忧的预测，对这些预测的应对想要在一代人内解决是不现实的，需要几代人的共同努力。因此，可以确定的是，气候危机是一个跨代的问题。

走向全球变革

欧盟致力于实施的"欧洲绿色新政"（New European Green Deal）可以视为一项倡议，它不仅希望大幅减少碳排放，从而摆脱基于化石燃料的旧发展模式，还通过创新强化新的可持续技术，创造新的工作来取代旧的（EC, 2019 COM）。"欧洲绿色新政"实际上已被视为欧洲的新型发展模式，承诺将旧大陆转变为第一个真正实现零排放的大陆，成为经济增长的新动力，并在2050年之前实现更可持续的发展方向。该计划宣称能带领欧洲走上真正可持续和包容性的发展道路。鉴于这种变化的程度，众所周知，同样的计划对于其他国家来说也是可能的，也是可取的。全球化石燃料主要开采国，包括美国、沙特阿拉伯、俄罗斯、加拿大和中国，以及澳大利亚、南非和巴西等国，在减少大气中碳排放方面发挥着重要力量。

美国民主党提出的"绿色新政"计划预计通过转型实现"温室气体零排放"，同时与社会不平等和社会经济不公作斗争，旨在为所有公民带来新的繁荣并保障经济安全。因此，在美国民主党的计划看来，抗击气候危机与应对社会不公和经济问题密切相关。确切地说，这种转变要在能够基于公平、包容性等原则上造福所有人，并减少对不可再生资源的依赖（EC, 2019）。

在更宽泛的讨论中，考虑这些政策的整体影响，进而评估其可能的贡献是很重要的。最近，斯坦福大学开展的一项研究（Jacobson等，2019）评估了全球约143个国家的绿色新政能源计划。尽管该研究仅关注能源部门，但其结果表明，随着2050年完成能源转型的计划，或者更确切地说，完全过渡到可再生水—风—太阳能技术（Water-Wind-Solar technology, WWS）新能源，全球将有可能实现节约57.1%的消耗能源，同时将"私人"能源的成本从17.7万亿美元/年降低到6.8万亿美元/年（降低61%）。

在抗击气候危机的过程中，能源本身不是唯一要考虑的因素，还包括在转为非化石来源时，有效减少二氧化碳排放和大气污染也是主要因素之一。显然，清洁能源行业也构成经济的驱动力，是增加就业的重要机会。例如，2008年至2014年间，欧洲可再生技术领域的工作岗位增加了70%，根据欧盟委员会的一份报告（EC, Renewable energy in Europe, 2020），到2030年有可能创造约90万个工作岗位，前提是兼得公共和私人投资。能源效率行业还可以额外带来40万个工作岗位（EC, 2019）。在达成2050年气候中和这一目标上，欧洲可以做很多事情，为各个成员国制订远大的改革计划，并在能源、交通、循环经济、水管理和生物多样性及整个工业碳减排等领域进行投资。

然而，仅改变能源模式、减少消耗和提高建筑效率（仍然占总能源消耗的40%左右）还不足以解决该问题，需要从根本上重新考虑交通和基础设施等领域，因为在当今的大都市中，其直接导致了大气和噪声污染，以及拥堵等问题。

社会因素也同样不容忽视。政府在走向生态转型的过程中作出的伦理选择不能不考虑社会因素。鉴于在面临环境危机时，要强调的关键点之一是：全球公民在责任和脆弱性上并不平等，该双重社会经济条件将改变自然系统，并影响社会系统的运行趋势，且有关生态过渡的行动将对社会系统产生结构性影响（Laurent, Pochet, 2015）。

我们只有在全球范围内以协同的方式应对当前的全球气候、环境和健康（以及经济）危机。因此，我们迫切需要一个全球行动计划，而人类必须选择是继续走分裂之路，还是团结之路？只有意识到气候危机会影响到全世界每一个人，方可战胜本世纪接下来可能发生的所有危机，因为它们最终将改变我们集体坚持的统一行动，致使趋势走向分裂而非团结。在这一点上，我们不仅要问自己我们想要哪种治理模式以引领这种类型的革命，而且我们还必须尝试不断质疑我们所生活的城市形态，并有意识地回应当代挑战。

图1-2 斯卡德河流域吹雪冰川
来源：爱德华·伯廷斯基，加拿大不列颠哥伦比亚省，2012年。

1.4　再生与提取：人之本性

斯坦法诺·博埃里与保罗·霍肯（Paul Hawken）的对话

保罗·霍肯是一位环保主义者、企业家、作家和活动家，他毕生致力于环境可持续性和改变企业与环境之间的关系议题。他是环保运动的领军人物之一，也是生态实践方面企业改革的先驱建筑师。他曾经创办了一家成功的、具有生态意识的企业，也撰写过有关商业对生活系统影响的文章，并就经济发展、工业生态和环境政策为国家和企业机构提供咨询。

该对话由西蒙内·马尔凯蒂于2020年9月主持进行。

西蒙内·马尔凯蒂　保罗，您应对气候危机的方法是试图以整体的方式看待我们生活的世界。我们大多数时候习惯于区分优先事项，习惯于将生物多样性与贫困分开考虑，认为与森林相关的议题和饥饿无关，认为土壤开发与疫情远之又远。但实际上，自然界的所有一切都息息相关，我们也身处其中。

保罗·霍肯　气候运动是非常狭义的。它源于科学，源于那些倾向于将气候视为我们需要"修复"的问题的人们。并且它特别关注化石燃料，可以理解，毕竟这是温室气体的主要来源。但是科学气候运动却忽略了社会公正、生物多样性、沙漠化等悄然发生的问题，它并没有将气候看作一个系统性的议题，也没有正视其实化石燃料的燃烧是为了支持一个包含"健康产业"或农业在内的整体系统。气候运动将很多人排除在外。如果我们只是关注气候本身，我们是不可能解决气候危机问题的。如果你不去看背后的原因，你就不会有解决方案。无论是原因，还是解决方案，其核心都是人。大自然不会犯错，人类才会。气候运动有一定的排他性，只有一小部分人参与其中。目前，几乎99%的全球人口对气候变化不关心。为什么会这样？他们可能会有同理心，或者能够理解最基本的科学道理，但是他们并没有实际参与其中。如果你不相信的话，你就去大街上随便拦住一个人问他："关于气候危机，你做了些什么？你知道可以做什么吗？"他们并不知道。他们还可能会回答："是的，我承认这是个问题，但我不知道该怎么做。"

怎么会这样呢？这是因为人们一直认为全球变暖是一件令人恐惧的事情，会带来威胁。这种认知其实是不完整的，这样传递的信息从心理的层面来说是有缺失的。人们不谈论气候相关的问题是因为这似乎与他们的个人需求无关。很多人都会想要给家人最好的，给下一代最好的，包括居住环境。气候相关的行动和解决方案似乎与这些都没什么关系。这方面存在一个严重的脱节，所以我认为这涉及沟通方式的改变。如果我们不用一种包容的心态去沟通，不去采取能够直接影响人们当前需求的解决方案，而是谈论未来的可能存在的威胁，或者是科学经常谈论的那一套，人们就会忽视这个问题。那么如果我们不断和人们以这种方式交流和沟通，我们就只能等到人们面临"此时此刻就存在的威胁"的时候（"此时此刻就存在的威胁"指的是2020年8~9月发生在加利福尼亚的火灾），人们才会改变观点。为了解决这个危机，我们需要关注食品安全、服装行业对全球变暖的影响，以及我们的政治产业如何使气候政治失效等各种问题。食品和农业是全球变暖的主要因素，这里说的不仅仅是汽车和煤炭，还有农业。食品系统和电力系统对气候的影响不相上下。

让更多的人参与进来，这关乎交流和理解：世间万物是以一种美妙的方式互联互通的，而不是各自为政、彼此分离的。气候运动不仅是一个关于可能性的问题，而是与未来威胁产生的概率相关。我们人类会按照可能性作出选择，这是本性。那这里面包含哪些可能性呢？人们是看不到的（图1-2）。

我们的经济体系本质是"提取"，基本上是在窃取未来的资源并在现在出售，并称其为国内生产总值（GDP），这是一种退化。所有形式的生命都在因此而退化，无论是海洋、土地、森林还是人类。而再生则相反，我们基本上是在投资未来，同时让生命复苏并增加资源，也可以是GDP，这才是更好的经济。今天，我们的选择要么是治愈未来，要么就是窃取未来。届时的世界，水更清澈、食物更丰富、森林更广袤、海洋鱼类更多样，我们身体更健康、城市充满活力，因为它们并不是闭塞的堡垒，而是自然与人类互动并相互关联的场所。所有这些都是可能的。同样，这是一个再生或退化的问题。大多数时候，我们认为自然是一个圈，但事实并非如此。自然是一

图1-3 温室
来源：爱德华·伯廷斯基，西班牙南部埃尔埃希多，2010年。

个螺旋，要么螺旋式下降，要么螺旋式上升。如果呈螺旋式下降，这意味着反馈循环正在使情况更糟（即所谓的"恶性"循环）；如果呈螺旋式上升，这意味着我们的作为会改善接下来的情况等（即恢复和再生）。所以，要么是再生，要么是退化，但我们今天所做的一切，无论哪个行业，都在退化。应对全球变暖和气候问题的方式是扭转这种局面的关键。如果我们继续单打独斗，妄想就此解决全球变暖的问题，是行不通的（图1-3）。

西蒙内·马尔凯蒂　如果我们开始考虑利用经济学和GDP的自然及其价值（经济/能源）呢？

保罗·霍肯　我们应该改变这样的观念，即价值是为了"获取"而存在。激励措施采用货币的形式只是短期的，这就是经济体系向人们发出的错误的信号。我们绝对应该改变当前的方法，并尝试从"掠夺式"经济向再生经济转变。

西蒙内·马尔凯蒂　在2020年夏季，加利福尼亚遭遇了猛烈的野火，使2020年成为火灾最严重的一年，西海岸面积在过去20年里急剧膨胀（表1-4），而此次被烧毁的土地数量也空前巨大，这只是长期趋势的一部分，而美国西海岸的火灾越来越频繁、范围越来越大，而且没有放缓的迹象。事情发生时您在旧金山附近，天空被火光照得通红的照片真的让我震惊，而我在2020年1月看到澳大利亚野火照片时也是同样的反应。

保罗·霍肯　是的，当时我在旧金山北部，离西海岸不远。我们那里没发生火灾，但却感受到火灾无处不在，南、北、东三个方向皆有，我们感觉到了。加利福尼亚州有近100万公顷的森林被烧毁，甚至当时还不是火灾高峰期（通常是9～10月）。当地已有100多年没有发生火灾，而这增加了干木丛和树木等可燃物的负载量。随着气候越来越干燥，树木会死亡，而这为火灾提供了完美的条件。当加利福尼亚只有美洲原住民时，他们每年冬天都会放火来清理森林，防止森林变得过于茂密。当时每英亩（1英亩=4046.86m²）也就20棵橡树，而现在某些地方每英亩多达200棵。当树枝从橡树上脱落或枯死时，他们会利用这些树枝来烟熏树木以摆脱昆虫，从而增加橡子的产量。火灾发生时，草会燃烧，但树木不会。当西班牙人和欧洲人到达时，他们将加利福尼亚描述为一个公园，满是花草树木，百合花开得哪儿都是（美洲原住民会种植百合花）。那时的环境和生态系统与今天截然不同。我们让火成了一件坏事，但火不一定是坏事。生活在旱地的

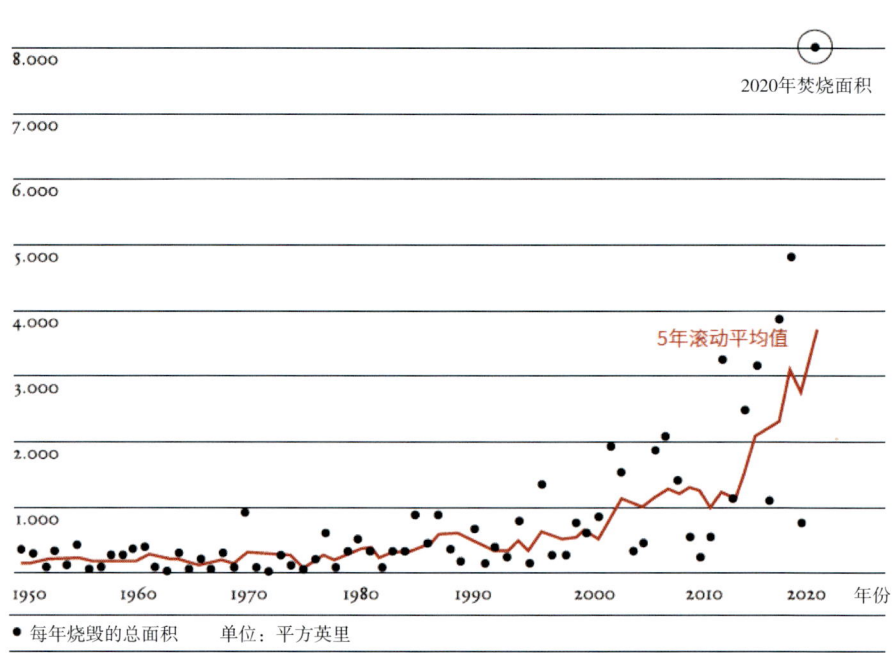

表1-4 美国西海岸每年烧毁的土地面积在过去20年中急剧增加

根据美国国家联合应急火灾中心（National Interagency Fire Center）公布的受灾地块周长计算出每年受灾的平方英里数。不包括同一年内多次燃烧的区域。某些年份的地图可能比其他年份更精确。

来源：《纽约时报》网络文章. https://www.nytimes.com/interactive/2020/09/24/climate/fire-sworst-year-california-oregon-washington.html

土著人用火来保护自己和土地，他们称之为"好火"。看看澳大利亚：同样如此，原住民文化传承了4万年之久，从未发生过今天这样的火灾。我们会欣赏大森林，但我们并不真正生活在森林中，这就是为什么我们大多数时候不了解它是如何运作的。在我与其他相关撰稿人一起撰写的新书（Hawken Paul，2021）中，有一篇由莱拉·琼·约翰斯顿（Lyla June Johnston）写的文章，其中她谈到了将森林作为农场。她描述了3000年前在东海岸，美洲原住民是如何彻底改造海岸森林的。这种改造的变化可以从花粉里的核心样本中看出。他们把野生森林改造成了野生农场。在19世纪之前，北美有40亿棵栗树，每棵树提供1/200磅（1磅=0.454kg）的食物。如果我们今天拥有这些树，他们所提供的食物可以养活半个世界。栗子本身当然不是完美的食物，但也并非不好，毕竟可提供脂肪、蛋白质和碳水化合物。他们还有其他作物和食物：山胡桃、山核桃、橡子、牲畜、鱼、多年生蔬菜，一切都是野生的，每公顷提供的食物比当今产量还多。

西蒙内·马尔凯蒂 保罗，您刚刚提到了城市，它们一方面代表了最宏大的产品自由交易场所，另一方面也最大程度地表达了对自然环境的脱离。我们难道不应该停止妖魔化"人类世"，并提出新的建议吗？

保罗·霍肯　我不喜欢"人类世"这个词。我们今天所面临的很多情况，其原因都是人类认为自己与自然是分开的。是我们的行为和信仰使我们产生了这种感觉，但这并不是真实的。从某种意义上说，"人类世"给人们造成的印象是：这是一个人类的时代。而事实上，这是一个物种，即人类，造成了巨大破坏的时代，这是毫无疑问的。但对我来说，这个时代对地球而言没有意义。对我来说，真正有意义的是：要理解我们与周围一切的融合，以及不可分割性。仅仅说人类与花草树木有着相似的DNA是不够的，虽然这是真实的，但方式还可以更深刻。我在思考有树木相伴的城市环境：斯坦法诺·曼库索（Stefano Mancuso）和莫妮卡·加利亚诺（Monica Gagliano）等意大利科学家主导了植物智能的研究，通过全新的方式来了解植物及其智能。我记得斯坦法诺·曼库索说过，植物和树木可以"看到"周围环境，并非像人类一样用眼睛，但它们确实能感知自己所处的环境。读完那本书后，我第一次感觉被家门口的红杉所注视，我家门口有很多红杉，有的高达100英尺（1英尺=0.3048m）。这是一次美好的经历。我们需要向人们灌输这一点，因为如果人们真的感觉到并知道这一点，他们绝对会改变自己的行为方式。当你感觉到地球的活力时，就不会按以前的方式行事。所以，虽然我不主张这些观点，但我认为"人类世"代表着与这个美丽星球之间进一步的分离和分裂。

西蒙内·马尔凯蒂　斯坦法诺，您怎么看？

斯坦法诺·博埃里　我完全认同保罗的观点。有一个悖论在为了提升人类在生物中的地位，为了与其他生物相处时变得更敏感，并试图知晓地球上其他生物的观点，我们所能做的一切都在确认一个目标，即在地球上我们可以作为主角来采取行动和干预一切。我认为我们越是分散自己的立场且越是不坚定，我们就越强大，因为我们证明了自己有能力接受、理解其他观点。关于气候变化，我完全同意你的看法。我真的很好奇您对詹姆斯·洛夫洛克关于盖亚理论的看法，虽然那是当他研究火星时提出的理论，但比起火星本身，他开始更多地观察地球。他曾表示没有必要考虑"人类世"，因为我们处于一个独特的生态系统中。我们与地球本身之间没有分离，我们与盖亚之间也没有分离。我们的星球是一个有机体，我们是其中的一部分，换句话说，"生命是各种轨迹和各种形式生命的混合物"。我想我介于这两个立场之间。

保罗·霍肯 是的，美国国家航空航天局聘请詹姆斯·洛夫洛克来研究如何在火星上创造大气层，他由此意识到我们并不了解地球上的大气层是如何形成的。盖亚假说的源头是，我们无法解释大气是如何自我调节的。只有将整个地球视为一个活的有机体，方可对此作出解释。有一本关于水的书很不错，根据作者的说法，除非我们将水描述为生命体，否则将无法理解水的特性。但当然水本身不是生命，但这是我们可以解释其属性的唯一方法，其他方法都不行。这对地球来说很大程度上也是如此：我们真的不知道自己住在哪里，我们不知道是什么。在人类世之前，地球上有5000种文化，称之为土著文化，土著意味着原住民，即最初居住在此的人。他们在此生活了15000~30000年。他们知道自己住在哪里，如何在那里生活。事实上，关键物种可以是一种动物或昆虫，它在其生活的自然过程中为其他物种创造了更多生命。也可以是肉食动物，抑或蜜蜂、蜂鸟等，这些都是关键物种。人类曾经是关键物种，经过代代相传，他们学会了如何在特定的地方生活。知道如何在几乎没有工具或物资的情况下在给定的地方繁衍生息，这一知识便发展成所谓的观察科学，即地方科学。让我给您讲一个故事：有一次我坐飞机去阿拉斯加，旁边坐着一位尤皮克族（Yup'ik）女性。尤皮克人生活在阿拉斯加北部的白令海峡，已经在那里生存了数千年。她此行要回家，因为她姐姐去世了，现在她是长女了。我们开始聊尤皮克人是什么样的，她表示在她们文化中，族人必须要有能力预测两年后的天气情况。我很惊讶，问她"怎样做到？"她解释说，从大自然中掌握的每一个细节都是信息的来源，譬如观察驯鹿何时迁徙、鹿角上的绒毛、海冰的颜色等。我问她："为什么要这样做？"她回答说："如果不这样做，我们可能就无法生存，因为如果无法预测天气，我们就无法做好充足准备。"曾经，地球上有一种生活方式为更多的生命创造了条件。近些年，人们学会了如何索取生命，而不是使生命再生。现在我们有机会改变自己在地球上的生活方式，即与再生相关。这就是为何您在城市中所做的工作如此重要的原因。因为这种再生蕴含着城市可以在多种维度上的生命力。从人类的角度来看,我们在此处的教育方式、设计方式、想象方式、存在方式及所有行动,都有着非凡的可能性。

西蒙内·马尔凯蒂　关于这点,斯坦法诺,我认为现在是时候从新的角度重新思考城市环境了。我们是大自然的一部分,但我们仍然让自己远离植物界,而不是将其视为盟友。如果想让城市有韧性,并能更好地适应变化,同时提高市民的生活质量,我们就必须摒弃旧的模式。但仅使用一种方法并不足以解决气候危机和环境危机的问题。那么,未来城市的正确发展方式是什么?您认为城市/城郊或非城市地区的发展趋势如何?

斯坦法诺·博埃里　我们确实需要全局观,这是事实。保罗所说的非常关键,而他的著作《反转地球暖化100招》(*Drawdown*)及他的研究绝对至关重要。保罗也特别关注世界各地的贫困、社会不平等和难民的状况。据估计,2020年将有3000万人因与气候变化相关的问题而成为难民。这加剧了已处于不稳定条件下人民的贫困状况,这样的民众数量高达数百万,对城市和大都市环境也产生了巨大影响。如果将所有城区、城市和人类住区加起来,基本将覆盖地球总陆地面积的3%,但仅这3%就贡献了全球二氧化碳排放量的70%。在这3%中,1/3由非正规居住区、棚户区、贫民窟组成……

这就是为什么,如果我们想解决与当前气候危机有关的一些问题,就要将不平等、贫困和可持续性纳入一个整体挑战范畴的原因,而这正是您已经在通过出版《反转地球暖化100招》和新书《再生:用一代人的努力结束气候危机》(*Regeneration, Ending the Climate Crisis in One Generation*)所做的事。

我很欣赏您的研究方法和态度,因为您创建的研究网络,不仅仅是个人能力的结果,而且始终是价值所在,真正涵盖了地球的地缘政治。这使得您的工作如此深入、效果卓著而且关联性很强。我相信,为了城市的未来,我们也应该这样做,想着通过一蹴而就地解决这个时代的问题是不可行的。就连我热衷已久的绿化也不能单独看待。它不能成为一种美学,也不能成为解决气候危机的系统方法。我们必须承认,树木是不同物种之间联系的关键物种,正如斯坦法诺·曼库索在书中详尽解释的,且它们也利用其他物种来达成自己的目的。我仍然相信，我们正在做的以及迄今为止所做的事情，对于丰富生物多样性、在城市中推广森林和树木的尝试是很重要的。

我曾经说过："将更多的树木带入城市，让更多的人类走入森林"，因为我认为我们必须尝试将这两个实体结合。"森林"的英语单词来自拉丁语"Foris"，意思是外界。我们应该重新考虑、重新定义与植物世界及所处环境之间的关系。如果我们关心城市的未来，首先要全面考虑所有的层面，以及我们所处世界的复杂性。其次，我们必须像保罗在他的著作《反转地球暖化100招》中所陈述的那样务实。例如，欧洲抛弃城市的趋势越来越明显，新冠疫情甚至可能加剧了这种趋势，但我们仍然必须要认真看待，而不只是盲目地评判。许多人开始想象一种不同的生活方式，一种全新的日常生活。例如，至少有一部分时间远离超级拥挤的城市环境，取而代之的是一个更干净、不拥挤的环境。人们已经发现可以在家办公，可以赋予工作"可移动性"，而意大利国土数字化的最新进展将促进这一趋势的推广。这是一个微妙的问题：一方面，想象一下成千上万历史悠久的乡村定居点、小镇和村庄（过去都是城市，分布在法国、德国……），在那里可以规划分散城市的活力，并重塑新的生活。另一方面，也存在稀释、分散的风险。我们要避免无序的城市扩张、无处不在的反城市化，独栋房屋、购物中心和建筑环境在整个领土上的广泛碎片化会引起领土的恶化和破坏。在这种情况下，我们可能会丧失城市的强度，其风险很大，而贫困规模也可能进一步扩大。这就是为什么保持村镇之间牢固的关系至关重要，纽带是两者之间的"互惠契约"。

保罗·霍肯　我认同很多有趣的想法，包括您在这里提出的观点。主要问题是"如何治愈一个系统？"我们现在来探讨一下系统。治愈某系统的方法是将其与更多的系统连接。免疫系统、生态系统、社会系统或任何系统都是这样运作的。问题是我们与彼此严重脱节，我们与自然脱节，而且由于生境破碎化、过度开发等问题将自然与自身脱节。这里的问题是："我们能回到另一条路吗？"我们之前讲的所有系统，经济系统、政治系统、产业系统，都是脱节的系统。脸书、推特和社交媒体通常多是脱节的系统。我们认为这应该是一个连接的系统，但它实际上是一个深层次的数据提取系统，包括你是谁、你的习惯、你的品位，然后将你包裹在气泡中，这里看到的一切基本上都是针对你思考和阅读的内容为你量身定制的，并且处于一个强化的循环中。这就是美国有这种情况的原因。各种岗位上都有外行人，原因就是脱节，当彼此连接起来时，我们就会变得不同。我们当然也会争吵和讨论，但不会像现在这样脱节。所以，当你想到城市时，城市是作为一种保护形式而创建的，它有屏障，四周有围墙，有人看守，将动物与市民隔绝开。人们在城市里感到安全，因为在城市中意味着得到保护。如此多形形色色的人聚集在城市，思想、观点、视角在此碰撞，也有艺术、音乐和新发明。当您与其他人以这种方式接近时，您会看到创新和创造力喷涌而出。

去年我在温哥华作了一次演讲，叫作"生态城市"会议，我不太记得确切的问题，但我记得我的答案。很多演讲都涉及"可再生能源"，很多城市都在关注，这是一件很棒的事情。但我告诉他们，如果我们不开始考虑可再生食物，就算拥有可再生能源，又能怎样。

与自然脱节的人，包括我们自己，看待世界的方式是错误的，那仅是一种幻想。我们会犯错误，说话和行为的某些方式会对自己和他人造成伤害。城市化的发展核心是重新建立彼此之间，以及与自然之间支离破碎的关联。当您想到可再生食品时，您会想到城市的郊区，这也是您在一些项目中提出的。世界上有31,000种可食用植物，而占据我们饮食99%的只有15种。此外，去努力恢复现如今世界上缺少的精致品质，本身是一种深层次的脱节。

西蒙内·马尔凯蒂　当谈论气候危机时，我们经常会解释一组科学数据。蒂莫西·莫顿（Timothy Morton）表示我们当前生活的状态就像经历着一段"精神创伤"，由于我们几乎花了所有时间来担心和探讨数据，也就没有时间来考虑解决方案、行动和树立目标。而语言是其中一个问题。如果我们无法沟通或找到正确的词来定义问题，就意味着我们必须重新思考用于描述这件事的词汇，并找到一种新的语言来描述周围的世界。

斯坦法诺·博埃里　是的，我记得第一次遇到保罗时，是在伦敦参加英联邦倡议活动。当时您调整了语汇，转换为一种不传达恐惧或悲观情绪的语言，这种情绪无法激发人们作出反应或采取行动，给我留下了深刻的印象。

保罗·霍肯 我们可以从使用术语"气候变化"这个词开始，这好像是一件坏事。而事实上，"变化"是一个美妙的词语，我们不愿意停止改变。我们会试着这样做，但实际上做不到。气候每纳秒都在变化，而且会一直变化。万事万物都在不断变化，这是常理。有时改变也令人担忧，但它确实是日常生活的一部分。再生是完全不同的，它意味着行动。从概念上讲，我们可以做三件事：第一是停止排放温室气体；第二是实现碳回收，即封存二氧化碳；第三是保护，但这一点经常被忽视。湿地、红树林、森林、草原、农田等陆地系统中蕴含着32,000亿吨碳。这几乎是大气中的4倍，而我们正在以每年1%~2%的速度丧失这些陆地系统。这些是我们正在失去的生态系统。如果失去10%的陆地碳，那将使大气中的二氧化碳增加100ppm。

地球是一个复杂的生命系统，我们正在努力解读它。实际上地球在教育我们什么该做，什么不该做。2021年10月在中国昆明举行了联合国生物多样化大会（CBD），11月在苏格兰格拉斯哥举行了《联合国气候变化框架公约》第26次缔约方大会。这两次大会应该在一起举办，因为在我看来，这两个问题是不可分割的。在思考生态系统时，我们必须考虑谁在里面生活：占据这些形形色色生物群落的生命形式令人称奇，有些物种我们并不完全了解，甚至一无所知。如果我们不保护这些生命形式，这些系统就会失效，无论是鱼类、哺乳动物、昆虫、爬行动物，甚至是保护着绝大部分生物多样性特点的土著文化。如果不加保护，这些系统将开始退化，我们将失去它们。认为生物多样性丧失和导致全球变暖是两件不同的事情，这种想法本身也是问题的一部分。我们仍然听到有人说"我们会解决这个问题"。你怎么可能修复自然？与自然保持一致，是的！你无法修复自然，但自然可以解决我们的问题！

斯坦法诺·博埃里 新冠疫情就印证了这一点！自然会自我疗伤。

保罗·霍肯 以这种方式思考世界，会发现其神奇之处、值得称道之处及创造力。尊重生命、为生命创造条件及恢复生命是我们在此的目的，也是机遇。伊利诺伊州有一个由志愿者和公民组成的"流域小组"。他们买了一个农场，原先农场为了便于耕种，在地下铺设了黏土管，不断地排干田地。每天约有900万加仑（1加仑=4.546kg）的水流入伊利诺伊河。购买这片土地后，该非营利组织挖出了所有黏土管，绵延45英里（1英里

=1609.34m）。3个月后，两个过去曾存在的巨大湖泊又回来了。15年后，他们进行了"生物多样性普查"，由讲解员、科学家和志愿者调查该湿地保护区的生命体情况。他们共发现918种生物，其中唯一引入的物种是鱼，其他全部都是自己出现的。由此可见，生命体的恢复真的令人称奇。翼展9英尺（1英尺=0.3048m）的白鹈鹕也回归了。关于这种鸟有一个很有趣的事实：即使它们体型巨大，我们也不知道它们在哪里繁殖（这种鸟是怎么做到如此神秘的？）。当我在怀俄明州的提顿①时，我曾经攀登过14,000英尺（约4200m）的大提顿峰。在我第二次爬上它之前，我的一个博物学家朋友给了我一个提示："一旦你到达山顶，躺下并凝视上方。你会看到白鹈鹕在山顶上方一英里处盘旋飞行。"它们可以飞到25,000英尺高，有人说是30,000英尺，几乎在您上方1～2英里处。

① 提顿指大提顿公园，位于美国怀俄明州西北部壮观的冰川山区，公园内最高的山峰是大提顿峰。

它们利用热气流和上升的风高飞。其实那么高并没有食物，它们也并不想交配和炫耀，似乎只是在玩耍，它们会向下俯冲，然后再利用热气流回去。这个世界有太多神奇之处有待我们去发现。我所说的这个项目的好处是，大自然告诉我们，如果我们回归自我，如果能回到大自然的怀抱，愿意成为它的一部分，那是非常了不起的。要想解决全球变暖的问题，我们就必须考虑所有对各个层面都有益的事情，包括如何保护各物种及生活在拥挤不堪的非正规住区的人们。

如果我们能恢复湿地，我们就能恢复"人类的土地"。提高所有生物的尊严和生活质量可以带来生命力，这实际上将扭转全球变暖的趋势，也是人们的期望。另外，我们也应该停止使用汽车等行为。我并不否认技术解决方案的存在。人类在技术方面的发展是惊人的，我们只需在未来10年将风力涡轮机容量增加8倍，在之后的10年增加4倍，在最后10年（2050年）增加50%。根据国际能源署（International Energy Agency,IEA）的预测，这将覆盖全球50%的电力。我们可以做到这一点，而且我们会比预测的更早做到。

太阳能也是如此。鉴于我们所知，实现100%的清洁能源并不难。需要理解的是，我们必须改变自己做事的方式以及对地球上生命的看法，这就是为什么我喜欢您所做的事。您的工作明确表示您正在努力这么做，这就是我希望看到的"再生"。

西蒙内·马尔凯蒂 斯坦法诺，我记得您和理查德·森内特（Richard Sennett）的一次谈话，2019年他曾来到米兰，你们讨论了他的书《建筑与居住》（*Building and Dwelling*）。当时，您和理查德开始讨论"开放"和"封闭"城市的原因，以及与封闭城市相比，开放城市的定义是什么。当时讨论的主题是有没有必要为公共空间提供一定程度的自由，以满足市民的需求：确定性与不可预测性。

如果城市的一个街区、一部分，乃至整个城市能做到包容、接受高度不可预测性和不确定性，就表明其是开放的。我们设计城市居住区的方式也影响着社会和环境公正。我们怎么能在考虑环境公正的同时创造更公正的城市居住区？

斯坦法诺·博埃里 我相信情况在某种程度上正在发生变化。例如，移民问题是一个巨大的话题。正如保罗所说，如果我们不改变行为方式，未来与气候危机有关的问题将加剧社会局势紧张和环境状况的恶化。

我们应该为因气候相关问题而涌入城市的数百万移民做好准备。我们非常清楚，贫民窟和贫民区通常是人们在贫困条件下获得基本网络和生存资源的第一个落脚点。因此，我们必须做好贫民窟的工作，将其视为自然本身的一种表达。保罗有个想法也令我很欣赏，既不是试图让我们自己与自然重新联系，也不是从我们的角度忽略或否认非正式居住区也是城市有机形态的一部分。从许多角度来看，这些地方极具活力。它们与有机生活、与野生动物的关系，甚至比您在巴黎或洛杉矶等大都市中普通的中产阶级区域中找到的此类关系更加紧密（图1-4）。

我们在巴西圣保罗开展了很多对贫民窟的研究，对贫民窟的本质及维系这些定居点的社会结构有了很多了解。这不是忽略其负面影响的借口，因为这些定居点可能会加剧居住在那里的人们的危机。鉴于气候条件日益恶化，这些地区的人类和其他物种将不复生存，我们必须要在城市层面更加努力，为接收流入的人口并保障其生活做好准备。

如果努力观察当前正在发生的事情，我也希望了解城市的哪个部分在不久的将来会受到更大的影响：也许是建筑师和城市规划师集中设置了办公室和商业区的城市中心。在经历新冠疫情后，当前其处境非常危险，我认为它们可能在不久的将来是最先被放弃的区域。想想市中心的生活，尤其是其中某些地区，生活从早上8点开始，到晚上8点就没有人了，没有人在此过夜，大多数人真的负担不起。与这些地区相比，城市的一些外围和郊区现在有更多资源可以被利用，特别是在社会支持方面，以实现其繁荣和韧性。我认为这也将是我们在不久的将来必须严肃面对的一个问题。

图1-4 马可可水上棚户区
来源：爱德华·伯廷斯基（Edward Burtynsky），尼日利亚拉各斯，2016年。

第2章
地球的分类标准
Taxonomies of the Earth

① 斯坦法诺·博埃里，《从立场出发：支持非人类中心主义城市伦理的论据》，摘自《住Abitare》（季刊）P480，2008。

2.1 新的约定[①]

斯坦法诺·博埃里

目前，伦理和哲学思考对那些研究人类化空间转换设计学科背后的思维过程所产生的影响越来越大。严重的突发环境事件、势不可挡的人口增长、土地消耗或土壤覆盖过度和土地利用不当、地球大规模城市化和天然动植物资源的严重破坏正在迫使我们思考是否有必要形成一种新的世界观，就人类的生存而言，不再仅考虑人类的道德原则、价值观和需求，而是将人类置于未来更广阔视野中。

现如今一个不可避免的事实是：人类改变了平衡共存的形式和与其他生物，尤其是野生物种的关系，并由此引发了一系列问题。它们不仅限于南美洲的大片森林、中国复杂的农耕系统或东南亚国家的棚户区，而且也与城市密切相关。现在的重点是知晓我们需要立即开展哪些正确的行动。

作为一名建筑师和城市规划师，我认为我们首先应该审视并尝试理解一些原因和风险，即源于不同生物多样性之间，以及人造生态系统与自然生态系统之间的密切共生和"异花授粉"关系。我们需要意识到，答案并不在于简单地放弃人类中心说，我们还需要不再认为自己处于世界的中心，是地球上能够控制和决定其他生物物种的栖息地和生存空间的主导物种。

与其放弃"传统的"人类中心说及告别"人类世"，还不如说我们未来几十年的主要任务是打造一个新版的人类中心说。

图2-1 动物会议
来源：马里奥·皮亚扎（Mario Piazza），2008年。

到现在为止，如果我们仍然不积极地将人类造成的不平衡恢复到平衡状态，即在人类造成冲突和破坏的地方恢复和谐共处，推翻人类对其他物种的暴力支配并恢复物种之间的共存，如那些有时为了追求工业化完全破坏栖息地和毁灭物种或极度开发，将整个物种转化为消费品的大型集约化畜牧农场，我们将被视为在推脱责任，完全没有足够的远见，这更是不能被接受的。

这种新的人类中心说应该主要依靠意识的觉醒，并进一步研究生态系统，以及更加关注其他生物物种的需求，像我们对待植物一样。最重要的是，这种关注必须覆盖到所有动物物种，以重新发现它们的智慧，尤其是那些在城市中与我们一起生活的动物。

例如，即使是蚂蚁也有着非凡的智慧，就像海豚在栖息地、关系和互动中表现出的非凡智慧一样，它们具有一定程度的自主性和探究精神，这些都应该先被理解。

最后，要提及的主要因素与平衡共存的意识有关。与森林一样，在景观中我们也有明确的义务重建并重新实现这种平衡，并且是可以为这种新的共存形式在景观中找到空间的。人类此刻别无选择，只能创造新的稳定性，兼顾其他生物物种的需求，并朝着非人类中心形式的伦理方向前进——至少从我们的角度来看，能够考虑其他物种的需求和进化轨迹，也可以设想打造一些城市化的区域的同时，使其他物种和野生物种也可以在其中找到自主生存的空间，我们要意识到我们有责任并能够推动所有行动，以试图修复人与自然的关系，以及曾被破坏的和谐状态（图2-1）。

2.2 改变的驱动力

西蒙内·马尔凯蒂和路易斯·皮门特尔（Luis Pimentel）

危急时刻总是会带来变革，因此没必要以焦虑且消极的态度来面对。事实上，当前的危机很可能成为一系列社会、政治和经济转型问题的催化剂。历史告诉我们，在这样的关键时刻，很容易犯下错误，可能导致"压制性"模式的形成，侵犯人身自由并严重损害公民权利。并且，许多迹象表明，气候危机也是会造成这些问题的。像目前这样的"极度不公平"的经济模式将无力承受气候危机带来的后果，这似乎是合理可信的（Naomi Klein，2014）。我们已经无法使用过去应对全球危机的方法来获取相应的经济、政治、社会、环境的策略。

事实上，气候危机不仅是环境危机，而且与社会经济等人为因素密切相关，且随之带来的是不平等的加剧，这很可能导致个别国家内部的社会差距进一步拉大，并在更广范围内进一步加剧移民潮带来的诸多问题。

遗憾的是，如果谈到经济危机，恢复方法总是与全球范围内对生产、制造或建筑方法的重新思考相悖，而这些方法目前已经造成了严重污染。事实上，正是由于经济危机，大气中的碳排放量在减缓后会大幅反弹，而不是减少，2008年和之前的危机均是如此（Peters P. Glen等，2011）。出现这种情况的原因是，政府在危机时期更看重重启经济，而不是实施那些与创新战略或和替代性新经济重启风险投资相关的有德性的行为。为重新激活经济，政府会选择以更加有力的"一切照旧"的方式重新开始，宁愿以"重启"为由恢复传统的生产制造活动，并且更甚至。在为减少二氧化碳排放而实施的政策方面也是如此：由于条约的原因，排放量从未真正减少过，反而大幅增加（Harari Y.N.，2015）。

相反，鉴于全球气候危机（这只是冰山一角，因为它包括潜在的经济、社会、健康和环境危机），更有力的决策应该首先旨在减少人为原因，然后再采取适应性策略。在规划方面，我们仍然习惯于只看眼前。国家和机构已纷纷开始制订10~20年后的计划和愿景来控制排放，但这还不够，有必要制订更具前瞻性的计划,因为该时间范围还不足以控制现存不可逆转的过程与产生的影响。如今,如果目标是让城市和社区具有韧性和适应性,我们需要将气候危机问题视为跨代问题,并提出更具前瞻性的愿景。虽然未来10~20年的愿景是一个很好的起点,但可能还不够。

而韧性正是启动这一变革过程的动力,以响应对某种条件的适应需要。人类的优势恰恰是在于应对未来问题时能够具备适应环境并采取预防措施的能力。作为建筑师和规划师,我们有责任了解自己所处的行业,并了解周围系统的复杂性,这也意味着我们能更充分地应对未来的挑战。

改变的动力

在自然科学的背景下,分类学是指通过对规范分类的原则、程序和规则的确切定义来进行分类的理论研究,而该术语通常与研究分类方法的科学分支相关联,属于特定科学领域(Treccani,Web)的元素、知识、数据和理论的系统。

另外,此处所述的分类法倾向创建结构并研究决定城市状况的无形联系,即便它们并不声称能够充分描述该系统逻辑的复杂性。

分类标准汇集了各种主题,在选择本书介绍的项目时,或多或少会间接涉及和改进这些主题。作为建筑师和城市规划师,我们认为识别众多因素的能力很重要,其中最主要是人为因素。我们相信这些因素可以改变构思城市空间和建筑物的方式。我们努力超越可见形式的界限,探索产生城市空间的隐藏和更深层次的结构或超结构,以研究新型城市规划,它将对我们生活的环境和其中的所有生命形式更加敏感。要在人类所有领域取得进步,我们必须承认的是,人类伦理最终应该认可与动物伦理和环境伦理的关系。进步本身就意味着减轻我们自己和他者的痛苦。

为了做到这一点,一方面,我们需要考虑全球生态系统的复杂性,以及第1章"环境与气候危机"中提到的自然交互的复杂系统。另一方面,我们需要尝试塑造一个愿景,将未来会发生的种种可能性考虑其中:不是乌托邦,而是计划和战略,形成一个统一的项目实体,以实现在构思文化/自然系统的方式上范式的转变。这两个实体最终可以对话和互动,其所处的环境将转化为能够产生新的敏感性的空间,以便对话和比较,以及对自身价值的相互认可。

因此，分类标准代表了行动领域，人类仍有空间作出必要的改变以扭转当前气候趋势。作为建筑师和城市规划师，确定的行动领域包括经济、林业、出行和建筑环境，当然，这些领域仍需要研究以了解其变化过程，致力于这些领域有助于理解管理人为景观的逻辑。它们实际上是相互关联的宏观主题，且次级主题在其中交织和重叠。例如，建筑环境的质量首先是与集体记忆紧密结合的结果。就严格意义上定义的科学方法而言，经济、与环境的关系、人类身体在时空中的运动速度及城市空间或建筑的设计方式，都是随时间变化的因素，不能作为衡量城市空间的相关标准。尽管如此，我们仍然认为它们都是决定城市住区发展的因素，以及它们（和我们）与一切非人类化事物关系的主要因素，我们由此也能更好地了解我们与所谓的家园在空间上的亲密关系。这些适用于所有城市或城市居住区。所有这些因素都受到社会系统的影响，也是一种社会文化结构，它决定了城市发展及其周围环境中意想不到的变化（表2-1）。但是，对于这种情况，还有必要引入这样一种可能性，即并非我们所谈论的一切都是人类造就的成果。有些趋势的发展，我们认为自己可以驾驭，但实际却超出了控制范围，因此既不应视为人为努力的成果，也不能视为过往的结局，顶多是物种之间共同历史的结果。

表2-1　2016年世界温室气体排放量(按行业分类)

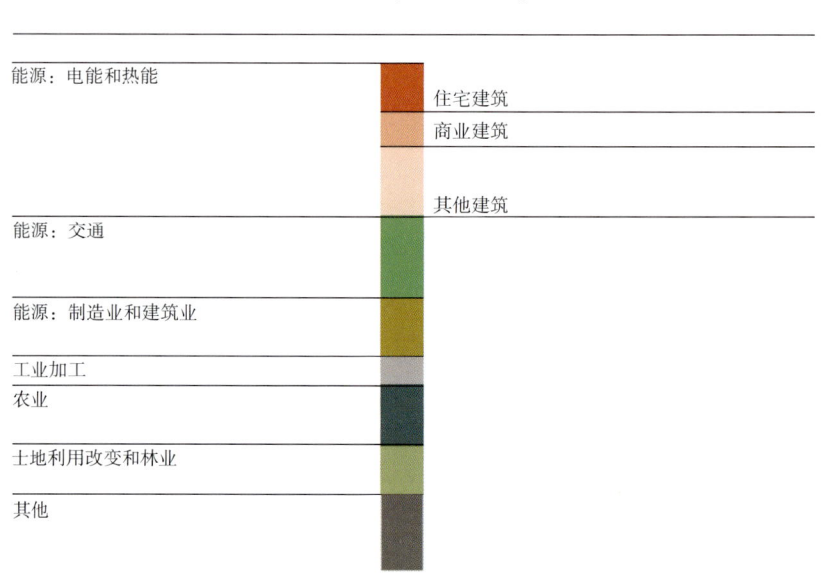

按建筑与施工、农业、土地利用改变和林业等部门分类的排放量示意

来源：世界资源研究所（WRI-World Resources Institute）根据气候观察绘制的图表，原始数据来自国际能源署（IEA-International Energy Agency）（2018年），燃料燃烧二氧化碳排放统计www.Iea.org/statistics

而如果所涉及的复杂性包括更多的问题，那么确定需要干预的问题又有什么意义呢？原因在于，要了解一个复杂的世界，首先将其进行分类整理，其次从一两个要素入手，最后再去考察其他要素。这样做更容易，能够拓宽行动的范围。如果刚好伴随着一场文化革命，则最好能循序渐进地修改这些分类标准，我们可能已经从中获得了初步的好处，这可能导致城市或小型定居点取得进步，但经济体系却不基于"索取式"模型，而是专注于再生。

在落实减排承诺的支持下，当前可能的升温轨迹将导致21世纪中叶全球变暖2.0～2.6℃。我们以此为基准来模拟温度随时间上升产生的影响，同时也对最严重物理后果的不确定性进行建模推演。结果是全球GDP将比没有气候变化（即变化为0℃）的情况少11%～14%（瑞士RE研究所，气候变化经济性：必须采取行动，2021）。这相当于气候变化导致了全球年度经济产出减少高达23万亿美元（《纽约时报》，2021年）。

人类在地球上造成的这种不平衡是可以化解的。我们可以创新、改变并找到一种新的均衡形式，但这也必须通过重新思考社会运作的所有其他模式来实现，包括针对经济学的模型。

杰里米·里夫金虽然没有表示经济体系发生了根本性变化，但他的立场非常明确，即我们需要开始真正的变革，一场真正的工业革命。就如何应对气候危机和确保全球生态转型方面，里夫金以其大胆新颖的观点而闻名，而且在他的著作《绿色新政：化石燃料文明将在2028年崩盘，以及能拯救地球生命的经济方案》（*The Green New Deal: Why the Fossil Fuel Civilization Will Collapse by 2028, and the Bold Economic Plan to Save Life on Earth*, Rifkin, J., 2019）中，详细介绍了实现变革的方案。根据里夫金的说法，为绿色新政打造智能基础设施必然涉及大量行业，包括ICT信息、通信技术及与之相关的所有公司，以及电力和能源行业、运输和物流行业、建筑和房地产行业及食品行业等（Rifkin, J., 2019）。

例如，欧盟发布的关于欧洲绿色新政的最新文件已被视为投资经济和自然及其生态系统的主要指导方针。为此，欧盟的目标是制定一项共同战略，将公共和私人资本方面的工作引导至环境和气候行动中来，同时避免背道而驰的不可持续做法，该路线侧重于可持续性和包容性增长（COM, 640 final, 2019）。欧洲绿色新政旨在实施一系列影响欧洲监管和经济体系的深层次变革性政策。主要目标包括：到2050年，通过转变经济体系，同时保持经济增长来实现气候中和。除此之外，还制定了《欧洲气候法》和《欧洲气候公约》，鼓励所有欧洲公民和社会各界积极参与（COM, 80 final, 2020）。为了使所有成员国实现这一目标，欧盟也出台了一项远大的欧洲气候变化适应计划《2030年气候目标规划》，旨在减少温室气体净排放量（到2030年，与1990年的水平相比至少减少55%），并涉及各行各业，都必须采纳。因此，面临着"净化"工业的巨大挑战，能源部门和第三产业都需要付出相当大的努力，且在污染排放和改善能源方面，对现有建筑物的重建采取一系列激励措施，从而"节约能源和资源"（COM, 562 final, 2020）。

向碳平衡过渡必然需要制定并推广低碳解决方案，能够影响各行各业并在经济层面产生积极影响。要做到这一点，需要在创新和新技术方面付出巨大的努力。此外，向循环经济转型也是至关重要的，这将影响整个产业链并涉及各个方面。

在《复苏基金》（欧盟于2021年设立的一项经济救助基金，主要是为了应对经济危机，促进成员国经济复苏而采取的一种重要救济措施）的投资背景下，运用永不过时的清洁技术和加速可再生资源的开发和利用，以及在地方行政部门的努力和有效治理下优化和提高行政、医疗和教育系统数字化程度将得到更多重视。作为交通运输领域的解决方案，在等待实现"零排放车辆"技术问世的同时，欧盟正在提议大幅加强公共交通和"多模式"解决方案，并提供多种选择，包括使用电力和氢气。至于能源领域，鼓励提高建筑物的能源效率，并拆除或翻新那些不具有经济优势的建筑物（Next Generation EU Press release, 2020）。

特别是对于大量产生碳排放的建筑行业，欧盟提出了一种新举措，即推动复合行业的过渡，以便在短期内进行调整来实现全面脱碳。采用分类税收的方法很可能代表应对气候危机的起点。这已经讨论了一段时间，通常被称为"碳税"，因为它确定了二氧化碳排放的价格（至少在欧洲），并将迫使通过减少工作收入税来补偿这一增长，同时鼓励向可再生能源过渡。

环境与植树造林

树木和森林本身就是变革的驱动力。科学证明，森林有助于稳定气候变化，尽管其在气候变化中的作用具备两面性，既是温室气体排放的原因，也是解决方案。对此的科学解释是，森林退化和森林砍伐是继土地利用和能源消耗后导致碳排放的最大驱动因素之一（IUCN, 2021）。另外，森林调节生态系统，保护生物多样性，是碳循环的重要组成部分，支持生计，提供可驱动可持续增长的商品和服务。此外，森林每年吸收约26亿吨二氧化碳，占燃烧化石燃料所释放的二氧化碳的1/3（IUCN, 2021）。这并不意味着我们可以完全依靠森林，或者可以低估其在森林砍伐和森林退化情况下产生碳排放的作用，也不能以此为借口，不制定战略和行动以更好地管理地球上的森林生态系统，而忽略其在减少碳足迹方面的潜力。

据FAO称，自1990年以来，自然再生森林面积以递减的速度减少，每年损失约1000万公顷，而自1990年以来，人工林面积平均每年增加400万公顷。这些变化的含义也是本文第4章深入研究的重点，分析这些数据有助于我们理解造林为何是改变现状的答案。

从政策的角度来看，联合国和IPCC等机构及其报告提供了坚实的科学基础，使我们能够在知情的前提下有意识地应对气候危机。在全球范围内，粮农组织和联合国等重要政府间机构正在解决这一问题，其工作组和委员会致力于分析、研究和提出旨在保护环境的策略和行动。环境和林业政策框架也在不断变化和发展，不仅涉及欧洲和美国，也涉及世界其他地区。而实施层面所存在的相关问题一方面在于行政系统的官僚主义式拖沓，另一方面则是政府系统的脆弱性，因为其政策经常被用作宣传工具，这对环保及相关政策很不利。

在全球化兴起的历史时刻，环境政策变得尤为重要，环境问题超越国界，只有通过国际合作才能找到解决方案。这也可能对林业产生巨大影响，因为气候危机和森林砍伐正在使世界的碳汇变得更加脆弱。据科学家称，失去亚马孙雨林吸收二氧化碳的能力就是一个明显的迹象，这表明削减化石燃料排放比以往任何时候都更加急迫。这也就是为什么政治行动在环保中的作用越来越大的原因，因为只有政治行动和集体行动才能发挥作用，并在多条"战线"上采取行动。然而，迄今为止在环境政策层面作出的努力并没有使全球环境和气候状况恶化得到控制，更不用说扭转了。此类法律架构通常会加剧社会差异，其中环境问题决定了哪些因素对于特定目标不利且不可接受，这些目标通常是进一步被边缘化或更易受到环境风险影响的社区。社会不公正与环境不公正齐头并进并非巧合，即使通常人民往往认为它们属于两个不同的领域。

尽管如此，人们还是可以在林业领域找到解决方案，因为它支持了许多被认为对农村社区至关重要的人类活动的发展，如减少贫困人口和化解粮食安全危机、支持城市的韧性计划、净化来自危险污染物的空气及吸收二氧化碳。尤其是在大城市，一方面迫切需要为所有人提供绿化区，另一方面也迫切需要寻找盟友来减少气候危机的影响。通常，相对贫困的社区通常更难享有绿化区，而科学研究表明，住在绿化区和树木附近可减少暴力和犯罪案件数量（Shepley M.、Sachs N.等，2019）。这使得城市林业变得更加重要。

此外，森林每年在商品和服务方面创造的价值达750亿～1000亿美元，如干净的水和健康的土壤，森林对世界陆地生物多样性的贡献达80%（IUCN，2021）。城市迫切需要解决方案来降低空气污染和气候危机的影响，二者影响着数百万人的健康，且数量范围逐年上升。将林业和城市林业政策纳入城市议程可以改善公民的生活质量，但需要将环境公正等各种问题纳入城市政策的范畴，并更好地管理现有树木和森林及采取设计巧妙的林业管理方案来实现。城市林业在不同的气候区域可能呈现出不同的形态和意义，从而实现生态方面与经济和社会方面的平衡，为市民和社区带来经济效益。

建筑和能源领域

多项研究清楚地表明，全球建筑行业的材料和建筑二氧化碳排放量占地球总排放量的38%（IEA，2020）。就必要的生态转型而言，这极高的比例凸显了建筑师和城市规划师及所有关注建筑业的专业人士在此过程中所起到的作用（表2-2）。

建筑业占全球电力消耗的36%（全球建筑建设联盟，2019）。通过连接循环经济所做的精心选择，至少可以在欧洲显著降低消耗，并影响42%的最终能耗，减少50%的原材料开采，有助于在某些地区减少30%的用水量（Ecorys，2014）（表2-3）。

为避免变革路线过于简单化，建筑材料的设计和生产过程将发生重大的改变，包括机械设备以及建筑全生命周期使用及维护，直至完全拆除和处

表2-2　2019年建筑与施工终端能源的全球份额

住宅建筑
非住宅建筑
建筑业
运输业
其他工业
其他

来源：图示来自联合国环境署，2020年，基于IEA2020d；IEA2020b一改编自"IEA世界能源统计和平衡数据库（IEAWorlcEnergy Statistics and Balances）"和"能源技术展望（EnergyTechnology Perspectives）"

表2-3　建筑行业的影响

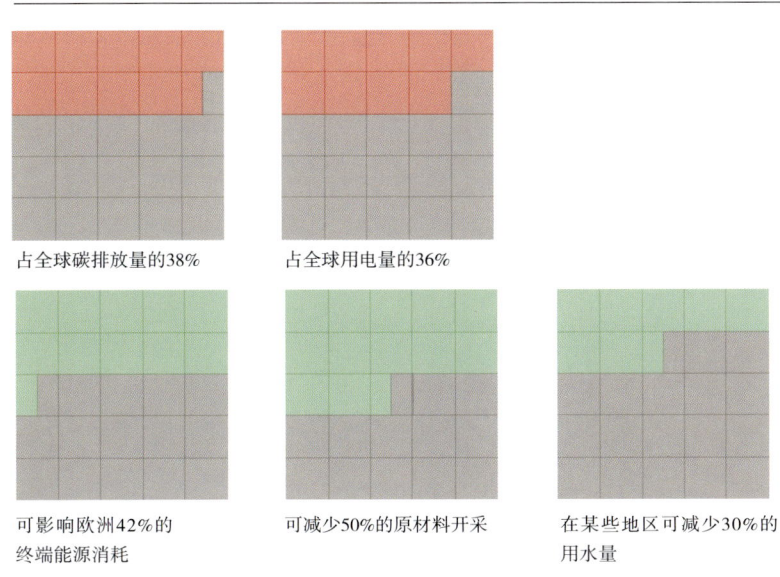

占全球碳排放量的38%　　占全球用电量的36%

可影响欧洲42%的　　可减少50%的原材料开采　　在某些地区可减少30%的
终端能源消耗　　　　　　　　　　　　　　　　　　　用水量

来源：国际能源署，2020年；全球建筑建造联盟，2019年；EcoryS公司《建筑行业资源利用率总结报告》，2014年

理。在《从摇篮到摇篮：循环经济设计之探索》（*Cradle to cradle. Remaking the way we make things*, Braungart M., McDonough W., 2002）一书中，作者们率先考虑通过生产特殊的材料和产品，其用途不遵循一次性使用的逻辑，而其本身能够满足其他用途的需要，以此来颠覆整个行业。建造和设计不会再像以前一样，相反，必须充分重视建筑物的建造方式、使用的材料类型、参与的公司类型以及建筑材料的生产、维护和处理方式，以评估其每个阶段对环境的影响。

如果将照明或家用电器的电力消耗、能量散失或空调和供暖的电力消耗包括在内，事实上污染水平会极高。

根据《2019年全球建筑行业形势报告》（全球建筑建设联盟，2019），考虑先前碳排放增加的数据，到2060年，世界建筑存量注定会翻一番，这一事实真的令人担忧。

因此，可以肯定的是，建筑业在各个领域很大程度上都导致了现在不可持续的污染问题。然而，世界绿色建筑委员会，一个专门从事环保型建筑的国际机构，已经明确表示支持建筑行业。根据某些数据和分析很明显地表明（世界绿色建筑委员会，2020），建筑行业可以为碳减排事业作出相当大的贡献。建筑业提供了发展替代生态解决方案的可能性，目标是到2050年实现零排放。该机构的目标是开发一种方法来测量和追踪建筑物碳排放情况，通过优先考虑效率和避免浪费来减少能源需求，通过可再生资源（最好是在现场而不是离场）实现消耗平衡，并建议通过达成零水、零浪费等目标，来确保随时间推移能严格执行，当然，这也涉及除能源外的其他行业。

只要紧急采取扶持政策并进行适当和必要的投资，利用现有技术，到2050年建筑零排放的目标也是可能实现的。根据联合国的说法，这种颠覆不仅仅依赖循环建筑经济，或者更确切地说是一种新的经济理念，更多地关注再利用和回收，但更重要的是通过实施"先进的建筑行业规范"和支持投资来提高现有建筑的能源利用效率。根据气候行动追踪器（CAT）的数据，到2030年，建筑业产生的二氧化碳总排放量必须比2020年减少至少45%，到2040年减少65%，到2050年减少75%（欧洲环境规划署，2020）。

出行

2020年，随着世界因新冠疫情而按下暂停键，全球人员流动和货物运输及城市中局部流离失所对污染的影响一目了然。然而，根据IEA的数据，2020年全球运输业排放的二氧化碳超过7亿吨，仅比2019年减少1.5亿吨，在碳排放总量中排第三，仅次于工业（8.5亿吨）及电力和供暖行业（13.5亿吨）（IEA，2021）。所有这些排放直接来自使用化石燃料，即该行业的技术组成部分。

整个出行范畴可以按照具体类型细分：轻型车辆、重型卡车、航运、铁路和航空。在构思整个行业的碳减排放战略时，应考虑两个主要因素，即政策创新和技术创新，其中涵盖了消费模式和人类运动模式的演变。

根据2021年复苏计划，欧盟委员会非常重视一些旗舰项目，其中包括推广那些可加快碳减排进程的先进清洁技术，以确保整个欧盟的公共运输系统更持续、更便利（EU, Next Generation EU, 2020）。但是，政府仍需要取消各种化石燃料补贴，同时禁止销售新的内燃机汽车，以推进有效转型。

由于缺乏便宜的汽油车替代品，交通运输业通常被认为是最难实现碳减排的行业，而事实上，该行业占全球石油消费量的一半以上（IEA，2018）。现在可以看到情况正在改变，因为电池和电动汽车的价格自2010年以来已经下降了89%（ISPI, 2020），这意味着我们即将迎来真正的技术转型，这也是人类急需的。这代表了从内燃机到电动汽车的过渡，以及从化石燃料到生物燃料和氢基燃料的过渡。

值得注意的是，20家最大的汽车制造商中有18家已宣布计划在2035年之前推出或完全过渡到电动汽车车型，随着欧盟最近宣布到2035年停止销售所有燃油车的计划，这一进程还会加速。

为了实现有效的生态转型，需要开启一个加快的趋势，即将全球电动汽车实际销量占比从5%抬高至2035年的60%。物流和货运管理领域也有望实现同样的转变。在航空领域，为了到2050年实现净零排放的目标，航空旅行在2020年至2050年间（以客运周转量计算）每年仅增加约3%（相比之下，2010～2019年为6%）。这种减速增长需要伴随着向生物燃料的过渡以及消费趋势的变化，也就是转向高铁出行取代长途飞行。

尽管如此，如果不能保证全面采取这一方法，电气化或从燃油汽车向电动汽车的过渡并不能保证做到可持续转型。因此，我们有必要确保能源均来源于可再生资源。

接下来的转变不仅依赖于前面提到的持续技术转型，而且实际上也依赖于人们出行方式的演变，即从私有制的概念转变为"出行即服务"（Mobility as a Service, MaaS），无缝衔接地整合多种模式，更高效也更环保；或者也可以依赖微出行，可以拥有也可以共享，即关乎小型个人设备，如电动自行车、电动助力车和电动踏板车，这些最近也在城市中越来越普及。

作为建筑师和规划师，我们必须寻求应对城市的塑造方式，以及置身其中从一个地方到另一个地方的移动方式。

无论是国际移动性还是城市尺度，我们都可以在政策和应对城市化的不同方式中找到解决方案，或者说，通过不同的战略和行动找到答案。

2.3 对新世界的想法：时间、空间和移动

斯坦法诺·博埃里

2008年经济危机和2001年恐怖袭击之后无数次的全球性创伤，要求我们明白当今世界面临着前所未有的紧迫性，这迫使我们为应对必要的转变，需要一种思考生活空间的新方式。

在疫情期间，当我尝试思考如何将困难和意想不到的情况转化为机会时，我开始研究一种非常特殊的能力，即随着感受时间的停滞，在思想流中形成可称之为浮标的东西，并思考疫情将如何影响城市未来的发展。

因此，在那段因新冠疫情被迫习惯的"暂停期"（尤其是在2020年3月至2020年4月期间），我有机会阅读一切，而且更加频繁，包括书籍、剧集、会议乃至图像。就仿佛是在我生活的文字、时光和空间中徜徉，思考我们城市的未来，这是我内心深处始终关注的问题，即使在这个特定的时期亦是如此。结果就是此刻我在此回顾的一系列思考，我将这些思绪汇成了《乌尔巴尼亚》（*Urbania*）这本书，其中收集了关于我们城市未来的各种建议和观点。

2020年3月

从今天起，整个意大利都开始居家隔离。

之前我已经预料到这会发生。我们在中国上海设有办事处。几周来，我们一直牵挂着疫情在亚洲的蔓延，因为我们知道它很快就会传到欧洲，而且很可能已经潜伏在我们之间，现在已经印证。在世界各地，这种未知病毒正在侵入人们的身体，作为一种生物有机体，并不像当今最厉害的病毒那样数字化，它由一个人传染给另一个人，在密集区域会加速传染，而在较为空旷、人与人相隔较远的地方则会减慢。

与其他类似的传染病相比，这种病毒似乎更喜欢有人居住的空间，因为它依赖于公共关系，并且在无法利用其传播时会受到抑制。

在人与人之间传播，也会被携带至其他地方。

病毒在利用人类身体作为生命的容器后会损害其功能，甚至将其蚕食殆尽。

虽然病毒迫使我们减少物理空间中的存留痕迹和接触，但也在扭曲我们的时空。

时间

看看我们在上海、米兰和地拉那的办公室，我们注意到近1个月来，我们仿佛生活在三个平行宇宙中。

在中国，病毒在两个月前暴发：所有办公室、公共场所和工作场所都关闭了。我们位于上海的工作室随即开始了远程工作。与此同时，在意大利，我们已经开始收到令人担忧甚至恐惧的信息、谨慎的迹象和密切关注的信号。因此，出于对这一全球性威胁的担忧，我们比国家法令规定的时间还提前了1个月关闭了米兰工作室。

这有力地传达了一种观念，即新冠病毒驱使我们在平行的宇宙中生活，按时间顺序交错着：今天，中国的建筑工地开始复工，而意大利还需要几个月的时间。其他西方国家的恢复时间可能会更长，因为病毒的威胁抵达时间会较晚。在当今这个全球化的时代，这种令人难以置信的传染病加剧了时空的划分，显得十分矛盾。

同样，当我们抬头仰望星空时，我们看到的是过去，而当我们追索疫情时，又会穿越时间。

因此，这种小型寄生体既残酷地将我们团结在一起，又将我们彼此分隔开，不仅迫使我们大幅减少了社区往来，并在时间概念中，分裂成与地质构造无关而与生物学相关的地球断层线。

空间

我们正在尽一切可能远程办公，尽最大努力远程创造信息和文化。我试图以自己的方式调整一些想法，并重塑知识和情感方面的体验。这对于培养纪律性和思考如何锻炼整体性思维都非常重要，避免退化为仅限于WhatsApp、Instagram、Facebook、YouTube、Twitter、Zoom和Skype等电子生活社交软件。我们很快就会厌倦，我们非常需要身体上的接触，需要互相拥抱，需要通过表情和那些我们开始逐渐失去的手势来感受和理解一切。目前的工作模式更加紧张有序，但缺乏情感，我们开始觉得少了些什么。我认为认真仔细很重要，我想知道如何想象一个更美好的未来，并希望它能尽快到来。

城市内的时间在结构和顺序上的变化是一个与时间和空间相关的问题。

我们可能正在经历城市漫长生命周期的尾声，这个生命周期始于两个世纪前的工业化，当时吸引力十足。今天，我们应该问问自己，疫情危机是否会给过去的城市模式带来致命一击，这种模式将那些功能性组织都建立在少数大型人群聚集地的区域上，包括一些大型工厂、普通市场、火车站、屠宰场，以及体育场乃至购物中心和机场等。

众所周知，从20世纪下半叶开始，大型工业向劳动力成本较低的地区和国家分散生产力、实现非本地化，但现在这种范式正逐渐走向腐朽。这种现象在现代欧洲城市中造成巨大的鸿沟，因为人们正在从此类的大型人群聚居地中撤离。

就在反城市运动不断延伸时，欧洲城市出现了缺口，包括部分乡村和历史悠久的村庄在内，形成了连续而密度很低的人口定居区。

毫无疑问，当今飞速发展的数字文化和疫情期间远程工作的普遍体验加速了这一进程，这可能标志着人类集中生活的大城市终将走向没落，并且预示着许多个人、家庭和社会群体的时间和生活方式将经历重大变革；对于一些人来说，他们也开始期望转移到城市外围。在不久的将来，这一趋势将逐渐将人与人的距离拉远，而数字技术将在连接思想和传播信息方面发挥越来越大的作用。鉴于与拥挤不堪的地方相关的传染风险不会立即消失，无论是新冠疫苗还是强制恢复正常生活都无法实质性地改变这种命运。这些汇集人类生活和各种生物的地方，体现了城市经济和社会发展的一种古老范式，但目前已经过时，同时也在经历着结构性危机，几十年来一直影响着这些大型城市中心的功能。

出于这些原因，预测和正确引导逃离城市的趋势现如今看来很重要，首要的便是要尽量减少向建筑密度低的地区分散，以避免反城市化所引发的支离破碎。

出行

这就是为什么我相信并希望城市的未来将在时间和空间上朝着建筑密度更可控的方向发展，按区域、社区或"城中村"和密度可变的区域集中，而非单一的中心区域。

因此，如果我们希望城市继续作为人类的主要栖息地，就必须加以改变，使工作、居住和休闲在时空上不再被分为三个独立的部分，而是被所有重要功能的渐进式共存所取代，或至少在很大程度上可以相互融合。根据多中心空间原则，社区将成为适合自由选择生活的多功能区域，其中可部署多元化的公园、剧院、博物馆和电影院。

由于人们的多元活动，造成了人流方向的多样和不同步，如果城市生活在整个24小时的跨度中都不停歇，将有利于减少公共和私人交通拥堵。

此外在于露天场所的使用，传统上被理解为人们互动的区域和社会实践的场所。这些实际上对我们来说也是绝佳的机会，可以确保公共和文化活动能够在户外举办，而不仅限于封闭的环境。这些活动可以让人们聚在一起，集体性非常强。

避免人们同时到达及扩大露天场所无疑是避免人们过度集中和相对距离较近的最有效的两个策略，这是我们需要考虑的。

这种"社区化城市""15分钟生活圈式城市"的模式采用了卡洛斯·莫雷诺（Carlos Moreno）对巴黎的建议，但只能部分满足对城市能源总体再平衡的需求，而这种需求来自当今的新冠疫情和气候危机。必须马不停蹄地干预，并立即紧急制定对策。

第一，实现能源转型。可再生能源现已经转变为多产、有用和有效益的技术。现在要尽可能广泛地真正加以使用：化石燃料时代必须在最多3年内结束。欧盟委员会主席乌尔苏拉·冯德莱恩（Ursula von der Leyen）在2021年7月布鲁塞尔的讲话中也强调了这一紧迫性。

我们在未来几年的任务必须是朝着让可再生能源真正成为主要来源的方向迈进，使建筑物，特别是私人住宅（作为二氧化碳主要排放源之一），应逐渐成为可再生能源的分散收集器，向能源自给自足迈进。

从这个角度来看，我们别无选择，只能向前一步，迈向一场重大的转变：每栋住宅、建筑、公寓和高楼大厦都必须能够生产和储存清洁能源，以便能够在地方层面建立管理能源的生产系统。如今，鉴于一些技术的、公司的、国际的和国内的协议，我们可以从大城市和大都市地区开始，在第三产业和交通领域着手改变。对于后者，无论通过共享汽车还是电动汽车，都必须实现转变私人出行的目标。

所有这一切，无论是在意大利还是在欧洲，都应该伴随着一系列重要而紧迫的决定，从对学校建筑和公共基础设施的投资到更换数百万的老旧、破败及高耗能的建筑。同时，这将成为整个经济独特而强大的驱动力。

第二，完成重建人类与森林的关系这一艰巨任务。砍伐森林、破坏林地和森林地区是物种间病毒传播的原因之一，而这些地区保障着包括人类在内的所有物种共存的基本平衡。此外，仅在意大利，森林就有占地表40%以上且某种程度上仍是未知的资源。该问题与历史悠久的阿尔卑斯山和亚平宁山麓地区的废弃直接相关，我们已经忘记这片土地是多么的神奇。

这就是为什么不仅有必要保持全球森林资源的完整性，特别是对原始森林的保护，还需要开始增加城市和所有其他类城市群中的绿化面积。

随着欧洲国家内陆地区成千上万的农业聚落和历史村庄的更新，该地区的人口可能会重新调整，这一机会不容错过。最重要的是，与传统认识的"自然界"建立新的关系使命仍存在，这个自然界包括我们无法控制的大量动植物群，而我们曾试图将其赶出城市生活空间或隔绝在栅栏和聚集地内（图2-2、图2-3、图2-4、图2-5）。

052　**生态意念：森林在城市的回响**

图2-2　铝制栖息地/铝质生境
来源：戴安娜·莱洛内克（Diana Lelonek）和lokal_30画廊，拍摄于发现物系列（"生物中心"），2017年。

图2-3 后电子栖息地
来源:戴安娜·莱洛内克 和 lokal_30画廊,拍摄于发现物系列("生物中心"),2017年。

图2-4 主板自然
来源：戴安娜·莱洛内克 和 lokal_30画廊，拍摄于发现物系列（"生物中心"），2017年。

图2-5 塑料环境
来源：戴安娜·莱洛内克 和 lokal_30画廊，拍摄于发现物系列（"生物中心"），2017年。

2.4 保护盖亚的理论：
全球性项目和网络中的生物多样性

西蒙内·马尔凯蒂

上一节中作为变革驱动力而提到的问题可以构成一个单一的愿景，我们需要扩大视野以囊括复杂的问题，尽管这些问题乍一看可能并不相关。关于生物多样性丧失问题，联合国的《2011—2020年生物多样性战略计划》（*Strategic Plan for biodiversity 2011—2020*）和《爱知目标》（*Aichi Targets*）是重要的参考资料，二者试图给出能够产生"全球"影响的明确答案，并针对到2020年和2050年要达到的目标，努力给出一系列准确的指示。我们生活在一个复杂的世界，在这个世界中，分析全貌和了解痛苦的根源至关重要。有时，仅在局部范围内处理相关问题是不够的，还应该在更大范围内加以干预。例如，重新思考化石燃料的使用，并大规模过渡到更可持续的多种生产模式，以真正实现碳中和。

碳中和的概念，即不再向大气排放二氧化碳并减少其存在，这是城市和下一次工业革命的未来目标之一。我们越来越需要长远的解决方案，它不仅要以城市中的植物王国为重心，而且要敢于质疑当前的经济管理、生产和通信模式，以实现真正大规模生态转型；同时，也需要共享计划，通过多中心共同努力和协同行动，打破民族和国家个体的界限。未来将越来越需要系统地考虑复杂的关系，同时并肩协作，将技术与目标融合在一起，而不仅仅是集结人类的智慧。

近年来，政府和社区对采取有效政策和行动以应对气候危机紧迫性的认识不断增强。这些行动还包括保护那些与人类社会的健康和福祉同样面临风险的陆地生态系统。

我们在研究期间接触到许多项目，它们在全球范围内试图将复杂的人造景观系统重新连接在一起，无论是人造环境还是城市环境，抑或是高度保护的景观，都使得那里的生物多样性得到保护。此外，这些项目试图在全球范围内重新考虑人与自然之间的关系，提出一个在不同时空维度上工作的愿景，在全球范围内同步解决健康、营养和环境问题。保罗·霍肯的多个理论和项目都遵循着这一概念，他本人秉持着非常公正、公平和可持续的世界观，为复杂的难题提出了具体的解决方案。在生态联系和生物多样性主题方面，理查德·韦勒的前瞻性"全球生态公园"（World Park），或者爱德华·奥斯本·威尔逊（E.O. Wilson）的激进观点，他们假设为了保护生物多样性，世界必须保护至少50%的地球陆地/水面。最后，像非洲的"绿色长城"（Great Green Wall，GGW）等项目开创了一种新的举措，涵盖多维度和多行业，使我们可以尝试新的可能性，并为解决复杂问题的新方法铺平道路。

全球生态公园

宾夕法尼亚大学建筑师兼教授理查德·韦勒提出了"全球生态公园"的想法，其灵感来自对生物多样性热点地区的研究：涉及16万个保护区，呈断点式、片段式分布在约235个国家，加上重叠的路线，收录了被联合国教科文组织列为世界遗产的地方。推进这一愿景的关键前提是要对开展其他研究的领域进行说明性观察，如《联合国生物多样性公约》（*Convention on Biological Diversity*，CBD）和泛欧生态网络（Pan-European Ecological Network，PEEN），旨在连接全欧洲的绿色走廊。PEEN的目的是为生物多样性保护的清晰目标提供指南，它比较了各国数据库并将其纳入同一图景，从而绘制了三份地图，分别涵盖中欧和东欧、东欧和南欧，以及西欧。

韦勒还对通过这种生态关联模型提高生物多样性的可能性开展了定量和定性评估：首先，确保到2020年至少有17%的陆地区域受到保护；其次，要明确地点选择的重要性，要具有"生态代表性"；最后，这些地点必须相互紧密连接。因此，根据韦勒的愿景，为了实现这一点，未来的保护区必须分布在全球具有生态代表性的宏观生态区域内（Weller R., 2015）。

这一伟大愿景的最大困难在于这类想法所提出的复杂性，而各类管辖范围、官僚和行政制度及社会文化和经济的深层次差异更加剧了这种复杂性。这代表了一种限制，同时也是一个巨大的挑战。

半个地球

此外，一种理论来自美国著名生物学家爱德华·奥斯本·威尔逊，他在著作《半个地球》（Wilson E.O., 2016）中论述了人类如何在很短的时间内一手制造了当前的气候危机，以致于危及地球上的所有生命。他的理论建议保护地球一半的表面，包括海洋和陆地，以保障生物多样性，同时尽可能保证数千种现存动植物的健康。

生物多样性的丧失已经超过了警戒点，因此对于威尔逊来说，这一紧迫问题唯一的解决方案是保护地球上的区域免受人类侵扰，以尽可能防止其他动植物濒临灭绝。将地球一分为二显然是一个比喻，不应按字面意思解释。显然，地球的一部分仍可供人类使用。

这一高瞻远瞩但饱受争议的想法源自一个非常简单和直观的概念，且威尔逊特别清楚这一点，即保护区的面积越小，其生物多样性下降的风险就越大（Wilson E.O., 2016）。该理论矛盾的部分就在于人类掌管的地球的另一半，也会受到相同问题的影响。此外，无论其听上去多么有诱惑力，最好也要避免将动植物王国与人类王国割裂开。

2.5 绿色城市绿洲：一个全球项目

博埃里建筑设计事务所

该倡议最初是作为"城市绿色长城"发起的，后来决定将其重新命名为"绿色城市绿洲"以避免混淆，并将其范围扩大到非洲以外。

这些愿景与众多文化倡议、会议和读物一起促成了多个项目的发展，包括"绿色城市绿洲（Green Urban Oases, GUO）"。这个倡议最初的灵感来源于另一项具有开创性的大型倡议，即"伟大的绿色长城（Great Green Wall, GGW）"。2007年，非洲联盟启动了GGW计划，致力于恢复非洲退化的风景地貌，并改善撒赫尔地区（世界上最贫困的地区之一）数百万人的生活。一旦完成，该"长城"将延伸超过8000km，穿越20个国家。GGW计划旨在到2030年恢复1亿公顷的退化土地，除去2.5亿吨二氧化碳并创造1000万个就业岗位。

GGW计划主要关注农村地区，而"绿色城市绿洲"项目则注重城市景观，并涉及城市和社区，重点关注受气候危机（干旱、热浪、沙尘暴和山体滑坡）影响最大的旱地城市。

由FAO协调的"绿色城市绿洲"总体概念得到了各种团体、组织和专业人士的支持，包括粮农组织、博埃里建筑设计事务所、英国皇家植物园、植树节基金会、C40城市气候领导组织、联合国人居署、城市森林联盟、意大利造林与森林生态学会和中国城市森林研究中心。

GUO背后的关键理念是将旱地城市变成绿色城市绿洲，通过实施和整合城市林业和城市绿化战略来加强其适应能力，以赋予粮食、健康、环境和经济韧性。该项目将利用森林、树木和绿地来改善城市内部和城市之间的生态连续性，以增强对气候危机影响的抵御能力，从而改善城市和城郊社区居民的生计和福祉（名单中初步涉及的国家位于非洲、亚洲和东北非，包括佛得角、纳米比亚、南苏丹、阿富汗、蒙古国、乍得、约旦和突尼斯）。

城市林业和城市绿化可能不是气候危机的唯一解决方案，但在区域和城市范围内，它们肯定有助于制定针对气候变化的适应性应对措施，包括降低环境温度、保护土壤和保护河流流域，同时也为城市居民和当地社区提供各种各样的生态系统产品和服务，这些是最重要的。该项目将创建一系列"绿洲"，并将这些断点整合到世界半干旱地区更广泛的景观恢复干预措施中，提高城市对外部冲击的抵御能力，从而改善城市居民的健康和福祉。

为了确保其成功实施，"绿色城市绿洲"计划在整个规划设计和管理过程中关注地方社区，正如非洲的GGW项目所做的。这种参与应确保在不同城市确定的解决方案能够满足当地人最紧迫的需求，并符合当地气候和农业生态条件，通过创建城市森林、公园、城市食物森林、城市农场乃至更多的技术解决方案，来进行不同尺度的干预。

根据发表在《全球变化生物学》（*Global Change Biology*, Di Sacco A., Hardwick KA, Blakesley D.等，2021）杂志上的一项研究，在使造林和再造林项目发挥作用方面有一些规则，这些规则将有助于确定优先顺序，可作为未来发展的关键要素。这份研究报告中列出的规则之一是与利益相关者和当地人民密切合作，制定鼓励人们参与的城市区域造林策略，而这已列入绿色城市绿洲的"活动清单"（图2-6）。

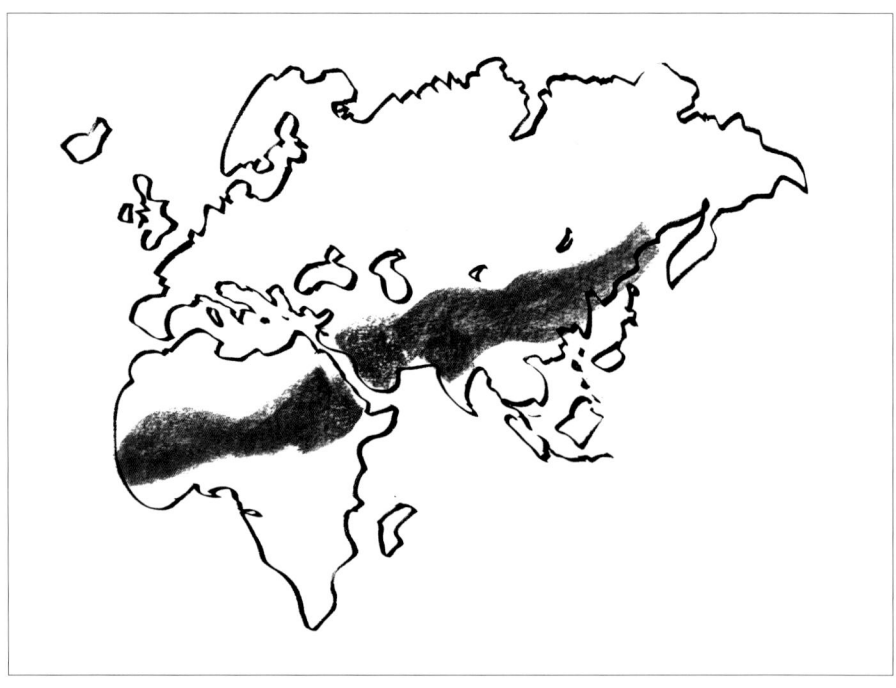

图2-6 城市绿洲
来源：手绘草图，2021年。

2.6　按比例缩小：从全球到各洲

西蒙内·马尔凯蒂

各大洲对提出全球生物多样性愿景的必要性会形成具体的理解，并重新构思。目前欧洲有几篇科学论文和一些现有项目，旨在建立一个牢固的生态走廊网络。从前面提到的PEEN到欧洲公园联盟（EUROPARC），都在跨越国际边界，致力于在自然区域和栖息地之间建立跨界联系，确保各国家之间的生态连通性。

这些生态走廊对生物多样性来说极为重要。最近的研究表明，自然区域之间的联系对于增加物种数量和促进它们的迁移至关重要。保护区网络通过维持广阔的异质景观中的生境斑块来保护生物多样性。然而，我们设计保护生物多样性的保护区网络的能力取决于对动物迁徙和功能连通性的准确理解。但问题是，这种理解很少在现实世界中得到检验。在保护区内，货币资本和政治资本的投入很充足，且有保障，但通常仅限于保护区的边界处，至于体系内的生物多样性保护机制通常全靠运气。然而，保护手段不能依赖于接近或希望——我们需要更好地了解动物对环境异质性的反应，要从准确的理论基础开始设计一个有保障的模式，以提供有效的生物多样性保护，同时覆盖各个保护区网络（Stewart F.E.C.等，2019）。

根据实证研究，栖息地丧失对生物多样性有很大的负面影响（Fahrig L., 2003）。各国的大部分自然区域都因为人类居住区或基础设施建设变得支离破碎，尽管其影响有待进一步研究。作为建筑师和城市规划者，在特定地点开展项目时，我们有必要考虑面对的自然环境和生态联系，以及"自然"生物多样性背景。除了绿色和蓝色基础设施网络（其多样性和细微差别的复杂性将在后续章节中解释），城市内的生态走廊也可以改善环境条件，从而提高居民的健康水平和生活质量、支持绿色经济、创造就业机会，最重要的是增强生物多样性，并且在某些地区和国家可以在农林业领域大大加强粮食安全。

未来的措施应包括实施国家生态网络，及通过开发这些跨大陆生态走廊追求国际层面的一致性。正如在理查德·韦勒的"全球生态公园"项目中所述，最大的挑战是在负责生物多样性保护的各个机构之间，以及在各国和国际司法管辖区之间制定一套通用的方法。然而，这也是一个设计问题。通过设计（或决定不设计）让各物种在人类化景观中活动是向非人类中心主义转变的第一步，也是保护其他物种的第一步。归根结底，保护的还是人类自己。

鉴于气候危机，对城市规划、建筑及我们居住的城市的结构进行全新的理解，并选择合适的处理方式变得比以往任何时候都更为重要。同时，对于现在已成为人类领地不可或缺一部分的非城市空间所涉及的动态，也需要重新审视。

2.7 城市与乡村之间新的互惠契约

斯坦法诺·博埃里

谈到恢复自然和人工领域之间平衡的机会，以及按照城市社区和植树造林的逻辑重新设计城市，我认为现在是时候发起一场全国性大规模运动，让人们重新回到内陆的废弃村庄，那些曾经在意大利、法国、德国和西班牙一直被守护着的欧洲乡村。

一方面，我们必须尽一切可能，确保人们对一种更健康、更接近自然的生活方式的渴望，不会重蹈20世纪80年代的覆辙，即那些导致全国出现大批新的别墅和建筑与广布孤立的建筑群毁坏了意大利和欧洲的自然风景，尽管这种渴望本身合乎常理。

另一方面，让人们重新回到历史悠久、淳朴自然的乡村意味着降低城市建筑密度，这为城市社区创造了条件，可以改变其中住宅空间的大小，使其与周围景观保持密切而融洽的关系。

因此，这并不是一个回归乡村的怀旧项目，而是一个当代项目，目的是对被遗忘的国土给予经济投资并实现人口发展。

现如今村庄有着巨大的潜力，我们要重新审视它们，尤其是对其内部空间。

如果能够在大城市外连续住上四五天，人们会情不自禁地想将自己的住所搬到一个风景秀丽的地方。在这里通过网络我们将享受与外部全方位的连接，同时仍实现服务自给自足，情况几乎与在城市里相近，而这些服务现在在城市的某些地方已经彻底改头换面。因此，我不是在鼓励建造第二居所，也非提倡短时旅游的新业态，而是在认同形式之前，启动一个真正的乡间古村改造工程，让生活方式重归本真。

然而，这只能通过制定真正的互惠契约来实现，该契约以法国模式为基础，在布雷斯特市与布列塔尼西部中心地区的农村地区与最近的城市之间发展。它们必须与邻近的古村和乡村合作而非竞争。

想想城市供应的饮用水、清洁的空气、优质食品、木制家具和附属产品，这些都是城市欠周围的乡村空间及小型定居点的一大笔债。

是时候通过循环经济项目来偿还这笔债务了，鼓励人们搬到历史村落居住，不管是农民、知识分子、手工艺人还是企业家，定居在大都市辐射范围区域，同时顾及重新住进小镇和村庄的人们将承担这笔债务，他们将要继续生产优质农产品，并对森林、海洋、湖泊和海岸线负责，这些仍然是我们美丽的风景。

我们需要的不是村庄田园牧歌的景象，而是积极的小镇，以保护依然美妙的乡村，这种乡村将会变得更具吸引力，也更契合未来几年越来越多的寻找返璞归真场所的旅游方式。

这种人居空间的彻底改革最终将与打造"意大利公园"的巨大挑战联系在一起。项目计划形成一个从北到南、从东到西横穿亚平宁半岛的生态走廊系统，将现有公园与保护区、无保护林地结合起来，包括焕然一新的小镇、乡村和城区群落，以此来克服将自然融入城市场景的挑战（图2-7、图2-8）。

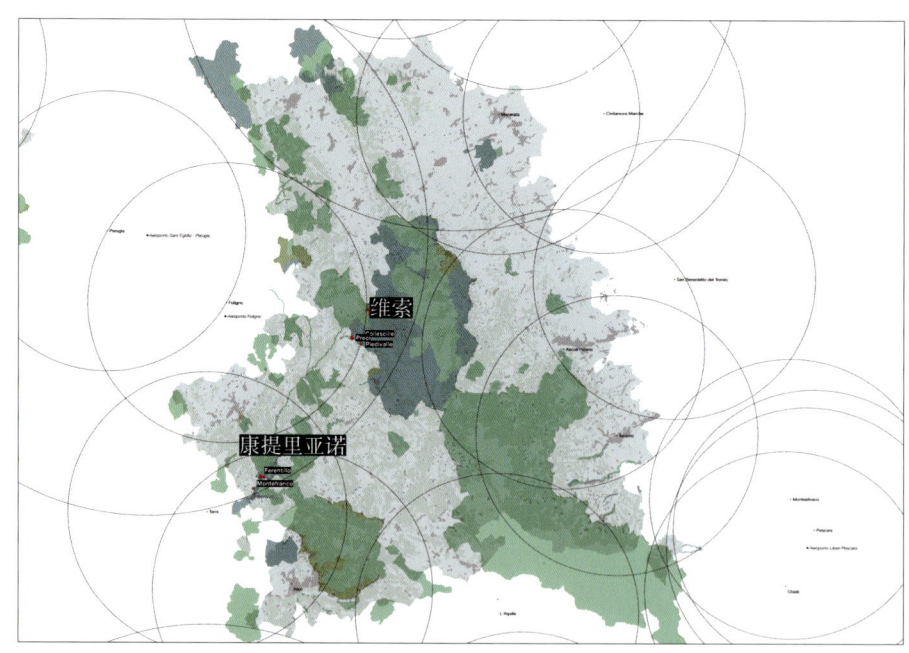

图2-7 Crater地区
"Crater"是中部意大利的一个地区，包括2016年和2017年因地震受灾并受损的140个市镇。尽管该地区由于地震而被认为是高度危险的，但由于拥有广阔的自然区域、旅游业和一个支持这种转型的村庄网络，它有巨大的潜力成为以森林为基础的循环生物经济的发展地。

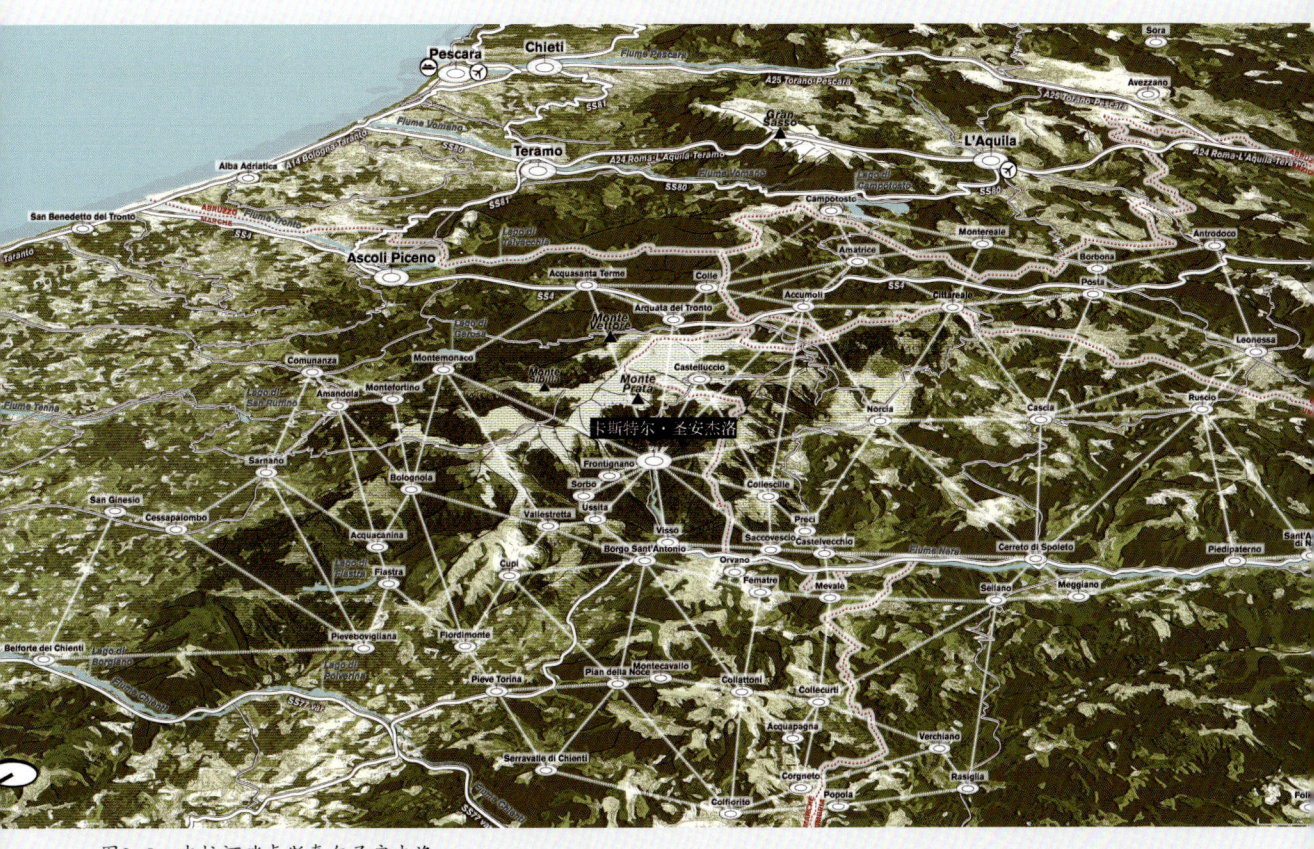

图2-8 内拉河畔卡斯泰尔圣安杰洛

内拉河畔卡斯泰尔圣安杰洛的重建实施计划旨在重建2016年被地震破坏的城市结构。它基于10个目标,包括减少地震风险和自然灾害风险,保护和增强环境资源以保护当地生物多样性的自然价值,恢复历史遗产并使用创新材料,生产高度可持续的能源并重新推动旅游业等。

2.8　全国范围的"意大利公园"

博埃里建筑设计事务所

继2018年在曼托瓦举行的第一届世界城市森林论坛后，博埃里建筑设计事务所提出了"意大利公园"的愿景，该项目的主要目的是制订一系列计划，将意大利国家公园与整个意大利的保护区和林区相连，并打造囊括14个大都市区、城市和村庄的绿色走廊，以增强生物多样性。

意大利的植物遗产之丰富众所周知。它是欧洲植物种类最多的国家之一，欧洲约一半的植物实际上都是在意大利的土地上发现的（Legambiente ONLUS, 2018）。在意大利，受保护的土地面积约占全国土地面积的25%，其中50%以上的面积为林地，是国家重要的绿色基础设施。根据意大利农业、食品和林业政策部（MiPAAF, RAF Italia, 2019）的一份报告，意大利的林地面积约为1100万公顷，相当于其国土面积的35%。一些保护区还包括城郊和城市地区（较少见），其中约4%为低洼地区，并或多或少靠近城市地区和基础设施高度集中的地区。其余的绝大多数都涉及山区，以及少量的丘陵地区（Salbitano F., 2019），因此我们应该努力在这里实现良性发展和创新。

然而，根据欧盟联合研究中心编制的第二个也是最后一个《全球荒漠化地图集》（*World Atlas of Desertification*），显然需要采取行动阻止荒漠化的蔓延。该报告表示，意大利是受荒漠化进程影响的13个欧洲国家之一，其中1/5的国土因气候变化而面临着荒漠化的风险。

在意大利，全国对自然区域全方位的构想将有助于自然区域的保护与森林生态系统的不断发展，同时可以加强在可能成为未来发展中心的地区的有序增长，如内陆地区[①]。该构想还可以创建或促进与木材业相关的循环经济，该经济推动着社会各领域所必需的生态转型，其中最重要的建筑业所产生的空气污染公认的罪魁祸首。

从对世界各国生态连接进行的研究中得出的结论是：各地之间存在实质性的连接于欧洲对生态走廊开展的研究，我们需要在各国部署绿色走廊，以便在所有成员国之间连贯式地推进举措。

① 意大利的内陆地区为农村，其特点是远离主要的服务中心（教育、卫生和出行）。根据最新的人口普查，内陆地区占意大利市镇的53%，居住着23%的意大利人口，覆盖了60%的国家国土（NSIA, 2019年）。

因此，"意大利公园"建议创建一个大型的新森林网络，连同各种受保护的生态系统创建一套生态基础设施，将城市和沿海地区与现有的大型森林结构（包括保护区、自然区域和内部区域）连接在一起。

因此，从国家的角度来看，建议采用一个全国性项目，这个项目既要具备坚实的科学基础，又要能够让尽可能多的领域（不管是公共还是私有）参与其中；同时通过有针对性地维护和管理战略来保护这片国土，推动生态系统服务成为发展过程的核心经济模式。

因此，遍布全国的居住中心可以成为庞大的绿色基础设施的焦点或节点，即连接亚平宁山脊和贯穿整个半岛的阿尔卑斯山系。只有通过中小城市的积极参与，并对抗气候变化的影响，才能在人类创造的世界和自然之间建立伟大的新联盟。

该项目呼吁采取的主要行动包括确定一个整体上统一的规划，对象为全国的保护区、现有森林和其他自然和半自然区域（生物多样性热点地区）之间的树木带和生态走廊网络，包括14个大都市的城区及周边；鼓励重新连接绿地和城市森林，并通过切实地植树造林，在城市和城市带区域内建立战略性绿色基础设施，其中部分项目已经启动或正在进行，同时推动综合治理和建立伙伴关系模式，促进更多的人参与支持"意大利公园"项目的监管措施和筹资工具的发展（表2-4）。

表2-4 意大利公园——初始数据

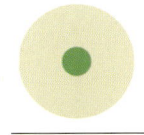

意大利的保护区
意大利的保护区（海洋和陆地）面积约占全国总面积的25%。

森林——绿色基础设施
意大利的林区面积约为1100万公顷，相当于全国面积的35%。
来源：意大利森林状况和林业部门报告（RaFITALIA——RAPPORTO SULLO STATO DELLE FORESTE E DEL SETTORE FORESTALE IN ITALIA）(2019年)

荒漠化——五分之一的国土面临荒漠化风险
根据欧盟联合研究中心编制的《全球荒漠化地图集》，显然需要采取行动阻止荒漠化的发展。根据这份报告，意大利是受气候危机影响的十三个欧洲国家之一。

丰富的植物遗产
众所周知，意大利具有丰富的植物遗产；意大利是欧洲植物物种最多的国家之一，欧洲约有一半的植物物种都能够在意大利的土地上找到。

2.9　内陆地区及村庄的四个构想：引人深思

玛丽亚·卢克雷齐娅·德·马可（Maria Lucrezia De Marco），科拉多·隆加（Corrado Longa），西蒙内·马尔凯蒂，路易斯·马吉尔

全局性设想

如今，意大利有5000多个市镇的人口少于5000人，约占意大利所有城市的69%，这些城市也覆盖了约55%的国土面积。

仅考虑人口，该类别几乎完全由市镇组成，它们也被列为内陆地区（4,076个）的一部分，占所有市镇的51.4%，占总人口的21.9%，占总国土面积的近60%，主要集中在意大利中部和南部、亚平宁山脉及撒丁岛和西西里岛。在已知的城市和城市人口增长的另一面，小村庄和农业区正在遭受人口外流的负面影响。从2014年到2019年，这些地区的常住人口减少了25万人，这加剧了持续的人口危机。

一个关于内陆地区的设想认为，这些地方要素对于在国家层面统一规划至关重要，要将它们置于战略行动的中心。该设想认识到了这些村庄在复杂景观中的价值及强化的潜力，并通过互惠关系凸显每个地方的价值。以下是这一全局性设想目标解决的一些议题。

**新旧森林和生态连接点的网络，
村庄和城镇作为绿色之旅中的国土守护者**

在整个意大利，制定有助于小镇和村庄发展，并为未来潜力创造空间的统一地域规划非常重要，尤其是通过发展保护区、现有森林、其他自然和半自然区域（生物多样性热点地区）之间的树木带和生态走廊网络，以此解决碎片化的问题，包括城市地区、14个大都市及与风景关系密切的小镇和村庄。

这部分国土可视为一个由小镇、村庄和城市中心组成的"星群"集合体。

这些村庄很可能成为监测、管理自然和森林资源，以及自然公园和水文网络的焦点。这将促使其能够在国家层面上通过当地的保障来确保项目的安全，并为基于领土生态系统服务的经济腾出空间。当然，通过公共拨款和重新分配该地区的税收收入来激励人们去维护这一项目，同时持续监督各个地理区域也是很有必要的。

在这个村庄的集合体中，工作意味着朝着低密度的概念努力，同时避免新的城市化浪潮。这意味着将优先考虑翻新和改造已有建筑，而不是新盖建筑并进一步消耗土地资源，这很可能成为疫情结束后的第一个应对措施，出于人们对城市及其密度日益增长的担忧，而后者可能使土壤和森林资源进一步退化。

我们有必要明确对居住和生活质量的一些需求，而小镇是表达这一需求的最理想场所。

循环生物经济，木材供应链、旅游业和潜在新机遇
在实现木材供应链的良性循环基础上，通过循环生物经济推进必要的生态转型，振兴偏远地区的村庄并创造新的环保岗位。

通过提高资源利用率、开发资源和现有遗产，小镇和村庄成为新业务的互联枢纽，这些业务均遵循着循环经济和生物经济的逻辑，业务类型从小型手工艺品到新的制造业4.0版本，并在区域范围内向高效平台迈进。这意味着村庄作为分散式经济网络的一部分发挥着作用，它可以将当地资源和文化知识连接起来，同时对接更大的全球市场。这种积极的供应链运作必然要与现有的自然资源互动和对话，一方面要避免造成破坏，另一方面更要创造良性循环。

此外，随着国家公园以及保护区之间新的连接系统的建立，旅游业和慢节奏旅游线路可以得到振兴，从而创造新的就业机会。小镇和村庄也可能成为高潜力旅游区的中心节点。

在具备这种潜在经济驱动力的同时，小镇和村庄必须能够在区域和地方层面享受优惠政策，使得包括老一代和年轻一代在内的大量人口得以维持和共存。

为了保证这一点，还需要考虑到旅游经济通常会遇到的季节性问题，因此我们也有必要推出免税政策及激活新的永久性经济体来应对。

数字和能源基础设施，自给自足与更新

小镇和村庄可以通过高效、高速的数字网络成为新的中心，这将使其能够轻松利用快速连接来打入当地市场和供应链，并且监测森林和水利基础设施，但目前只有37%的内陆区域拥有。要实现物流基础设施现代化，并向货物和人口流动多元化管理迈进，必须制定周全的数字基础设施计划，以此创建和开发广布的远程医疗网络和学校网络，同时允许新定居者在远离城市的情况下开展远程工作，从而认可并保障目前这些地区的常住人口。提高城市结构的效率和安全性是生态转型的一个必要因素，这必须在能源和建筑性能方面重新开发，同时从净零和生物基材料的角度实施干预。例如，在建筑中使用木材及当地劳动力，从而推动碳减排政策的实施和循环生物经济模式的发展。我们与米兰理工大学的60名国际学生一同针对这种方法做了一些案例研究，他们在斯坦法诺·博埃里主导的城市设计工作室的框架内探索了小镇和村庄在社会、经济和建筑方面的"再生"。

通过此阶段，对格罗莫（贝加莫）、佩斯卡拉（阿斯科利皮切诺）和布鲁内洛（特雷比西亚河谷）的案例研究，以及与私人和公共利益相关者对话，工作室设计了具体的城市规划策略，以建立村庄复兴的新模式，与最近的城市密切相关，发掘新的经济资源，并优化设施和公共功能来创造内陆地区可持续发展和经济发展的前景。

治理：内陆地区国家观测站

建立一个由多名参与者和多学科组成的内陆地区国家观测站非常重要，在功能上要能够制定统一愿景、长期规划，收集国土数据并预测人口变化，并通过开发"最佳实践"和技术支持来帮助当地政府。

所有这些都旨在推动政府制定政策，在小型地方社区、农村地区和大城市之间建立活跃的互惠关系、促进经济交流、分享环境策略及帮助日常生活，同时也是在国家层面协调欧洲资源再分配的手段。

在地方层面确保形成强有力的社会联系、坚定的承诺和政治愿景至关重要，要努力将有关国家愿景的决策落实到地方层面，提高国家整体愿景的重要性，并且也应该促进该愿景与高度地方性特色和特点的紧密关联。

例如，在一个国家级项目中可以确定统一的标准和行动方法，并改善农村地区的管理流程，以及开发那些能够在保护区之间建立新的生态联系的应用研究和技术。此外，还可以加固城市地区和小镇及村庄之间的绿色走廊，推动木材供应链和当地生物经济的发展。

为实现这一目标，需要与规划、设计和管理部门协作（图2-9、图2-10）。

图2-9 "意大利公园"项目
"意大利公园"项目主要目的在于加固意大利的绿色走廊，增强生物多样性，连通其国土内现有的绿地、保护区、国家公园和新生的造林项目。希望通过该项目整合国家、区域和地方范围内的植树运动以及所有造林和再造林项目，以推进自然区域之间的统一，降低生态系统破碎化程度。项目也将通过城市和城郊造林规划以及新的森林事业和循环经济，让大中城市和其他较小的城市和村庄都参与这一进程中。

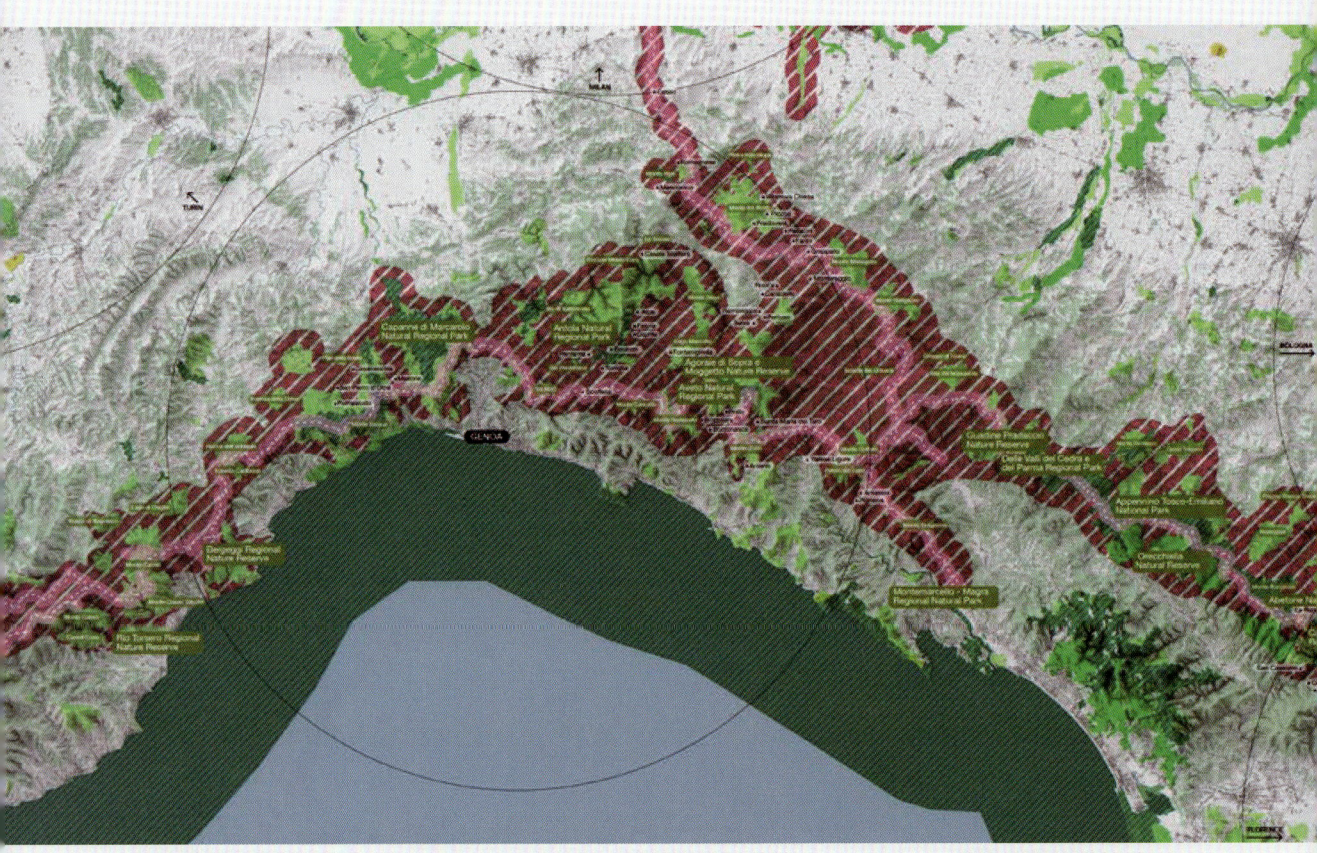

图2-10 "意大利公园"利古里亚/托斯卡纳沿海地区的放大图

"意大利公园"是一个多尺度项目,通过创建新的绿色走廊或干预已保护的区域来连接自然区域,让意大利14个大都市、小城市和沿途村庄都参与其中。粉色线路代表了几条现有的CAI(意大利阿尔卑斯登山俱乐部,the Italian Alpine Club)的远足路径,连接着不同的自然区域,代表了该地区的文化遗产。"意大利公园"项目同时是慢节奏旅游的一项重要资产,也是积极保护该地区自身的手段,用于保障新森林和现有森林的管理和安全。

第3章
城市框架
The Urban Framework

3.1 三大反乌托邦

斯坦法诺·博埃里

就可持续发展的主题而言，现如今并存着三大反乌托邦，都在呼吁自然与城市之间以某种方式和解并共存。第一大反乌托邦本质上是技术官僚主义，宣称可以通过改进和安装用于储存和积累可再生能源的设备，以至于在自然和人类界之间实现一种补偿：仿佛凭借强大的技术将能源消耗降至最低，从而减少人类在大自然散布的足迹。第二大反乌托邦提出基于扩大耕作的思路来和解，仿佛以土地生产为目的的农业能成为消除城市化弊端的灵丹妙药，从而让城市内外的土地更多为农业所用。第三大反乌托邦寻求基于共存原则来和解，他们承认相对于人类领域，自然具有绝对的自主权：城市必须知道如何管理其土地并尊重纯天然的野生区域，在这里多种动植物可以完全自主生长和繁衍，不受人类控制。

这三大反乌托邦在建筑界的影响力相当大。建筑师威廉·麦克多诺（William McDonough）和生物化学家迈克尔·布朗加特（Michael Braungart）提出了技术专家的愿景，提议将新陈代谢原理和所有人造物的回收利用扩展到建筑和城市规划领域，其灵感来自建筑可以像花草树木一样发挥作用，能够吸收并消耗太阳和地球的能量，同时不产生残留物。第二大的农业生产性反乌托邦起源于激进的建筑思想，尤其是安德烈亚·布兰齐（Andrea Branzi）的活动，其作品一贯反映了城市艺术与植物世界的相容性。这种反乌托邦促进了农业和任何可用于绿化区的城市空间的发展。通过花园、直立墙、森林或农业用地的形式开发自然，以开放城市空间并在其表面用植物覆盖。第三大反乌托邦是最极端、最前卫但也最有趣的。它否认人工技术，承认自然拥有绝对自主性，以至于不能开发或再生。自然被认为是一个独立的植物/动物界，人们无法干预，因此景观设计师吉尔斯·克莱门特（Gilles Clément）提出了第三种场景的想法：被人类遗弃的广袤城市空间被自然重新吸收后（铁轨、基础设施、工业区、覆满荆棘的仓库、灌木丛、残余的野生植被和杂草），城市设计萌芽出新的空间性，不可预测而且无条件。最后一大反乌托邦最让我感兴趣的是，作为最终考虑自然完全自治领域的学科的一部分，它最终以一种极端的方式抛出问题，即使在城市化地区非人类中心城市视角，也是城市设计的一部分。

这些概念都广为人知，我也十分关心与在意。早在2008年第11届威尼斯建筑双年展期间，我与杰里米·里夫金和其他国际建筑师在一份宣言中提到了这些概念。里夫金首先开始研究第一种反乌托邦，并将其与技术创新民主化的暗示性假设——"每栋建筑都必须充当能源"联系起来。该宣言的巨大优势在于使城市可持续发展政策在社会和经济层面都有好处，也变得现实可行。这是一个需要人人负起责任的城市生态愿景，可以迅速让设计师参与本地智能化网络的建设中，并减少政治对建筑的影响。

从设计的角度来看，威廉·麦克多诺和杰里米·里夫金的愿景因其政治维度而很有意义，因为引入了一种自下而上的可持续性观念：我们都应响应将建筑用作发电厂的这一想法，或让社区成为能源生产、消费和分配的本地网络。布兰齐呼吁在城市推广大规模绿化，并回顾了项目和研究的悠久历史，包括从绿色建筑到我们自己在米兰的"垂直森林"项目，其对建筑界的影响最大。而第三个愿景的修辞让人想起自然景观的本能与神奇之处，在某些方面仍然未被污染，在这里可以有意识地实践创造性放弃。这三个愿景全面反应了与可持续性相关的三个问题，推进了生物多样性作为每个生态系统的绝对核心价值和健康的指标（图3-1）。

图3-1 （1）动物之城——城市荒野；（2）"耕作"城市——城市农业；（3）源自自然的技术——城市高科技可持续性
来源：Abitare杂志，可持续反乌托邦，威尼斯双年展，2008。
可持续反乌托邦是一个研究项目，探索城市与自然和解的不同想法。在当今的国际化大都市，富含文化和人类学多样性，人们正在围绕三个激进的场景重新思考和设计自然的存在。这些愿景能够显著改善数百万人的日常生活，但也可能导致灾难或令人担忧的后果：这一十字路口取决于既无法控制也无法预测的变量。在这三个未来场景中，乌托邦和反乌托邦之间的界限变得微不足道。

3.2 城市框架

大卫·米勒（David Miller）

大卫·米勒是C40城市气候领导联盟的国际交流主管，他于2003—2010年担任多伦多市长，并在2008~2010年担任C40城市联盟主席。他曾担任过各种公共和私人职位，包括曾担任加拿大世界野生动物基金会（WWF）主席，后来重新加入C40。

他的职业是一名律师，拥有滑铁卢大学环境科学荣誉博士学位。

地球正面临着严峻的环境挑战——事实上，新冠病毒和埃博拉病毒及中东呼吸综合征（MERS）等其他病原体在全球的传播表明人类与地球健康之间的关系十分脆弱。研究表明，环境的破坏使此类突发卫生事件发生的可能性大增，同时环境问题（如空气质量差）加剧了对健康的影响。此外，同样的问题也导致了气候危机，其影响已经显现，而这并不意外。

很明显，人类的行为、经济体系和对自然环境的漠视，正对地球施加了巨大的压力。我们经常在世界各大城市中看到这些影响——像美国的哈维、桑迪和卡特里娜飓风（Hurricanes Harvey, Sandy & Katrina）；雅加达（Jakarta）的大洪水，当然还有美国加利福尼亚、加拿大不列颠哥伦比亚省和澳大利亚的野火，它们无论对农村还是城市居民都造成了很大影响。这些影响通常会最先被社会中最弱势的人群感受到。

好消息是，全球这些大城市也对这些环境问题提出了解决方案。21世纪全球经历了历史上前所未有的城市化，且这种趋势正上升。那么答案是什么呢？原则上，我们知道，如果我们能够对这些大城市中的生活方式作出一些改变，就能让人们的生活变得更好，城市的社会公正性和经济发展都能提高，也能实现温室气体减排目标和解决其他环境问题。

对C40城市——全球最大城市的市长组织——的研究表明：全球约70%的温室气体来自城市开展活动的地区或维持必需的活动（如发电，即使工厂在城外）的城市地区。解决城市温室气体排放问题可以显著降低全球温室气体排放量。一般来说，这些排放来自4个领域：发电、建筑物取暖和降温、交通以及垃圾处理。

在其中每一个领域都可以采取大规模的行动。我们可以更多地通过清洁能源来发电，并提高建筑物的效能。现如今建造碳中和建筑已成为可能。全球至少有35个城市承诺到2030年将仅建造碳中和建筑，许多城市正在通过改造现有建筑大幅降低排放，同时创造大量就业机会。我们可以更好地管理垃圾，特别是利用大规模堆肥来解决垃圾填埋场的甲烷排放问题，也可以改变运输方式。我们已经看到巴黎、米兰和波哥大等许多城市在作出改变，人们可以在更多时候选择步行、自行车和乘坐公共交通工具出行。伦敦等城市在实现私人交通电气化方面首屈一指，从而可实现零排放。所有这些在今天都是可以实现的，无须新发明——只需采取行动，而不再保持惰性。

科研项目表明，气候变化对低收入群体的影响很明显是不公平的。无论是在城市内还是城市之间，都是不公平的。例如，当飓风桑迪袭击纽约市时，低收入社区受到的影响最大，需要数年时间才能恢复。无论从南到北的城市之间，还是洪水对发展中国家三角洲城市的人们造成的巨大影响，都是如此。在思考如何应对气候变化、如何解决这些不平等问题时，考虑这种不公平因素至关重要——意味着解决方案需要公平、包容并考虑经济机会和社会效益。

例如，城市森林可以成为社会公平的源泉，也可以成为一股保护环境的积极力量。在哪些社区种植树木，如何种植，甚至是雇谁来种植，都会对低收入社区产生影响。这些社区能否在夏天更凉爽，其公共空间能否便于所有收入背景的人共享和使用，从而改善人们的健康？能通过雇佣当地人的方式开展这些项目吗？如果是这样，还有助于缓解和适应已经发生的气候变化，并使我们的城市具备关键的韧性。

最后，流行病和环境问题的影响表明，城市需要具备适应性和灵活性。我们都知道，最宜居的城市都是建立在非常发达的公共交通网络之上的，因为一旦有了网络，人们可以选择住在不同的社区，同时仍然享受着城市生活。规划的灵活性也很重要，而自然基础设施（有时称为绿色基础设施）的作用至关重要。以目前受到海平面上升威胁严重的波士顿市为例，其基本上处于海平面以下，现在正在建造新的公园以适应极端天气。这些公园位于低收入社区，为人们提供更好的住处、更便于儿童活动，以及更好的绿地。

这类项目打造的城市让来自不同背景的人们都能过上有意义的生活——享受洁净的空气、干净的水和舒适的环境。这些是宜居的城市类型，也是各地的市长们所追求的（图3-2—图3-4）。

图3-2　仿若绿洲1

图3-3 仿若绿洲2

图3-4　仿若绿洲3

图3-2、图3-3、图3-4，来源：塞巴斯蒂安·梅希亚（Sebastian Mejia）

这棵棕榈树引起了我的注意，因为它位于智利的圣地亚哥是一个显眼但不协调的存在。它是城市景观里的一个强有力的垂直标志物。高高耸立的树干放映出其生存策略：集中能量达到高处以获得阳光并避开围树木的阴影。这是一项有趣的进化策略，它对抗地心引力的方式也很打动我。我们都面临着类似的限制，棕榈树处之淡然而优雅，像一座纪念碑一样高高耸立在我们的头顶，见证了脚下这座城市发生的变化。

3.3 城市的作用

路易斯·马吉尔

城市是人类最伟大的发明之一，可谓是人类的身份证，为形成我们的现代生活作出了重大贡献，这一点毋庸置疑。通过城市历史，我们可以找到我们的性格特征，我们是社会性动物，也反映出我们建立社交网络和相互联系的需要。这一基本因素深藏于我们的遗传密码中。

在《群的征服》(*The Social Conquest of Earth*, Wilson E.O., 2012)和《人类存在的意义》(*The Meaning of Human Existence*, Wilson E.O., 2014)中，生物学家爱德华·O. 威尔逊解释了人类以及蚂蚁等群居昆虫何以成为"完全社会性的"(eusocial)物种的代表。这种在地球历史上鲜为人知的现象为我们开辟了一条特殊的进化之路。被命名为"完全社会性的"物种通过与同一物种世世代代生活在一起的个体间的合作、交流和培训形成了社区，并且根据工作任务对个体细分。这些物种的独特特征是会为了他人利益而作出利他主义行为，即使不是直接追求个体本身的利益。威尔逊的理论阐明了其他动物群落的历史，通过这些理论我们也可以多少了解人类作为一个群落的本性。可以看到，城市在人类历史上的各种发展和形态中一直与我们同行，作为人类的产物，它比人类本身的进化更了不起，也更引人注目。

城市是制造相遇的手段。事实上，社会学家理查·森内特将城市定义为："一个让陌生人很可能彼此相遇的人类住区"(R. Sennett, 2018)。

从历史上看，城市一直是伟大社会成就的摇篮，在当代，可以将其描述为某种"创新的孵化器"。古希腊民主的诞生被认为是一种管理、控制和分享权力的方法，也用于不同社会阶层之间的协商。此外，在当时的"城市"——雅典，它还可用于治理人类激烈交流所产生的摩擦。在文艺复兴时期，涌现出了杰出的文化，取得了不小进步的艺术与获得非凡人文表现的佛罗伦萨。同样在这一期间，人们通过艺术知识的创造和传播实现了经济繁荣和智力开发，硕果累累。想想莱昂纳多·达·芬奇(Leonardo da Vinci)、米开朗基罗·博纳罗蒂(Michelangelo Buonarroti)和桑德罗·波提切利

（Sandro Botticelli）这样的人物就可见一斑。

即使在今天，由于人力和智力资本的积累，城市仍然是巨大技术进步诞生的中心。就像库比蒂诺（Cupertino）、帕罗奥图（Palo Alto）和山景城（Mountain View）等"硅谷"城市一样，它们与旧金山、伯克利大学和斯坦福大学等学府一起创造了曼努埃尔·卡斯特尔（Manuel Castells）口中真正的技术创新走廊。

在人类历史上的所有这些成功案例中，很明显地，城市一直引领着成就：它们一直是频繁交流、人力资本积累、多样性和教育体系集中的焦点，人们由此通过整合和传播一系列共同的价值观，为人类的进步迈出坚实的步伐。

尽管有这些成功案例，但全球人口直到近年来才开始向城市转移。理查·森内特、里奇·伯德特（Ricky Burdett）和菲利普·罗德（Philipp Rode）将当前的历史时期定义为"城市时代"——"人类世"的另一种说法——来自伦敦经济学院针对人口向城市迁移开展的一项长期研究（R. Burdett, P. Rode, 2018）。1900年时只有10%的人口居住在城市，而通过自那之后城市演变和发展的历史记录，伦敦政治经济学院的研究表明，到2050年，城市的常住人口将占总人口的75%左右。早在18世纪，城市就开始见证最早的农村大迁徙和随之而来的各种困难。例如，当时伦敦的居民人数最多，而在安装排水系统之前，这里的男性预期寿命约为40岁，女性为42岁，在2017—2019年，预期寿命上升至80.9岁（英国国家统计局）。

近年来，城市已经成为现代城市规划愿景失败的象征：想想20世纪80年代，纽约因犯罪和药物滥用而引发的暴力浪潮，抑或底特律因开始于20世纪50年代的下岗潮而崩溃，至今仍然可见，又或巴黎市中心与其郊区在社会和经济条件方面的悬殊对比。

城市是未来的挑战。如果全球75%的二氧化碳排放量确实来自城市（UNEP, web），那么它们也确实是进步及经济和政治权力的代表。因此，作为变革能力集中显现的地方，城市也就代表了未来几十年的真正挑战所在。为了生存，城市必须从全球气候危机的祸源和受害者向再生过程转变。

城市迫切需要反思几个基本点，其中包括对每一种可能的气候风险的适应和韧性，公共卫生问题（不仅在污染方面，而且在应对未来大型流行病方面）（《联合国可持续发展目标报告》，2020），各社区的整合过程和未来的迁徙，最后是城市生态系统、环境服务和生物多样性。

政治作用

尽管城市和规划方面的工作屡遭失败，仍有理论家对城市在未来所扮演的角色持乐观态度。经济学家爱德华·格莱泽（Edward Glaeser）就是其中一位，他致力于研究城市在思想传播和造福民众方面的作用，他表示城市的成功得益于人类强有力的合作，以及在越密集的环境中，思想的传播能力越强（E. Glaeser, 2011）。城市正是凭借其集中的力量，得以吸引层次各异的民众，但在郊区和大城市的中心地区，往往会出现社会上的不适感，但这并不足为奇。这将永远是一个挑战，也是城市的巨大优势，表明了这些伟大的"机遇平台"的变革之力。

进入"城市时代"后，我们正在重新发现城市的力量及其政治方面的作用，而鉴于其创新方面的潜力，我们还应该让其在制定全球政策方面发挥更大潜力，以及提高其解决问题、适应环境和满足居民要求方面的能力。如今，在经济资本和政治权力集中、世界各地建立的新型国土关系网络的推动下，我们正在经历城邦的复兴。事实上，作为全球化时代进步的引擎，城市正在重新定义这个世界。城市的边界已消失不见，且愈来愈独立。我们正在进入一个城市比国家更重要的时代，货物和人力资本的流动将比划分国家的边界更重要（Khanna P., 2016）。

与国家不同的是，近年来，城市在应对气候危机方面发挥着越来越大的主导作用。人类发现全球变暖已有一百多年，而自美国宇航局科学家詹姆斯·汉森（James Hansen）提供大气中温室气体影响的证据以来也有三十多年，气候外交也已开展大约20年，迄今为止，几乎没有取得可验证的进步。如今，城市处在气候变化的最前线，也处于在全球行动中发挥领导作用的有利位置。名为"我们仍在坚守（We are still in）"的联盟就是城市在气候变化方面所具领导力的一个例子——该联盟由纽约市前市长迈克尔·布隆伯格（Michael Bloomberg）和加州前州长杰里·布朗（Jerry Brown）领导——旗下城市和州主动承诺努力实现巴黎气候协议的目标，而就在当时，特朗普政府决定让美国退出第21届联合国气候变化大会（COP21）协议。

城市需要在网络和组织内进一步配合，并创造协同效应，以帮助解决与韧性、社会包容性和与自然亲近层面底线目标的相关问题。如C40（城市气候领导小组），这是城市未来最重要的良性网络之一。它是一个全球城市网络，为解决气候危机问题而采取具体行动。该网络由伦敦前市长肯·利文斯通（Ken Livingstone）等人于2006年共同发起，起初为大约20个城市提供支持，而今天已吸收全球约96个城市。城市网络的潜力是巨大的：在这里城市之间可以交流成功的经验、转让技术及促进公私合作伙伴关系。举一个例子，C40成员为废物管理和可持续交通系统中的清洁能源建筑制定的标准，远高于政府间通过谈判制定的现有标准。

2018年，弹性城市催化剂（Resilient Cities Catalyst）、世界气候变化市长理事会（World Mayor Council on Climate Change）、可持续城市网络（Sustainable Cities Network）、联合国粮农组织、国际地方政府永续发展理事会（ICLEI）、全球平台组织（Global Platforms）和可持续城市（Sustainable Cities）等组织也积累了大量经验和组织影响力，在波兰卡托维兹第24届联合国气候变化大会（COP24）等国际场合都留下了浓墨重彩的一笔。很多机构和大型国际组织已经认识到：城市在通过减轻污染及提高适应性等方式应对气候变化方面起着核心作用。这既涉及城市地区的规划、设计和管理方面，也涉及对国土治理决策的生态、文化、经济和政治责任，实际上远远超出了城市的实际影响范围。人们可以在这些整合的城市网络中交流复杂的方法甚至提出新的想法，并可大规模应用同一城市网络内的其他城市的即时技术和解决方案，从而减少了从零开始制订计划所需要的巨大投入。城市之间的联系可以增强其韧性和适应性响应，以预防未来的风险，从容应对其可能的后果（表3-1）。

规划或无规划

历史上对建立"理想"城市或建筑群体和对乌托邦的痴迷很可能与一个理念密切相关，即一个正常运转、和平进步的社会反映了对设想新的共存方式的深刻需求。从西方思想发源开始，我们就一直在致力于创造或构想理想社会，而其最具代表性的想象表达为理想城市。托马斯·莫尔（Thomas More）在书中（More T.,1516）描述了"乌托邦"岛，由名为阿美利哥·韦斯普奇（Amerigo Vespucci）的船员在新世界的土地上发现。岛上有54座城市，是不同宗教信仰并存、以平等为基础的代议制民主的典范，也是不存在私有财产、人人享有医疗和教育的社会主义国家的典型。早在莫尔之前，柏

表3-1 全球二氧化碳排放量（1970—2013）

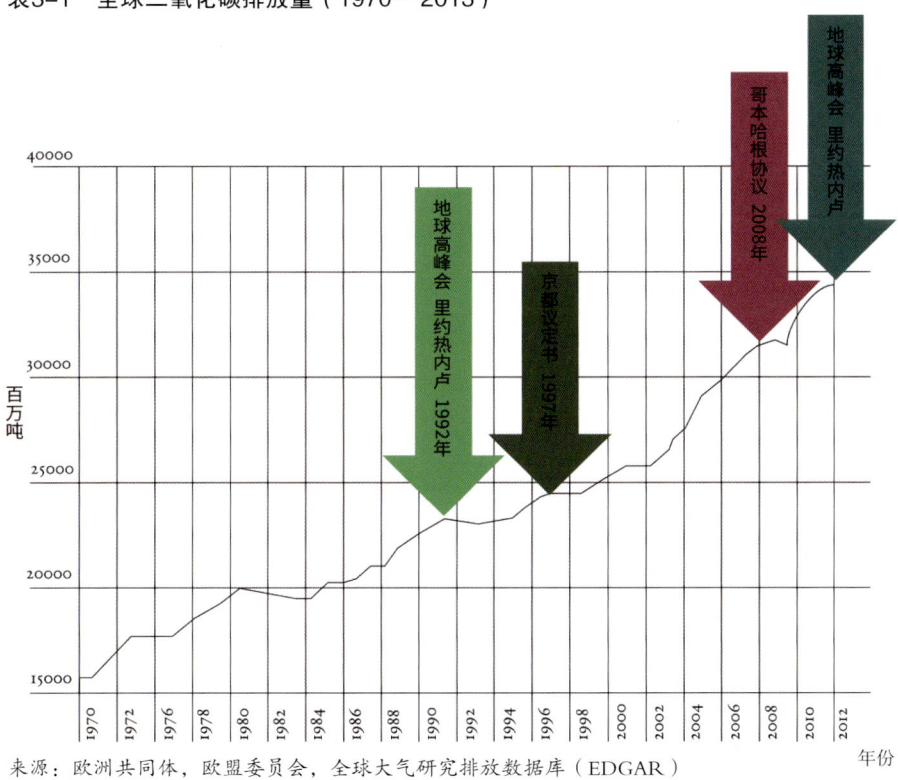

来源：欧洲共同体，欧盟委员会，全球大气研究排放数据库（EDGAR）

拉图大约于公元前370年就设想了"理想国"（Republic），这是一座理想城市，一方面反映了和谐"秩序"，另一方面也反映了个体。理想的城市或"城邦"是建立在正义和人类美德之上的。它是一种社会和政治组织形式，允许个人充分发挥潜力，造福同胞，并按照普遍的法律和真理生活。对于哲学家来说，城市的理想形态与其政治形态密不可分，无论是内在还是外在。

尽管有证据表明过去人们就已想象了生活和城市的运作方式，现如今这种想象可以在学术上转化为规划学科范畴。城市规划作为一项实践，经历了巨大的理论和意识形态冲突，各种问题导致人们对该学科非常不信任，特别是在控制、管理城市的当前乃至未来（后者更重要）的能力层面。城市规划也受到了严厉批评，因为作为监管工具往往被人们认为是拖沓、过时、有时甚至无效的，且往往行动迟缓，从而基本抵消了其作用和意义。随着对规划学科的批评愈演愈烈，已出现称为非规划的"否定主义"版本（Fontenot A., 2015），批评者甚至包括来自该学科之外的知名人士，如1974年诺贝尔经济学奖得主弗里德里希·奥古斯特·冯·哈耶克

（Friedrich August von Hayek），他是国家干预经济的批评者之一，这对城市规划产生了很大影响。

简·雅各布斯（Jane Jacobs）也反对古老的规划传统。她在《美国大城市的死与生》（Jacobs J., 1961）中表示："由于城市规划理论在过去超过一代人中没有吸收任何重大的新思想，因此现如今的理论规划者、金融家和官僚们几乎没有区别。坦白说，他们都处于沉迷于迷信的阶段，就像上世纪初的医学一样，当时医生们相信放血可以抽出被认为会导致疾病的邪恶体液。"对于雅各布斯来说，首先，因为规划者认为规划决策中的基本信息可以通过抽象原则和统计汇总获得，她强调了对当地的了解对现场人员的重要性。其次，她认为分散式规划是了解当地的最佳方式，从而在设计思路上最大程度受益（图3-5）。

另一位宣布城市规划不奏效的知名人物是雷姆·库哈斯，他在《城市主义怎么了？》（*What Ever Happened to Urbanism?*, Koolhaas R., 1995）中写道："尽管城市主义早有承诺而且勇气可嘉，但一直无法按照其启示性的人口统计要求的规模创造和实施。20年来，拉各斯（Lagos）的人口从200万增到700万，继而到1200万再到1500万；伊斯坦布尔（Estambul）人口从600万翻了一番，增至1200万，而中国准备迎来更惊人的倍增。城市化在经历了数十年的持续加速后，正在为城市条件争取明确的、全球性'胜利'之际，城市化作为一个专业却消失了，如何解释这一悖论？"尽管道路相当崎岖，作为一门学科，规划由于不足以为现代性进步带来应有的大型城市项目落空而遭到严重打击和批评。但近几十年来，很明显地看到越来越多人开始关注规划和适应问题，气候危机的日益加重也是一个原因，这迫使规划和设计学科必须重新思考并更新其工具和理论基础。可持续性和韧性已成为城市设计的真正指导原则。

然而，今天我们意识到需要认可先驱者的作用，凭借远见卓识和对自然的特殊兴趣，在历史上这样一个时刻，他们成功在规划领域引领了一项非常特殊的潮流：大约19世纪90年代，埃比尼泽·霍华德（Ebenezer Howard）提出了"花园城市"这样一个平衡合理的愿景，试图在资本主义市场经济中整合城市的优点和与自然共同生活的优点，试着回答"如何让人们回归土地"的问题，正如《明日的田园城市》（*Garden Cities of Tomorrow*, Howard, E., 1989）中所彰显的，这是一个简单而具有革命性的问题。

图3-5　8号公路
来源：爱德华·伯汀斯基（Edward Burtynsky），美国加利福尼亚洛杉矶，圣安娜高速公路，2017年。

甚至早在1850年左右，在今天被誉为美国景观建筑之父的弗雷德里克·劳·奥姆斯特德（Frederick Law Olmsted）就开始宣扬公园绿地的价值，它不仅体现在美学或娱乐方面，并且实际上将其作为城市设计思想战略的一部分，与美国卫生准则的改革相结合——在这项活动中他是主要角色之一。当时公园的角色是呼吸洁净空气的"城市之肺"；别忘了，帕特里克·格德斯（Patrick Geddes）爵士写道："我们今天最需要的是全面看待生活，了解其正确关系下的方方面面，但我们必须对这种综合的生活观在实践和哲学层面感兴趣"（Mairet P., 1957）。格德斯提倡了一种设计方法，包括整合"生物区域"以及文化和世界观的变化。同时，他呼吁开展合作和多学科联合，这是一种综合知识，在了解生物圈的生态限制时也考虑经济、社会和文化因素。它类似于"增长的极限"（Limits to Growth）（Meadows DH,Meadows DL,Randers J., 1972）的研究，研究人员来自世界各地，试图从资源角度了解人类在地球上存在的极限。

正是鉴于几个世纪以来城市在人类和技术进步方面所起的作用，城市或建筑设计可以而且必须充当不同学科之间的黏合剂，并推动21世纪的文化向可持续人类文明过渡。

规划的韧性

规划中包含韧性等概念，特别体现在学科词汇和方法的变化上，这与社会、文化和设计方法的变化有内在联系。"韧性"一词最初用于与研究生态学、心理学和物理学领域相关的语境中，是指衡量系统、物体或个人在外部干扰下生存的能力，同时保持可接受的功能性并迅速恢复到之前的工作水平。韧性系统还具备学习和适应能力：一旦人类或生态系统失去韧性，会变得越来越容易被那些原本能消减的干扰所影响。

尽管人们已经在许多领域中对韧性进行了探讨，但直到最近才将该词用于描述城市环境的适应和响应能力。联合国的文件也强调了大都市环境下韧性的重要性，包括2016年在厄瓜多尔的基多举行的"联合国住房和可持续城市发展会议"（第三届世界人居大会）通过的新城市议程，在会上众多利益相关方和机构支持努力为"构建城市韧性"制定政策、计划、项目和行动。这一概念在联合国制定的可持续发展目标中也有呼应，即所谓的SDGs（联合国可持续发展目标），提议城市根据2015—2030年仙台减灾纲领（Sendai framework for the reduction of 2015-2030 disaster risk）（SDG 11）采用韧性计划，并打造具有韧性的基础设施以支持可持续发展（SDG 9）；

此外，考虑适用于所有非正规居住区的韧性和响应系统也至关重要，因为它们构成了数百万人开始城市生活的初始形式，但事实上，这些住区更容易受到气候危机的影响，使居民生活质量恶化并加剧极度不适的状况。遵循上述格德斯思想的内容，将其与韧性的概念整合，并进一步融合各种生物和人为系统之间的关联，完全有可能假设，若不考虑对世界其他地区的生态系统和资源的依赖，个别城市就不能被认为是"可持续的"或"有韧性的"。如果这真的是城市规划的核心，那么考虑全球连通性在环境方面的影响及城市在资源消耗方面的足迹，这将迫使人们改变方法，并对地方和区域范围产生重大影响。

向城市韧性的（主动）过渡主要涵盖4个领域。

包括（1）城市景观和城市生态系统，包括生态系统服务的供应和使用；（2）基础设施，包括建筑物和服务；（3）人、社区及其恢复、繁荣和创新的能力；（4）体制和治理，不仅限于适应性治理，还包括协作决策以及集体和个人的行为改变。最后，必须强调让社区参与拟定倡议的能力有多么重要，以及在决策过程中智慧管理的倾向，倡议与城市环境中的各种参与者协调和探讨。然而，很多时候，这些举措仍仅限于城市规模，并且很难在区域和国家范围内与自然资本互动和整合（图3-6—图3-9）。

图3-6

图3-7

图3-8

图3-9

图3-6—图3-9 植物的抵抗
来源：洛伦佐·赞德里。
城市森林凭借其经济和社会价值及环境和历史效益日益赢得认可；尽管如此，许多绿化区仍在努力自行扩张，尤其是处于其他基础设施或封闭区域边缘的绿化区。"植物的抵抗"是一项正在开展的视觉研究，通过调查伦敦各种城市场景中"绿色抵抗"的引人注意的案例发现无论是古老的历史名木还是不知名的灌木和绿色植物，通常大多数似乎都被困在城市环境中，生活在实实在在的束缚感中。一部分在人类引导下，已经激活了一个占用周围地片的过程，无论是否出于本能，都开启了自然入侵建筑环境的过程。

3.4 城市林业：景观生态都市主义概述

利维娅·沙米尔（Livia Shamir）

2021年6月30日，加拿大不列颠哥伦比亚省利顿镇创下了热浪纪录，气温高达49.6℃，并持续了3天。当局将整个地区数百人的死亡归咎于高温，这甚至还只是在野火蔓延并将大部分村庄夷为平地之前。

在火焰逼近之前，一位当地人告诉《纽约时报》的记者，她注意到有绿叶无法忍受高温从树上掉落。在西海岸，数百万贻贝和牡蛎在温度过高的浅水中被煮热而死亡。

人类居住区是了解全球生态变化的关键场所。

人类在20世纪开始城市化进程；如今，全球约有44亿人口中超过一半生活在城市中（联合国，2018），预计到2050年，2/3的人口将居住在城市地区。

预计2020—2040年，接下来将有15亿人全部迁入城市，其中的一半将列入城市贫困人口的行列。且预计这一人口增长的83%将集中在亚洲（52%）和撒哈拉以南非洲（31%）。

与此同时，两方面巨变正在严重影响全球局势。一方面，大规模城市化进程正在改变土地占用、地形变迁和资源消耗；另一方面，自然系统在生物多样性丧失、大气候和小气候变化、淡水枯竭和污染加重等方面出现破坏性退化。

应对这些不利趋势意味着要重新考虑大规模环境转化并使其相互关联，同时重新思考整个城市的能动性。

正如克里斯·奥特（Chris Otter）在《技术圈：城市研究的新概念》（*The Technosphere: A New Concept on Urban Studies*, Otter, C., 2016）中所解释的，整个地球及其大气都屈从于满足大型人类居住区新陈代谢的需求。

全球范围内普遍认为城市活动对气候变化负有责任，而气候变化的影响在城市中也最为明显。

在这种情况下，奥特认为不能将城市视为唯一的责任主体，而是要反思更大的对象——技术圈（也称人工圈），这是一个以化石燃料为动力的人造环境，包括地球的全部基础设施建设，也包括城市网络和小型人类居住区。在这种具备前瞻性的解释中，与气候变化相关的责任主体是过程的一部分，该过程集中于各个节点，散布于各网络中，涉及生物、化学和物理方面的相互作用。

在城市空间内，有机体、建筑结构和物质环境之间不断相互作用，其中有机体包括微生物、植物和动物；建筑结构涵盖所有与人类相关的建筑物；而物质环境是指空气、水、土壤以及声音等无形元素（Forman R.T.T., 2014; Hardy等, 2004）。在这里，人类像其他生物一样，利用和引导着无尽的反应。

在两位目光远大的植物学家保罗·杜万约（Paul Duvigneaud）和赫伯特·苏科普（Herbert Sukopp）的努力下，城市生态学在20世纪70年代成为一门科学学科，他们研究了上述这些多样化的相互作用，产生了重大影响，并最终生成将城市视为系统的综合方法，使韧性可持续过渡的跨学科方法和解决方案成为必要基础，该方法也适用于气候变化日益加重的情境（Wu等，2014）。

关于思考城市生态学的课题务必要在以下两个空间尺度上展开：区域/大都市尺度和城市地区尺度。城市与周边地区之间活跃互动的区域（Forman R.T.T., 2008）。大都市区连接着城市及其附近郊区，被一个在区域上相互依存的环所包围。这些实体通过城市内外的流动和移动紧密地联系在一起。这种方法首先涉及理解大尺度系统，然后利用它们来指导小规模系统，以便制定能够应对生态动态和社会动态的方案（图3-10）。

要了解气候变化对复杂的大都市和城市生态系统结构、新陈代谢和服务的影响，就需要广泛的专业知识，目前这些知识已经在不断扩展的城市生态学领域内得到发展（McPhearson等，2016）。

在这种情况下，城市地区的变化可以预测全球环境变化导致的变动，建立城市生态模型有助于更好地了解生物物理代谢模式和过程（Collins等，2011）。

城市极易受到与气候变化相关的冲击和压力的影响。在城市，人们对极端天气、热浪、二氧化碳水平升高、暴雨和干旱及自然灾害、潜在的资源短缺问题等一系列日益严重问题（Russo A. & Cirella G., 2018）的不安感受

图3-10 亚利桑那州斯科茨代尔盐河皮马—马里科帕印第安人保留地
来源:爱德华·伯汀斯基,美国,2011。

更加强烈。

随着全球平均气温上升，城市将面对最糟糕的局面，温度预计将升高2~4.5℃。随着全球变暖，气候变化的影响将越来越大，而且会越来越不可预测，城市及其居民需减轻损失、适应恶劣的城市环境并生存下来。

在城市中，已建成的基础设施往往被高估为可抵御灾害和灾难的一道防线和技术解决方案。但在全球范围内，城市基础设施正在老化，且经常被证明数量不足，同时也不足以保护城市居民和生态系统。

相比之下，城市地区的绿色基础设施（GI）产生了更加灵活、多样化和基于生态的要素（Felson等，2013）。自然，尤其是生物界，具有动态的特征，是不断变化的，自身会维持发展，而树木在城市生态系统中发挥着多重作用。

2010年，莫森·莫斯法塔维（Mohsen Mostafavi）提出了"生态城市主义"的概念，设想通过一种方法"融合生态学和城市主义之间固有的冲突条件"（Mostafavi & Doherty, 2010）。在"生态城市主义"中，莫斯法塔维大量借鉴了景观生态城市主义，提供了一项可尝试的策略，即将景观都市主义和城市生态学的思想结合在一起，创造出能够同时反映自然和文化过程的新领域。

景观都市主义的出现在很大程度上归功于查尔斯·沃尔德海姆（Charles Waldheim），他于2006年创造了该词。作为20世纪80年代宾夕法尼亚大学建筑系的学生，沃尔德海姆受伊恩·麦克哈格（Ian McHarg）和詹姆斯·科纳（James Corner）的影响，两人当时都参与了关于景观建筑未来的辩论（Wheeler S.M. & Beatley T., 2014）。在景观都市主义概念中，沃尔德海姆将麦克哈格的生态倡议与科纳的城市设计愿景相结合。

根据弗雷德里克·斯坦纳（Frederik Steiner）的观点，景观生态都市主义提出了3大可能的研究方向：审美理解的演变、对生态中人类能动性更深入的理解，以及通过实践进行反思性学习（Steiner F., 2011）。

随着研究的进一步深入，理论也在不断地发展，关注的对象包括城市新陈代谢、生态城市和亲生物城市、仿生学和物质耦合的人类—自然系统关系等关键概念。

假设城市生态学和景观都市主义是公认的整体性概念和实践方式，那就有必要坚持一种全新的绿色都市主义且保护生态的方法，即将自然元素视为城市景观中有意义的特征，从而应对日益加剧的气候变化问题及推动地方生态进程。

从人们意识到城市主义中长期实践都依赖于建筑与自然环境之间的关系开始，近年来涌现了一系列概念和方法来推动都市自然和绿色城市的发展。

例如，联合国千年发展目标（MDGs）的确定，其中城市绿化所处的背景变得更加宽泛，这对受保护的景观价值，以及维护城市生物多样性来说都至关重要（联合国，2000）。

2015年，联合国可持续发展目标（联合国，2015）反映了城市地区作为大多数人生活环境的重要性。其中，第11号目标在"使城市具有包容性、安全性、韧性和可持续性"的标题下强调了"城市地区"这个对象。

随后，"地平线2020"专家组（Horizon 2020 Expert Group）的最终报告首次明确将基于自然的解决方案定义为"受自然启发和支持的、具有成本效益，同时带来环境、社会和经济效益并有助于形成韧性的解决方案。这些解决方案通过适应当地的、资源高效和系统性的干预措施，将更多样化的自然、自然特征和过程带入城市、景观和海景"（EC, 2015）。

基于自然的解决方案，其概念体现了恢复退化的生态系统、社会生态适应、改善风险管理和韧性管理的新方法，当然，同时也一样依赖于社会、环境和经济领域。

为了尽快向更具可持续性的城市和绿色城市过渡，需要将基于自然的解决方案纳入新的思维范式，使城市的设计、开发和可持续性的管理成为可能。"基于自然的思维"（NBT）是兰德鲁普和科尼纳迪克提出的一个新概念（Randrup T.B.等，2020），它需要一种整体性、跨学科的方法，通过考虑社会、文化、生态和经济方面的相互联系来推动城市的生态转型，从而实现对城市自然更广泛、包容的长期新愿景。

作为多功能绿色基础设施，城市森林被认为是最有效的基于自然的解决方案（NBS）之一，可以在应对前面提到的各种与城市气候变化相关的城市压力源方面发挥关键作用。

城市和城郊林业（UF-UPF）是管理都市森林的通常做法，以确保对城市社会的生理、社会和经济福祉作出最大贡献。

城市林业是一项规划和管理城市及其周边地区森林和树木的综合性方

法，同时也具备跨学科、参与性和战略性强等特点。它包括对城市森林的评估、规划、种植、维护、保护和监测，可以针对不同的规模，无论是单棵树木还是景观（包括行道树、公园和花园中的树木、森林和其他自然区域的绿色基础设施）。

城市森林也是绿色基础设施的支柱：连接着农村和城市地区，同时改善着城市的环境足迹。

《城市和城郊林业指南》（*Guidelines on Urban and Peri-urban Forestry*，世界粮农组织，2016）对城市森林的5个主要类型进行了明确分类：城郊森林和森林，城市公园和森林（>0.5公顷），小型公园和花园（<0.5公顷），街道旁或广场上的树木，其他有树木的绿化区。

在城市和城郊环境中，森林和树木可以为可持续和有韧性的城市和景观的规划、设计和管理作出重要贡献（世界粮农组织，2016年）。

在这些类型的基础上应该增加第6个要素，即生活基础设施。绿色建筑、绿色墙体和绿色屋顶代表了一种有效的城市森林战略，能够增加用于绿化的垂直和水平城市表面的数量。这些新的城市模型有利于人类之外的各种生物。

众所周知，森林、树木、灌木和植被总体上为人类创造了多种多样的核心利益（Nowak等，2008；Elmqvist等，2013）。单纯在大众审美和娱乐方面关注城市绿化的价值早已过时；城市森林被公认为生态商品和服务（ESS）的提供者。事实上，城市森林的价值在创造环境、经济和社会以及与健康相关的利益及提供服务方面得到了认可，彼此相互关联，有助于建设可持续的、有韧性的城市。

从城市生态学的角度来看，我们可以将生态系统服务（ESS）视为城市内自然为人类在各方面带来的好处。ESS可分为供应型效益（如清洁空气和干净的水、食物供应、物质资供应）、调节型效益（如气候调节、水调节、疾病控制、养分循环、授粉和肥沃的土壤）和社会效益（如福祉、文化和精神利益、娱乐）。这些效益的范围和传播在很大程度上取决于生物多样性和生态条件（欧盟，2019）。

树木等木本植被通过光合作用吸收和储存二氧化碳，从而起到碳汇作用（McPherson E.G.&Kendall A., 2014）。城市森林的实际存在可以通过直接降低温度和缓和城市热岛效应来影响当地小气候（Armson等，2012），从而帮助城市应对极端高温事件（Stone等，2014）。

城市森林是强降雨期间应对雨水的一项主要绿色基础设施手段（Livesley等，2016），并具备隔热和避风功能，且由于改善了城市内部舒适度并减少空调和暖气的使用，也因此降低建筑物的能耗。其另一项重要的生态系统服务是减少空气污染（Nowak等，2013，2014）；植被通过气孔吸收去除空气污染物（NO_2、SO_2O_3、PM_{10}、$PM_{2.5}$），或吸收叶子表面的粉尘。

凭借植物修复功能，许多种植物还能吸收土壤中的污染物。

树木和植被还能起到包括降低噪声，提供自然栖息地，从而增加当地生物多样性，及美化城市和城市周边景观的作用。

全面了解城市森林的生态——其组成、功能、服务、结构以及与城市环境在生态上的相互作用，对于合理地规划和管理此种资源至关重要。

我们需要将绿色基础设施（集成、战略规划和互联绿色空间网络的交付）、基于自然的解决方案（受自然启发的技术性、可扩展设计的解决方案）、城市森林（城市树木种群的种植、维护、护理和保护）和生态系统服务（使人类受益的系统）纳入一个范围更广的框架中，该框架是一个关于我们如何开发、设计和管理空间的新综合范式，以周期性的方式看待技术圈、城市和自然之间的关系，并通过其长期和周期性的生态过程从自然中汲取灵感。

因此，在城市人口增长和环境危机日益严重的背景下，对新基础设施的巨大需求表明我们有更好的机遇来采用更多自然和生态的方法，了解众多相互作用的组成部分和子系统是如何共同创造能影响技术圈系统动态模式和过程的。

此时，与适应性生态城市主义方法相匹配的技术圈概念显得特别重要，因为它意味着在非常大范围的领土上建立前哨村落，即能够与不同于城市的、遥远的、但仍与城市核心相连的自然景观共处的宜居形式。

3.5　地拉那2030

博埃里建筑设计事务所

2014年，博埃里建筑设计事务所主导了地拉那市的总体规划项目。"地拉那2030"项目（TR030）表面上是重现景观的计划，实际上为地拉那的未来愿景。

由中央政府发起，并与地方政府密切合作制订的TR030计划，是一个影响整个阿尔巴尼亚主要城市的项目，但对地拉那市来说是一场严峻的考验。毕竟，恩维尔·霍查（Enver Hoxha）1991年在当时的政权倒台后，该地区经历了10年的体制性城市混乱，在此期间，确认"收回"的私有所有权实际上成为一场失控且草率的激进运动，导致城市边缘地区大片土地被用于建设并走向破败。

现任阿尔巴尼亚总理埃迪·拉玛（Edi Rama）曾于2000—2011年间担任地拉那前市长，尽管他试图通过推动精准且及时的土地重组计划和开发公共空间来遏制这种影响，但建筑热潮在邻近城镇继续上扬。2014年的行政改革可能填补了这一短板，但也呈现了另一种境况：地拉那的新边界实际上已扩大到足以覆盖该地区25倍之大，其中包括强度极其多样化的地区，并将城市两极分化，一头是因过度密集而充满混乱的市区，另一头是人口稀少的城郊地区。

这一"万花筒城市"也许能够依靠一个新的协调计划来自我管理，并扩大职权范围。TR030由三要素组成：一幅基于10大主题（生物多样性、多中心主义、广博的知识、出行、水、地缘政治、旅游、可达性、农业和能源）的大都市"壁画"，一部包含13个牢固扎根于这片土地的战略项目的"地图集"，最后围绕5个现有的代谢系统（自然、基础设施、城市、农业和水）而制定的一本"宪章"（图3–11）。

主要目标涉及对土壤消耗、城市结构的不连续性、建筑环境的碎片化，以及一定程度地利用垂直空间以进一步释放地面空间的可能性。地拉那的城市建筑不是特别高，但在欧洲却是密度最高的城市之一，好像它们在牺牲所

图3-11 "地拉那2030"项目
来源:博埃里建筑设计事务所,2015。

有开放空间的同时被压缩了。因此，利用此空隙创造公共空间是关键，同时同样要关注自然和农业，以增加新城市边界周围的多样性。

　　该项目对自然的态度引发了许多不同的策略。其中包括一个完整的循环森林系统，即希望通过建立一个有限的边界，在这座大都市周围新种300万棵树，而超出该边界的部分将不允许建筑施工，其内包括公园和受保护的天然绿洲，以保护和维持现有的生物多样性；沿拉纳河（Lana River）、地拉那河（Tirana River）和埃尔岑河（Erzen River）的新生态走廊；位于大地拉那中心的一个绿色圆环，旨在作为一个线性的公共移动空间，并与小城镇和村庄的复兴挂钩，作为与绿化区连接的旅游、农业和生产中心的大范围网络。最后一个概念是"地拉那作为一座多中心城市"这一更大主题的组成部分，也涉及流动性和可达性等迫在眉睫的问题（无规则扩张的城市通常不具备最重要的城市结构）。该项目对"多中心主义"的处理采取了不同的方式。在更大的范围内，展望了城市以外的新型大都市生产区，并关注了文化、城市服务和休闲的扩张。

3.6　圣马力诺2030

博埃里建筑设计事务所

2016年，博埃里建筑设计事务所受圣马力诺共和国委托起草新的国土和城市发展总体规划。

圣马力诺所处的独特国土环境特别引人注目。在其他地方很难甚至无法在如此小的一块土地上找到如此明显的要素，如瓜塔要塞（Rocca），该城的历史中心朝向蒙特费尔特罗（Montefeltro）的斜坡和意大利最低的平原，并包含整个共和国的大量缩影。

20多年来，圣马力诺一直都缺乏监管计划，所经历的城市变化和转型与其所处的生态系统和生物多样性格格不入。跟其他地方一样，当地人为了土地的开发，减少了10%的林地面积，严重地改变了其自然结构，使林地在极大程度上支离破碎。此外，由于城市和工业污水排放的严重影响，溪流的水质也大大降低了。

在山脉、岩石和平原之间，在改善该国重要的环境资源和农业景观的基础上，"圣马力诺2030计划"（San Marino 2030 Plan）提出了以"欧洲花园"和"生物多样性的缩影"两大愿景为导向的发展理念。该战略项目的重点是在由一系列国土条件构成的大背景下创造新的关系。因此，"景观镶嵌体"是引发对地域、空间和城市关注的基石。由于意识到城市中心与城堡之间的互惠性，基于一系列创造、加固和强化现有建筑遗产的行动，圣马力诺将发展成一个多中心国家。

事实上，这里由于土地维护不善且荒废而频发滑坡现象，以及沟壑和峡谷广布（占国土的11%）构成了圣马力诺地质基质的特点。为了应对这种情况，项目希望找出潜在的不稳定区域和特定的地震易损区域，并通过一系列规定的实施，确保这些区域即使出现自然灾害也能安全。

在这种情况下，农业被赋予了特定的角色，它在历史上一直是圣马力诺市活跃的一部分，并且在确定领土质量控制方面也起着重要作用。尽管如今农业在分布方面被限制在一个边缘化的地位——实际上有10%的农村地区未被利用或未充分利用——并且分布零散，但SM2030计划对农业进行了重新审视，以一种新的可持续和积极的形式，基于产品的多功能性和差异化，将其转变为一个农业环境模型。干预计划的最后一个重要点是全面重新定义能源政策。目前，该国没有自己的能源工厂，也没有化石燃料来源，只能完全依赖从国外进口，而类似的情况也困扰着其废物处理和水源供给。因此，SM2030计划推动圣马力诺向使用清洁能源和生产自给自足的前沿模式转型（图3-12）。

图3-12　"圣马力诺2030"项目——欧洲花园，生物多样性的缩影
来源：博埃里建筑设计事务所，2016。

3.7 绿色河流

博埃里建筑设计事务所

2014年，米兰市政府和意大利国家铁路系统集团邀请了一些建筑公司就前铁路调车场进行方案设计，该区域在米兰拥挤的城市环境中占地超过100万m²。

在这样的背景下，博埃里建筑设计事务所提出了名为绿色河流（Fiume Verde）的愿景，依据是凭借通过未用铁路连接的完整大型空间，可利用7个货运码头向服务于其居民的多中心大都市过渡，在自然领域和城市领域之间实现更高层次的平衡。

该愿景核心是创建一个由公园、树林、绿洲、菜园以及体育运动和休息区组成的连续系统——由在铁轨缓冲带上创建的绿色走廊连接——它们占据了7个废弃货场的大部分区域。一条真正的"绿色河流"穿行于米兰的城市体之间。

秉承着使生活和城市更便利并适用于全年龄段公民的想法，方案还设想在这条"绿色河流"的周边打造高密度城乡接合区，在大都市层面和社区范围内通过新的服务来进一步丰富城市。连接这条"大河"的新车站可以容纳社区图书馆、日间照管中心等设施，这些高度可识别和可访问的空间交织在一起成为社区的新参照点，还增加了急需的住房供应：3500套价格可控的创新型公寓，分配给学生、年轻夫妇、城市用户和创意人士。

"绿色河流"项目还提议打造一条环路和一条公共铁路交通线［一条环线，与现有的蓝线通勤铁路（Passante Ferroviaro）部分重叠］，从而连接米兰城区中至今交轨未覆盖的中间地区（图3-13）。

这个项目中，7个废弃的调车场和营房的再利用，不能仅仅作为一个普通的标准问题来处理，即简单地局限在总建筑面积测算或功能场所定义层面，如同以往面对简单的国有财产"更新"工作那般。如果没有一个大型的统领性的整体设计思维，或一幅以独特的视角预测未来的"壁画"，就有可能失去这些场所作为一个"公共物品"所具有的潜在集体价值。因此，考虑

图3-13 "绿色河流"项目
来源:博埃里建筑设计事务所,意大利米兰,2016

一条连接8个新公园/绿洲的大型"绿色河流"意味着放弃未确定"建筑权"的定量逻辑，取而代之的是一种必须始终在大型中央绿地边缘开展建设的规划逻辑。这也意味着至少90%的表面必须是绿色的（远超该区域监管协议中预计的50%），可以通过增加建筑体积的密度和高度（因此也增加靠近或俯瞰大型公园的房地产内在价值）来实现。

"绿色河流"位于城市中心，是一个连续的自然区域系统，可使米兰城中的树木量增加一倍（增加225000棵），从而改善空气质量并增加生物多样性。连接废弃调车场的铁路轨道将被改造成生态走廊，并配有45km的人行道和自行车道，沿整个环线运行。该环形系统将拥有一条快速公共交通的环形线路——6号线，即用于货物分配的铁路环线，还将通过一系列换乘枢纽，将米兰的公共交通联系起来，有利于实现"无车米兰"这一目标。

此外，通过在"绿色河流"下方运行的能源环系统，还可以在整个城市范围内建立一个地热循环系统，利用地下水温度大幅减少米兰供暖、空调和生产热水的消耗，那些是本市的主要污染因素。地下水地热能系统产生的清洁能源可提供约40万兆瓦时/年的电量。

"绿色河流"意味着米兰准备好迎接未来地球面对的巨大挑战，并向来自世界各地的年轻人开放。米兰将成为对成千上万种自然形式和生物物种的友好城市。一座非凡的小型大都市，创意无限而慷慨大方，已向全世界树立了新都市的典范。

3.8 垂直森林

伊曼纽尔·科西亚（Emanuele Coccia）

伊曼纽尔·科西亚是一位意大利哲学家，自2011年起在法国社会科学高等研究所担任教授，研究方向为图像理论和生物本质。2010年，他出版了《感性的生命》(*La Vie Sensible*)，2017年，《植物的生命》(*La Vie des Plantes*) 获得了摩纳哥哲学会奖，并已被翻译成11种语言。他的最后一本书是由伊诺第（Einaudi）出版的《居所哲学》(*Filosofia Della Casa*)。2019年，科西亚担任法国巴黎卡地亚当代艺术基金会"我们的树林"艺术展的科学顾问。

几天后，我的语言发生了变化。我不再回家了，我要回到树林里。我没有离开房子，我是从树上下来的。语言的变化是深层心理转变最浅显的症状。例如，我不断告诉自己，我之所以热爱摩天大楼，是因为让我重新有了人类在起源的生态位中所感受到的感觉：即树冠。在我看来，我的身体不是为了在地上行走而生的，而是为了栖息在树上生活。这不仅仅是一次疯狂之举。卧室有落地窗，能看到的大多是楼下阳台长上来的树枝。只有透过树叶，你才能看到房间前几百米外的摩天大楼，以及延伸到地面的公园。当我每天早上醒来时，一睁眼的印象是置身于人的巢穴中，或偶然置身于一棵参天大树的树冠中。通向客厅的阳台上，大多是4米高的大树。很难说究竟我是定居于钢筋混凝土森林的舍友，抑或树木像狗或猫一样陪伴我度日。很难理解住在那个公寓是否意味着重复伊塔罗·卡尔维诺的《树上的男爵》(*Il Barone Rampante*) 的主角科西莫·皮奥瓦斯科·迪·隆多作出的选择——住在树上，或与其相反，是树木决定去人类居住的地方生活。

两座"米兰垂直森林"大楼于2015年在意大利米兰首次落成，设计者斯坦法诺·博埃里秉承并拓展了曾启迪佛登斯列·汉德瓦萨和埃米利奥·安巴斯的灵感。它们立即成为了全球偶像，并因此在荷兰、埃及、中国和墨西哥纷纷被复制。在这些围墙内度过的几天里，让我印象最深刻的是其改变对城市和家庭心理体验的能力。几个世纪以来建造的城市作为人类单一文化的一种形式,将人类个体与石头联系起来:从技术上讲,都是地球荒漠化项目。这一举动将非人性的东西推到了边缘地带:这个残留的空间森林称为sylva Forestis,即位于城外或城门口的森林。抛开通常与该词相关的所有浪漫情怀不谈,"森林"相当于"陌生人的地方",即一个一切非人类形式事物的难民营。将森林视为人类问题的解决方案,认为在这个非人类难民营中增加生物多样性就足够了,而无需涉及城市单一文化,这无异于那些面对迁徙现象质疑民族身份无用的人所持态度,申明应该"在家"帮助外国人。

在那座公寓,任何表现出现代建筑和城市规划文化的对立都变得不可想象。树木不再只长在城外,它们在房子里,或者更确切地说,它们似乎就是房子本身。森林不再是一个新奇、遥远的事物,已成为家庭事务。从马克·安东尼·洛吉耶(Marc-Antoine Laugier)开始——首次设想人类最早的房子是通过一些树枝绑在一起建造的——欧洲现代主义从未停止关于我们可以回到森林中生活的想象,我们可以在森林里盖房子,"小屋"就是这一浪漫方式回归自然的象征。从梭罗的时代至今,小屋起到了这种具备象征性但又自相矛盾的作用:要体现人造物的模型,一栋被隐藏建造事实的房子,成为一幅非人类自然性的错视画,仿佛是古代基督教神学中一幅"不经人手而成的画像"。垂直森林不是在森林里盖房子,而是将森林带进了房子里。现代性并不认为自然先于历史和现代,而是通过其最具标志性的象征,即大厦或摩天大楼将自然带入了室内。在这种倒置中,森林的概念似乎也呈现出另一面:如果森林是一座摩天大楼,那么每片森林都是一项技术、工程,不再具有任何"自然"的东西。

把森林带进屋里,把它变成一个家庭物件,也意味着从另一个角度改变了房子的体验。由于树木繁茂,阳台上到处都是各种我在米兰从未见过的昆虫和鸟类。就好像房子对其他物种开放一样,激发了生活空间或生态系统的想法:我的公寓向树木开放,树木又向鸟类和昆虫开放,成为其家园。一个物种的存在不再驱逐其他物种,一个物种的定居允许其他物种到来并安家落户。家变成了一个多物种的包容载体,每个物种的家都是另一个物种的载体。届时,房子也是别人的家,一个已经被其他生物占据的空间。

重新定义与树木的关系而发生这种家庭空间观念的变革绝非偶然。

家并不总是与城市联系在一起。在家并不意味着在城里或想要建造一座城市的代名词。

这个家是游牧式的，可以旅行，通常用动物材料建造，而不是石头。正是花园使这座房子变得城市化，稳定扎根于这片土地，因此也带来了矿物感。当人类决定将自己的命运与生长在一个地方的一片树木或多年生植物联系起来时，房屋就不再移动，并像植物一样扎根于这片土地。从某种意义上说，所有城市化的、稳定的、非移动的房屋都是植物浪漫人生观的一种形式。朱尔斯·德·高缇耶（Jules de Gaultier）根据福楼拜（Flaubert）小说的主人公爱玛的态度发现了一种征兆，象征一种毫无逻辑的趋势，定义了人性的最深层特征："赋予人类以不同方式看待自己的能力"。人类不是一种形式或众多物种中的一种，它是一种能够假装或相信自己是所有其他物种的形态。每次我们把家固定在一片稳定的土地上，每次在城市的幌子下想到家，我们都在假装自己是植物，把自己想象成树。城市是一群梦想成为森林的人类个体的集合体。

长期以来，人类学界一直很重视的观点是，正是花园、农业，将家锚定在了城市中。表述这一观点的最早代表是著名考古学家维尔·戈登·柴尔德（Vere Gordon Childe）。就"新石器时代革命"而言，他率先描述了农业于公元前12世纪左右出现，在他看来，这是"通过让人类控制自己的食物来改变人类经济的第一次革命"。柴尔德写道，"人开始通过选择可食用的草、根和树木来种植、培育和改良它们。人类成功地驯化了某些动物，并使其牢牢地依附于自己，让这些动物可以换取所需的草料、保护以及人类可以作出的预判。""城市革命"仅仅是农业及在同一地点长期积累和储存食物能力的结果。城市是花园的化身。

如果人们认真对待这种直觉——最近吉尔斯·克莱门特（Gilles Clément）重申了这种直觉——那么改变的就是对家的想法。其实我们住的房子本来就是多物种项目，只有有树有植物的地方才有房子。相反，我们在客厅里养的家养植物并不是用来对照那些城外存在的自然，而是证明我们的家只是因为已经绑定某种形式的植物存在而停止移动。正是对植物的热爱让我们放弃了游牧，对花园的痴迷让我们在城市里组建了家园。花园从来都不是城市结构的对立面：它们是城市结构的原始核心。同样，斯坦法诺·博埃里的"米兰垂直森林"不仅仅是对生态未来有计划的预期：而是压缩了时间，使未来与这座城市的历史相吻合。就好像通过那些摩天大楼，人类可以回到起源，以便一劳永逸地摆脱它。

3.9 垂直森林作为一个符号

斯坦法诺·博埃里和吉多·穆桑特（Guido Musante）

"她在虚空中有节奏地摆动着，双腿来回摆动，享受着空气的流动，头发黏着黄色和红色的叶子，树皮闪闪发光，偶尔会有重复的细条剥落。不可思议的水平极限或者童年时从最高点跳下来的挑战，在回落之前只是暂停了一会儿。光秃秃的膝盖，在精绣的浅白色衣摆下摆动。目光顺着胫骨的弧度，就像光滑的表面上的一滴水，薄薄的皮肤绷紧，直到到达胫骨肌腱，越过脚踝后，它爬上他们背上的双丘，然后是并列且伸展的脚趾形成的链条。一个轻微的动作，眼睛聚焦在90m以下的背景上。"

"他们称之为'人们居住的树屋'。嗯，树屋就是现在的样子，但斯人已去。客人们已经收起了他们的帐篷，一夜之间消失了，好像被绑架并带到了另一个星球。他们称之为'垂直森林'，但实际上有两座大厦。它们是空的，就像秋天万物开始枯萎一样。"

2004年，谷歌收购了总部位于加州的锁眼软件公司，该公司专门开发地理空间可视化应用程序。这次收购的结果就是谷歌地球一款免费的软件程序的诞生，能够使用通过遥感获得的数百万张卫星图像、航空照片及地理信息系统平台收集和处理的地形数据生成地球的虚拟图像。凭借着谷歌在行业中的优势，该系统在网络上迅速传播，这要归功于它能够提供地球上每个地方的三维复制品，使用户几乎可以像在玩电子游戏一样穿行其间。

同样，这种真实的全球化可视化形式引发的问题也引起了城市研究和国际设计文化领域各种代表人物的深思。因此，在 *Domus* 杂志的页面上，丹·格雷厄姆（Dan Graham）、恩佐·马里（Enzo Mari）、汉斯·乌尔里希·奥布里斯特（Hans Ulrich Obrist）和约瑟夫·瑞克维特（Joseph Rykwert）等人由此质疑了空间的潜力和关键性，"所有人都可以畅通无阻地使用，从而为世界的复杂性，其无限交叠和局部变化提供了一种平面和虚幻的表现形式"（Boeri S., 2005）。被谷歌地球的同质化表现算法过滤的地球似乎成了一个广泛分布的大型非场所：一片没有身份、关系和历史特征的人类化领土的地图。

然而，那些被压缩成像素的单调、低清晰度的图像中，出现的一小群空间和建筑物，却显示了明显的身份关系或历史特征。还有些人类学研究成果也能够引起新闻和舆论的关注，并上升到更高层次的集体语言，如那些所有人都可以破译且具有多种语言代码的巨型标志：双子塔的参考高度、纽约世贸中心遗址的即刻力量、毕尔巴鄂古根海姆的古怪形状等。

*Domus*杂志中所谓的"超场所"进入"全球符号圈"，使建筑的核心从其原始的石头状态转向数字图像的虚无维度，由媒体传播并放大，产生了可用于全球分发的图像模拟品，供人类使用和消费。

通过这种方式，一个建筑项目的成功不再主要取决于它与日常行为、当地能源或空间固有品质的互动能力，而是"它是否能够回应地球上数百万居民的梦想、噩梦或期望"。

矛盾的是，如今有人可能会说，这种建筑案例的成功可以直接根据其作为建筑"本身"的失败程度来衡量。这些建筑物的命运似乎更多地取决于其超越性和角色重新定义的维度，就像艺术表演的情况一样（A. B., 2002）。

可能首个"垂直森林"应该被添加到今天的"地球超场所"列表中，它很快就被认为是米兰的新象征，并在全球作为一个被失之偏颇考量的案例不断被复制，也例证了越来越明显地将生物多样性的新范式纳入建筑设计。

通过将生物多样性元素作为缓解高温影响、收集雨水、减少污染的工具并充当二氧化碳吸收器，从而迅速将垂直森林转变为一个共享模式，符合所谓自然基础解决方案政策目标和技术监管规范的范例。

同时，"垂直森林"项目吸引注意力和达成共识的能力（当然也会引起分歧），与它在全球可持续伦理体系中广泛的即可识别性和重要性密切相关，换句话说，它已成为世界各国对绿色城市的普世宣言。建筑圈被对症使用并非巧合，例如，C40机构网站主页上的主要形象：作为一个平台，就共同应对气候变化和温室气体排放的政策进行磋商。

结合在未来城市创造的不可避免的城市场景中使用的持续增长和技术建模的动态，其类似的特征使得"垂直森林"成为一种突破性的自维持超级场所（智利生物学家和社会学家温贝托·马图拉纳（Humberto Maturana）在1980年创造的术语）。同时，一个超级有机体无论是局部还是整体，都能从内部不断地重新定义、维持和复制自身。与自维持系统类似，"垂直森林"

也可比作由多物种创造、转化和破坏过程的网络,这些物种通过彼此相互作用,为系统本身提供持续支持并使其再生。因此,它是一个能够自我修改、也能以不断变化的形式复制自身的建筑有机体。垂直森林知识和意识正在全球范围内传播,借助媒体传播的东风传至可持续领域的新符号圈,这实际上就是在全球范围内创建一个影响大气的森林城市,并且现如今已分布在五大洲大约20个地方(图3-14)。

存在一种可能有点自相矛盾的解释,即把出现在全球各地的森林城市看作是一个分散过程的结果。矛盾之处在于,垂直森林也被设想为一项"反蔓延措施",换句话说,"在城市中对树木、灌木和植物的临近性提供了一种替代方案,这种临近性通常只出现在带花园的郊区住宅建筑中:一种消耗农业和自然土地的建筑形式,现在已经变得不可持续,因为它耗能大、费用高,而且远离了紧凑城市中存在的集体服务"(Maturana H., 1972)。

然而,这种广泛的反城市化建设会建造出非特定、通用和同质化的人工化区域,在占据土地时失去了其特征。

相反,就像风中携带的种子一般,垂直森林以断点式、尘埃状的方式散布在地球上,也没有侵蚀乡村,而是将生物多样性重新引入建成的城市,随后也带来了强大的特异性成分。在这个过程中,"垂直森林"在全球范围内传播和复制,以生动而有活力的方式不断变化,并在本土诠释着花卉、动物、建筑、技术和人类的本质。

"超级场所"在符号圈最高层的永久定位并非一直稳定。一些保持最大的不确定性和想象中的"定位",可以持续数十年甚至数百年,如一些在宗教环境中的场所;而另一些则是过渡性的,更加快速且或多或少是完整的,如处于替代模式(迪拜哈利法塔已成为今天的双子塔),是短暂的(今天的纽约世贸中心遗址每年都会短暂以一种发光的形式出现,如同一些自然现象)。

当Domus杂志开始思考世界的超级场所时,"垂直森林"还没有被构想出来,但在所考虑的众多案例中,它会是一个特殊的存在,因为是唯一适合居住的建筑,也许不是只是因为分类而偶然为之。除了作为最古老的建筑主题之外,生活可能也是最复杂的主题,可视为一面棱镜,通过它可以破译与之共事的人的设计愿景以及他们将人类、空间和社会联系在一起的方式,非常清晰且详细。可以将其提升为一项伟大的通用模型的要素,如纪念主义、

图3-14 "垂直森林"项目
来源:博埃里建筑设计事务所,意大利米兰,2020。
图片版权:迪米特尔·哈里扎诺夫(Dimitar Harizanov)。

象征主义、巨人主义、禁欲主义等，即使有也很少会包含在房屋的传统基因中。或许除了白宫之外，所有其他超级场所的房子要么无人居住，要么几乎完全属于知识和共享领域。也许另一个特例是马赛公寓，从这个角度来看，它是一个更接近"垂直森林"的建筑案例，它也倾向分享自我再现的态度，但在人类学愿景方面却完全相反。

传统上，首先是在马赛公寓中，房屋的建筑形式是以人为衡量标准来构思的。从历史上看，将"超地方性"权力分配给旨在用于居住的空间可能是冒险之举，或者被断然拒绝，就像意大利最臭名昭著的例子——罗马的科尔迪雅莱一样。然而，"垂直森林"的特殊性，也就是其"超能力"恰恰在于这种尝试。更进一步说，尝试首先要人放弃这种受众多文化、历史、语言和审美差异影响的尺度或衡量形式。其次，作为"树屋"的"源代码"，"垂直森林"说明了"也有人居住"，营造了一种普遍和普遍可理解的形象，远远超越任何不可避免的人类差异，更准确地说，超越了无数的文化、历史、语言以及随之而来的审美变化。树屋是一条陈词滥调、一则被证明过的寓言、一个不需要言语表达的人类童年和青少年时期的神话：拥有对最早例证的记忆就足矣，而且可能已经根深蒂固了。今天的模型只是略微成熟，与时俱进，完全高清（与谷歌地球相比）：每次看树叶的数量都不一样，树枝和树叶的形状、叶子和花朵的颜色也不一样。然而，它仍然是从小就为人所知及存在于幻想中的同一个树屋。"垂直森林"的语义特殊性不在于其在不同地点自我复制过程中的变化，在于它自身的变化，同时作为一个生命体或一种感觉，始终保持可识别的状态。金·维多会说，"一棵树就是一棵树"，格特鲁德·斯坦会补充道，"一朵玫瑰就是一朵玫瑰"。

正如每个"超级场所"都会随着时间而变化一样，全球代表性工具也同样会发生巨大变化。与10年前相比，当今的谷歌地球的影响力和范围似乎大大降低，尤其是与二维卫星导航地图的发展相比，后者表现形式更抽象，但也提供了更广泛且更直接的信息，最重要的是从脸书开始，社交网络的影响呈指数级增长，具备划时代意义。与此同时，今天，"全球化"一词在被视为比较、交流或冲突的背景，而非广泛的共同目标时，往往被弱化。例如，一方面是全球环境平衡，另一方面是捍卫静态的地方主义。在这两种情况下，一种新的多元叙事风格似乎已经在全球传播领域占据了主导地位，用罗兰·巴尔特（Roland Barthes）的话来说是"垂直的"而不是"孤立的"，并且能够在与差异相关的流畅故事文本中插入停顿和节奏变化（图3-15—图3-18）。

作为后者的例证，"垂直森林"正迅速成为一个家园的通用模型，一个属于城市的、熟悉且令人不安的元项目，遍布全球的每个角落。另外，它是一个独特而精确定位的案例，通过植被、鸟类和昆虫的不断变化而随时调整。作为一个多重实体，在全球各地开枝散叶并扎根，"垂直森林"通过吸收和释放不确定的变化、细微的特异性和脉搏的活跃跳动而倍增，所有这些都通过其必然参与的全球传播过程而放大。因此，它的建筑性质不断在个体与集体、本地和全球、具体与想象之间分裂流动。

然而，这样的过程分歧可能更大。"垂直森林"是第一个尝试将不同种类的语言结合在一起的项目，一定程度上是反思全球化与超级场所之间关系的结果，特别是后者也是非建筑类构筑，而不是"纯粹"的建筑。因此，该项目从传统的人类学形式和风格中退了一步，为多元化语言留出了空间，让这种语言也渗透到了未知的领域。

除了建筑原型与其城市场景之间的关系，以及作为单体建筑的事实与其对全球化设想的预测之间的关系之外，存在两个认知和概念领域在单一建筑内共存（一定程度上不同但又有所重叠）所决定的双重性条件。所有这些条件的相互作用导致了建筑的多元化。一方面，全球信息和图像系统强大、快速和不可阻挡的作用力会对个体原始建筑施加压力，增强其"潜力"的同时刺激通过不同栖息地快速而持续地增长；另一方面，在米兰的两座摩天大楼中可以体验到日常生活的缓慢，这是一个以植被的节奏和动物的进行为参照、校准后的局部化过程，会引起人们的反思和内化。

类比在精神病学中，"人格分裂"，或更准确地说是"分离性障碍"，表现为同一个个体内存在两种明显不同的状态：杰基尔不与海德交流[①]，反之亦然。但"垂直森林"的情况正好相反，这两个身份不断互动、相互支持，经历冲突却又保持和谐，即互相交换能量。在这种情况下，可能指的是双极架构：一个地方处在两个不同能量条件"高"和"低"下，在两个方面发挥作用，互利互补，其方式从不对称，且总是一定程度上不可预料。因此，同样的个体建筑可以体验到作为一个被定位为地球模型的"狂躁状态"，同时居住在其中的所有物种可以在此聚集并缓解压力。

① 译者注："Jekyll and Hyde"来源于1887年托马斯·罗素·沙利文的剧作《化身博士》，讲述了绅士亨利·杰基尔博士喝了自己配制的药剂分裂出邪恶的海德先生人格的故事。现"Jekyll and Hyde"一词是心理学"双重人格"的代名词。

图3-15 "垂直森林"项目1
来源：伊丽莎·加卢佐，受博埃里建筑设计事务所委托发表于Lampoon的《承诺问题》，2020年11月。
"我被要求从一个新的角度展示垂直森林。从地面和地下很难想象大自然超乎寻常的可能性。你可以看到它是一条垂直的绿线，但很难看出它在那里会是什么样子。拥有90英尺（1英尺=0.3048m）的植物物种，大自然从各个方向接近——无论是上面的树枝还是从下面的树木，还有斑鸠飞来飞去。垂直森林与米兰周边绿地的关系与其周围社区的生活一样引人注目：在炎热的夏日里，老人聚集在树荫下，孩子们在树木图书馆公园（Biblioteca Degli Alberi）里玩耍。"

图3-16 "垂直森林"项目2
来源:伊丽莎·加卢佐,受博埃里建筑设计事务所委托发表于Lampoon的《承诺问题》,2020年11月。

图3-17 "垂直森林"项目3
来源：伊丽莎·加卢佐，受博埃里建筑设计事务所委托发表于Lampoon的《承诺问题》，2020年11月。

图3-18 "垂直森林"项目4
来源：伊丽莎·加卢佐，受博埃里建筑设计事务所委托发表于Lampoon的《承诺问题》，2020年11月。

3.10 垂直森林：体验与观点

玛丽亚·卢克雷齐亚·德·马可

自建成以来，米兰的"垂直森林"已成为这座城市一直彰显的创新能力的象征。它与新门区和附近的盖·奥伦蒂广场一起越来越多地出现在广告、电影和书籍中。"垂直森林"不仅作为城市特定区域的背景和代名词，也是意大利其他个别当代建筑表达的进步之象征。

因此，除了与"垂直森林"之起源相关的概念价值，以及城市在产生生物多样性、吸收颗粒物和二氧化碳方面的环境价值（据计算，"米兰垂直森林"每年可吸收320吨二氧化碳并储存约16吨二氧化碳，排放约19吨氧气）外，不可否认，"垂直森林"的经济价值因其媒体和公众的认可而呈指数增长，这使它成为最具吸引力的城市居住地之一。

然而，在意大利独特的城市更新项目的背景下，"米兰垂直森林"项目在规模和投资方面都是独一无二的。有些人却对它持有不同看法，认为它过于精英主义。如果我们从一开始，甚至在建成两座覆盖绿色植物的大厦之前，就考虑客户的要求是设计一座适合新城市发展的豪华住宅楼，并将其功能融合其中，这种批评就不显得特别深刻了。

由于可能需要动用大量投资，所以研究过程很漫长而且具有挑战性，尤其是之前从未涉及的。"米兰垂直森林"项目，从结构抗力到公共安全问题（如为"树枝"设想了一系列防坠装置），从公共空间管理到保险问题，一系列远远超出纯建筑设计范畴的挑战，在该项目中首次得到了评估和实施。

"垂直森林"由此代表了一种模式：一种新型建筑的模式，具有无限种表达可能性。该模型可能仍有待优化，但依然具有很大影响力，可以为迥然不同的项目提供灵感。后者构思的初始理念都相同，即将建筑中的树木、植物和生物界作为基本也是主要的组成部分整合在一起。

以此为出发点，总结该模型及其不完善之处，所获得的经验和所犯的错误，"垂直森林"不仅是多年项目和研究工作的终点，更是新实验的起点。

继米兰之后，沙瓦讷-普雷-雷南（洛桑附近）的雪松之塔项目是博埃里建筑设计事务所的第二个"垂直森林"项目，在经过一段时间的中断后于2021年复工，这在建筑界并不少见。

在这里，植被的选择决定了建筑立面的设计和室内空间的表达，延伸至绿色植物和露台。这一例子显示出与初始模型相比明显的变化：由于当地的气候条件及需要优化采光，雪松之塔项目在凉廊的建造中融入了花盆系统，使绿色植物与露台的地板齐平。这样一来，视野不会受花盆的干扰——可以将日内瓦湖尽收眼底，室内和室外空间完美衔接，提供与周围景观身临其境的互动体验。

在室内空间中寻求亮度也是"地拉那垂直森林"的特点，凭借从地板到天花板的落地窗系统，强化了与绿色（主要是当地环境中典型的地中海树木）的关系并获得了更好的视野。

绿色与建筑之间的第三种互动方式是为奇迹森林项目设计的，这是即将在乌得勒支拔地而起的"垂直森林"，其中连续的凉廊构成外部公共空间和内部私人空间之间的背景，创造了一个过滤空间，能够缩小温差，从而降低能耗。

"奇迹森林"项目于2021年落成，其特色是多重功能组合：将提供公寓（各种房型和尺寸），以及娱乐和商业空间、办公室、体育活动区域和第一个垂直森林中心，也就是世界城市林业文档和研究实验室。

相同的功能组合也使"南京垂直森林"充满活力，其两座大楼中一栋高200m，另一栋高108m，包括酒店、办公室、博物馆和一座碳交易中心。

除功能整合之外，对于在城市环境中将"垂直森林"或任何其他建筑构想为真正的大都市大楼来说，社会包容性是一个基本要素。

在这一点上，工作室一直致力于通过预制装配结构来大幅降低建筑成本，并通过成熟的绿地管理和监控系统来降低维护成本，从而使销售/租赁价格对低收入人群来说也能接受。

2021年在埃因霍温落成的"特鲁多垂直森林"和中国"黄冈居然之家垂直森林"的建设就是此番努力的结果。

这两个项目旨在使公益住房宜居，代表了当代城市的基石和一项重要前景。在这些城市中，为了满足年轻的专业人士、夫妇和学生对住房日益增长的需求，越来越需要降低住房建设的成本。

同样，由于城市环境中缺乏可用区域，为了停止对城郊地区土地的消耗，一个亟待采取的方向是通过以下形式复垦现有建筑遗产，即对耗能较大、过时或无法满足当代需求的建筑物进行再开发并实施技术和功能改造。在这方面，改造可恢复管理成本高或未充分利用的建筑物的价值，可以作为城市的一项干预措施。一个特殊的例子是，在新冠疫情时期间实行远程办公办公室是空的，由此可以重新考虑将大型办公空间转变为服务于整个城市的设施或住宅，这是当今一项非常有意义的挑战，而目前工作室正在探索卢森堡和布鲁塞尔的项目。同样，提高小型公寓质量的想法也是如此，整合与现有结构相连的外部立面系统，扩大有用的表面或启用为绿色植物和攀缘植物准备的花盆——就像在普拉托城市丛林项目中一样——并开辟可以在意大利和欧洲有用武之地的投资项目。从全球角度来看，放眼于其他地理和气候环境，对城市林业的研究在热带或沙漠地区具有特别的意义。从该角度来看，开罗的垂直森林项目是实验的巅峰，目前正在作为"绿色开罗"这一更开阔愿景的一部分开展，该项目设想了埃及大都市的去矿化战略，朝着城市生态转型迈进。

除了其特定的位置所蕴含的重要性外——这是一项前所未有的复杂挑战——埃及的项目隶属于博埃里建筑设计事务所在"米兰垂直森林"模型上创建的绿色建筑群，但与高度上的发展相比，其具备替代模式，是典型的米兰式摩天大楼。

其中，特雷维索的绿色河堤项目和安特卫普的绿宫（均于2021年完工）及米兰的森林数字项目表明在建筑中融入绿色植物和生物界也是可能的，它并非豪华大楼的专属特权，而是一种极其灵活和适应性强的模式。从"米兰垂直森林"的原型到7年后的今天，已经产生了在环境、功能、成本方面不同的建筑外形、内外部互动、地方特性和设计的选择。

再说回米兰的一个交通枢纽地区，植物园代表了垂直森林模型的最新（按时间顺序）设计进展，这是在"倍耐力39"再生的背景下设计的住宅大楼，博埃里建筑设计事务所与总部位于纽约的工作室Diller Scofidio + Renfro共同在竞争中胜出。

植物学将采用预制木材和钢材制成的混合装配式结构，可大幅减少施工过程中的二氧化碳排放，而太阳能电池板将满足其能源需求：它将是一座自给自足的建筑，将整合可持续发展领域的最先进技术，对从降耗节能到建筑设计、施工、使用、拆除等各个阶段进行全生命周期评估。

同时，它将成为一个"垂直花园"，一个新的复合型城市生态系统和城市地标，加之垂直自然景观中生物多样性多彩的变化，在楼层之间产生交替丰富的节奏。

总之，催生了垂直森林萌芽以及大型项目和城市规划的"热衷于绿色"，将在森林城市中得到最耀眼的体现，得益于绿地的增加，这些中型城市住区会将能源自给自足的挑战与增加生物多样性与有效改善城区空气质量的目标结合。从中国到墨西哥，森林城市不仅仅是一个乌托邦，而是城市环境巨变的机会，并向实现城市与生活自然的深度融合迈进。

3.11 植物学宣言

博埃里建筑设计事务所

植物学是一种新型的城市生态过渡手段,面临着全球环境危机和可持续城市发展的巨大挑战。

植物学提供出色的技术设施和解决方案,经过优化以应对所有未来环境的紧迫问题并满足社会、健康和福祉需求。

植物学是一座前所未有的垂直城市的活力催化剂,融合了城市密集度(交通、工作、休闲、运动、设施)、景观多样性(城市风景、功能、垂直景观组合)和功能多样性(承载植物、科学、艺术和医疗保健功能),是建筑内层次化生活的新模式。

植物学是一种全新的花园塔楼模式,承载了典型的装饰性花园植被,通过促进植物、动物、人类和建筑之间的共存和相互依存,提升了城市生物多样性。

植物学具有惊人的能力,可以将无限的植被集中在有限的城市表面上;凭借无数的乔木和灌木来吸收和储存二氧化碳,吸收大量颗粒物并每年产生数吨氧气。

植物学记录着时间的流逝:它通过在每层楼的水平景观中交替展示植物的开花和所有生长阶段,反映了季节的循环变化。

植物学是一个自给自足且集成化的建筑:它能够生产、消耗、回收和再生主要资源,支持持续的废物资源流。建筑物地板上的大量植被可以显著降低其立面温度,从而实现可观的整体能源节约。

植物学是第一座将可持续生命周期理念应用于整个施工过程的木结构大厦,从安装到拆卸。其结构由预制的混合木材和钢材组成,从而大大缩减了施工时间,并显著减少了二氧化碳的排放。

植物学产生清洁的可再生能源,这要归功于其外立面铺设的光伏板,可满足该建筑高达65%的能源需求。

植物学是生物多样性的一座丰碑:无论是动物、植物精华,还是住在其中的人类生命。构成这一复杂生态系统的所有生物和功能的多样性,形成了一个重要的且极具创意的城市生物多样性垂直社区(图3-19)。

图3-19 "倍耐力39"项目
来源:Diller Scofidio + Renfro工作室与博埃里建筑设计事务所,意大利米兰,2021。

第4章
城市之树，森林之人
Trees towards Cities, Humans towards Forests

4.1 人畜共通病，森林砍伐：城市林业的前景

斯坦法诺·博埃里

今天我很努力地找一本迈克尔·克莱顿写的名为《刚果》（*Congo*）的书。有的时候我们对待书籍就跟对待我们所爱的人一样：他们是如此的重要，仿佛无处不在，我们始终想着他们，始终记着他们，却常常看不见他们。他们从我们的脑子中溜走了，我们不知道他们在哪里。反正，我是还没有找到这本书。它是一本来自1980年的很棒的书，但是之后拍成了一部烂电影。我是迈克尔·克莱顿的头号粉丝，他12年前离世了，我想你们当中应该有些人知道他不仅仅是个小说家，还是一个伟大的编剧。

实际上，他的大部分小说，从《仙女座菌株》（*The Andromeda Strain*, 1969）到票房红极一时的《侏罗纪公园》（*Jurassic Park*, 1990），《旭日》（*Rising Sun*, 1992），《启示录》（*Revelations*, 1994），以及《西部世界》（*Westworld*）的剧本，都是为了大银幕而创作的。他们是科技大片，但他们的基础——这是我一直认同的克莱顿的一个方面——他的背景：他是一名医生和一名科学家，他毕业于索尔克研究所。对此我一直印象深刻，那是路易斯·康在加利福尼亚州拉霍亚附近最非凡的建筑之一。让我一直兴奋不已的是，他所学习的这个空间，我记得我和我的母亲在20世纪80年代一起去过，当时他应该还正在完成学业，而我还是个孩子。记得那是一个令人觉得非常不可思议的地方，你可以去感受海洋，即使你并不能看见海洋。

这个实验室及研究人员和学生宿舍的中间部分实际上是非常小的，但是却有一种力量，直通大海，很大程度上可以说它是大海的延伸。它在海面上方有一个很大的悬臂，所以当你踏进去的那一刻开始，你就可以听见大海的声音，你会感觉到有一种本身并不在那里的东西被唤醒了。我认为这种建筑方面卓越的感受对于克莱顿的心智训练有很大的影响，所以他在叙事的构建方面，使用了非常简单、非常简明的语言，往往与现实及目前的事件有所联系。《刚果》说的是美国一群地质学家组成的秘密探险队的故事。他们与另一个日本探险队结成联盟，共同前往肯尼亚。他们去到维多利亚湖附近的维

龙加火山地区，在一个尚未开发的未知地区寻找钻石矿藏。

第一支探险队遭到了一个大猩猩部落的袭击。随着故事的发展，人们越来越清楚地认识到，它们实际上是一种新物种，拥有特殊形式的智力，能够相互交流，甚至能够运用军事战术。整本小说大部分都是围绕着第二次探险展开，其中有一名动物行为学家和一名灵长类动物学家，他们带来了一只大猩猩，这只大猩猩通过与人类相处学会了使用手语，因此它充当了探险队中的调解人，帮助人类和聪明且好斗的灰大猩猩沟通和交流。

这些大猩猩觉得自己的权利受到了侵犯，而探险队试图找到一个与这些大猩猩相处的方法，他们本来拥有一块迄今为止未被人类触及的土地。大猩猩们觉得自己感受到了危险，因此他们反应非常具有攻击性。

故事讲述的是这群为美国私人公司工作的地质学家所使用的策略，要知道这家公司是通过冲积矿床回收钻石获取经济利益的。因此，这个故事其实不算克莱顿讲述的最有趣的故事，但是我想说他在《刚果》中所提出的种种观点仍然具有相当的话题性，从某种角度来说，这些比他那些表面上看起来更为成功的小说（如《侏罗纪公园》）更有意思。

不得不说，这里面有一个非常重要的且难以避开的话题，是与不遵守协议相关的，或者说，是一个我们物种与其他动物物种之间的基本协议的话题。这个关于一群科学家（碰巧也是一群肆无忌惮的金融势利眼）侵入一片自然栖息地的故事从物种发展的角度，以一种巨大的飞跃的方式作出了回应。这不是我们现在谈论的物种发展的跨域（类似我们所知的，病毒从蝙蝠传给人类，导致了一场极具扩散性和非常危险的疫情），而是物种发展在认知上的跨域。一旦受到威胁，大猩猩的反应是证明它们已具备灵长类动物的智力水平，使它们更接近人类物种。当然，这部电影和我们所看到的小说一样，确认并确立人类中心主义为主导力量，并以暴力的方式结束。灰色大猩猩在通过艾米（一只被人类抚养并能与灰色大猩猩和人类交流的大猩猩）的调解后最终被全部杀死。火山爆发将它们埋在熔岩下。我必须说，除了对动物和灵长类之间关系显而易见的反思外，近年来在解释黑猩猩语言方面取得了非凡的进展，这要归功于珍·古德博士，一位杰出的动物行为学家和灵长类学家，也是这个领域的真正先驱。尽管这部小说在出版时开创性地提出了前所未有的观点，但今时今日与《刚果》的相关性主要在于它提出了我们所说的"溢出"问题。

正巧有一本非常令人难以置信的书，名叫《溢出》（*Spillover*），由大卫·夸门在2012年创作。它预测了目前新型冠状病毒的情况，并通过某种写作风格告诉我们（夸门是一名记者，他一生都在关注研究溢出的科学家，溢出指的是一种从物种到物种的生物性跨越）某种疾病感染变成大流行疫情的可能性，这是野生物种与人类之间不协调的接近关系的结果。这本书就人畜共患病的基本主题，开创性提出了一系列令人难以置信的观点，而人畜共患病一词在科学学术界外很少使用，本质上是一种疾病从动物世界传播到人类世界。人畜共患病有不同的形式，但当疾病或病毒在动物和人类之间传播时，称为人畜共患病，或者如果发生相反的情况，则称为畜人共患病。

这本书的非凡之处在于，它谈到了对人畜共患病这一主题的科学研究，而该领域的发展已经很先进，以及世界各地的研究中心如何研究和密切关注疾病从动物传染给人类。据估计，大约60%的传染病来自野生动物，而这长期以来一直受到全世界科学家和研究中心的关注。

但与在网上很容易找到的许多其他研究不同，本书还更多地谈到了森林砍伐、气候变化与流行病的关系等主题。在这些对人畜共患病病理学的研究中，我们开始思考主要原因，且很容易能想到其中一些原因：过度城市化以人类繁衍和扩大城市空间的形式出现，并开始占据过去其他物种栖息过的空间。随后这些物种不得不迁移或随时接受强迫的共存和共栖。令人遗憾的是，这些现象在地球上经历过人口爆炸的地区非常普遍。集约化农业大大降低了生物多样性水平，而这是物种之间平衡的一个关键因素，而我们所知的其他现象，如野生动物贸易或某些入侵物种的出现也一样。

毫无疑问，森林砍伐是人畜共患病的一个最大原因之一。不幸的是，毁林通过破坏富含生物多样性的栖息地并将其替换为贫瘠的栖息地，为昆虫的出现和繁殖创造了空间。当地区的生物多样性水平降低并被人类存在所影响时，人们在这些地区就变得更易被某些蚊子的传染，这些蚊子是携带先前存在于其他物种中的病毒的载体。但必须要说，各种形式的毁林并不是唯一的原因。

正如许多研究所指出的，还有一个主因，即与绝对贫困的出现密切相关。

要知道，当我们想象将世界上所有的城市聚集到一个点上，将占据大约3%~4%的新兴土地，而在这个巨大的城市泛大陆中，其中的33%将由棚屋、贫民窟和未规划的村庄组成。在大多数情况下，人们若生活在绝对贫困的条件下，会被迫与其他物种同栖，有时会很危险。不仅如此，人们有时还会食用野生动物，这有时甚至是活体，这与几个世纪以来形成的习惯无关，过去农民文化和畜牧文化已经知道如何应对人类附近出现的野生动物。然后是集约化农业的热门话题，通过扩展人类利用地球新发现的土地表面的类型，以某种方式将其他生物赶出其自然栖息地，这自然会导致一系列强迫同栖现象。

食物链的改变也会使生物物种之间的平衡发生变化。城市中非本土物种不协调的存在已成为一个共同话题，野猪进入意大利城市郊区的知名照片就证明了这一点。

我们知道这些动物在一定程度上是意大利城市边缘的新兴物种，部分原因是我们入侵了它们的领土，以及在其他情况下，食物和废物循环的规划使它们也非常靠近旅游景点以及城郊。无论离家远近都有很多例子，一个例子是在非洲国家有人会养鬣狗。这样的案例有很多，在大卫·艾登堡制作的令人惊叹的BBC系列纪录片《地球脉动》（*Planet Earth*）中有详细记录，其中最新的一集专门介绍了城市中的动物（《地球脉动Ⅱ》，第6集"城市"，由弗雷迪·德瓦斯制作，BBC，2016）。另一个例子是在孟买贫民窟有猎豹追逐野猪，并会在夜间进入贫民窟。这导致人类、野生猫科动物和野猪在完全无法控制的情况下共存着，真的是骇人听闻。

目前这是一个反映城市异常现象和行为的最令人吃惊的例子，一些经验告诉我们，气候变化在产生人畜共患病现象方面起着破坏性作用。更具体地说，可以用海洋变暖和意外气象现象的产生为例说明。这通常会导致某些种类的蚊子和苍蝇在被洪水淹没的空间中大量繁殖，这又给人类的生存带来巨大威胁。

这种更普遍的担忧与我们不能忽视的一个重大问题有关：我们必须寻找一种不同的平衡，一种新的共存形式。正视该问题的情况下，我们必须要求自己看到这场大流行病迫使我们正视的问题。这不会是最后一次，但肯定是最重要的时刻，必须考虑与其他生物物种建立新的关系，尤其是非家养物种。

请注意，这不仅涉及南美洲的大片森林遭砍伐的地区，还涉及东南亚国家的贫民窟。这与我们自己的城市密切相关，直接相关的包括北极熊因全球变暖而失去大部分栖息地,为了寻找食物而靠近俄罗斯的城市、城镇和居住中心。我们应该怎么做?我没有足够的专业知识或资格来回答这一问题,只能简单地根据我作为建筑师和城市规划师的能力和经验给出解决方案。我认为我们需要了解这些流行病风险出现的原因。事实上,它们是由人畜共患病病原体产生的,传染病因此从野生物种传播给人类:过去的麻疹、天花、流感和白喉与今天的埃博拉病毒和艾滋病都来自这类过程。

可以说,大多数传染病都来自"野生的"自然。这里的重点是准确理解今天我们如何能重新平衡这种关系,这显然不仅与动物世界有关,更与植物世界有关。我不认为所有这一切的答案是简单地放弃统称为人类中心主义的信念:相反,学会放弃目前的心态会容易得多,包括作为一切的中心、扮演主宰世界的角色,并因此能够控制和确定其他生物物种的栖息地和生活空间。这并不等同于放弃人类中心主义从而离开人类世的感觉。相反,我们未来几十年的伟大任务在于创造一种新型的人类中心主义。我认为,此时我们无法否认自己的责任,甚至说这样做是不合法的,这种否认导致我们不认为自己肩负巨大的使命,以及有必要在我们造成不平衡的地方恢复平衡,在带来冲突和破坏的地方恢复和谐共处的意识。我们需要恢复物种之间的共存,迄今为止我们已经用暴力主宰着其他生物,有时彻底破坏了它们的栖息地,甚至造成物种灭绝,同时改造了自然并造成其工业化。想想那些为了消费品而使整个物种被大规模集约化畜牧的行径就足以明白这一点。

我认为这种新的人类中心主义,首先,源于意识,人类必须学会更深入地研究其他生物物种的需求和栖息地。我们已开始对植物做这样的研究了,所以没有理由不能对其他动物也这样做,尤其是那些和我们一起在城市中生活的物种。我认为我们必须承认他们的智力,但智力的概念是相对的,不能基于我们人类的水平来衡量。蚂蚁有着非凡的智慧,海豚在栖息地和关系方面也有着非凡的智慧。动物的智力不一定就低,因为测量方法是以我们的智力为准绳的。动物有自己的自主性,甚至在被评价或纳入等级制度之前,必须得到尊重和理解。其次,务必要了解到我们是可以与它们以平衡的方式共栖的,而且必须这么做。我们显然有责任重建森林和乡村并恢复平衡,我们可以为这种共存形式找到空间。最后,我想提到一些最近的经历。我非常感谢安德烈亚·布兰齐——一位了不起的建筑师,他很有远见,15年前我同他一起开始思考人类与城市中其他物种之间的新平衡。我们一起为竞标"大巴黎"项目，根据印度大城市的灵感，假设了人类与神圣的牛世界之间的共存形式。我们对其稍加修改后提出了巴黎与鸟类世界共存的想法。从这个意义上说，巴黎可以成为第一个不以人类为中心的城市，接受物种的共存，并为每个生物提供必要的空间。所有这一切都在一篇题为《不再高高在上》的社论中进行了专题报道。在这篇社论中，我试图在伦理学的意义上思考非人类中心伦理学的可能性，同时不断地从人类领域的观点审视，质疑其他生物物种的需求和进化轨迹。

关于这些问题，我认为最有趣的经历可能是在米兰理工大学的两年课程，我们称之为"米兰动物城"（Milano Animal City）。2015—2016年，在学院四年级与阿祖拉·穆佐尼格罗（Azzurra Muzzonigro）、马蒂尔德·卡萨尼（Matilde Cassani）、米歇尔·布鲁内罗（Michele Brunello）、弗朗西斯卡·贝内代托（Francesca Benedetto）、利维娅·沙米尔（Livia Shamir）、乔治·赞格兰迪（Giorgio Zangrandi）和萨维里奥·佩萨帕内（Saverio Pesapane）一起教学时，我教了大约80名学生，其中80%是国外留学生，我们开始考虑向每位学生托付一个城市物种。

我们从正常的家养物种开始，最终列出了大约100个物种，包括各类老鼠和啮齿动物、渡鸦和乌鸦、青蛙和蟾蜍、水獭甚至海鸥。谈到海鸥，我想告诉大家，为什么城市鸟类中等级制度的存在和转变可能最引人注目。我们邀请了知名的动物行为学家恩里科·阿莱瓦（Enrico Alleva），他向我们解释了海鸥是如何随着废物的循环而在大都市和郊区取代其他鸟类的。他还说，现在乌鸦对米兰这样的城市非常重要，因为其具有非凡的智慧（回归智慧）。我想每个人都见过乌鸦为了吃橡子是如何拦截交通及利用信号灯颜色的变化的，它们知道红绿灯处的汽车会压碎橡子，所以会将橡子放在人行横道上，然后等灯变红就可以吃掉橡子了。因此，在恩里科·阿列瓦和莱昂纳多·卡弗（Leonardo Caffo）等人关于物种主义的重要著作的启迪下，我们开始思考动物的栖息地。向每位学生委托一个物种的想法意味着他们会站在一条蠕虫、一只老鼠、知更鸟或一头野猪的角度去假设其栖息地。这一练习看似无聊，但实际却非常严肃，因为每位学生都必须首先绘制城市中这些物种生命周期的时空图，然后打造一个共栖项目。

这些项目采取了各种不同的形式和可能性，包括米兰的所有大型废弃工业区，以动物（如蜜蜂）的角度想象在那里设立特殊区域，供非人类、非家畜物种寻找独立存在的空间。更激进的想法，例如，为城市内的非家养动物而保留临时自治区，它们可以在这里注视着人类，这几乎颠覆了强大的控制机构的存在，因为从各个角度来看都像动物园。但还有学生曾设想过用摩天大楼来容纳某些鸟类或蜜蜂的可能性。这个动物书[1]的概念内容在网络上可以找到，并以某种形式成为我继续研究的素材。

总的来说，就像目前开展的其他项目一样，我相信这些项目能帮助我们理解正在发生的事情是具有普遍意义的。在质疑我们与其他生物的关系时，提出了向一个新世界过渡的问题，如果我们不想让这场与病毒艰巨的大规模战斗仅限于控制其影响和检查症状的程度，就要研究这种大流行病的根本原因，并将对其他物种科学的认知和我们定义新平衡的责任作为研究的核心要素。

---

[1] 译者注：原文为："bestiary"，原指中世纪一种重要的特殊书籍。"动物书"中的真相脱离客观田野观察，而主要来自主观思考。它以寓言为书写机制，以道德训诫为首要目的。

4.2 森林简史与农业的作用

西蒙·马尔凯蒂

我们所说的农业景观是指具有明显人为特征的景观,它是"人类长期系统地在自然景观上留下痕迹的结果"(Sereni E., 1961)。此外,农业景观不仅与地貌、气候和水文地质等特征相关,也与文化、经济、政治和社会条件以及财产形式相关的一系列因素有关,这些因素也体现在农业景观的形态中。

不可否认,森林和树木通常被认为是距文明世界最遥远的实体,但通过关于森林历史的读物,我们可以了解植物世界,尤其是森林所受人类的影响有多大,以至于它们至少在某种程度上也是人类文化进程的结果。但正如汉斯约格·库斯特所提醒的,"它绝不是一成不变的,而是由在其生命中不断变化的动植物生态系统组成;整个森林都在不断变化"(Küster H., 2019)。因此,目前的森林和林地系统只不过是一系列进程的结果,并不总与人类直接相关。森林有它自己的历史和演变。为了了解它在地球这个更大的生态系统中的关键作用,即使只是简要地分析,也很重要。

另外,我们今天看到的树木及其祖先已经随着人类而改变,而且它们早在人类之前就在地球上确立了主导地位。第一批陆地植物出现在大约四五亿年前,并经过了一个极其缓慢的进化过程:藻类等水生植物能够离开海洋生存,具备了一种将水输送到植物远端部位的复杂技术。此时最早类型的灌木和植物开始出现并在陆地上定居(Küster H., 2019)。

了解森林的历史之所以如此重要,是因为它也代表了人类自己的历史:大多数动物,不管是两栖动物或爬行动物,一定曾生活在灌木丛中。地球上最早的原始人可以追溯到250万~260万年前,这一阶段是在植物征服地球很久之后。这一点启示了植物王国一直以来起到的作用及其重要性。各种树木不断进化,改变了表型,并在人类出现前的很长时间就开始在世界范围内迁移,更不用说它们成功在大灭绝中幸存下来,那场大灭绝对于当时大多数动物来说是毁灭性的。

尽管如此，确实从后冰川期开始，森林的扩张，或至少部分森林开始受到人类的影响，同时人类找到了控制植物王国的新工具，成为砍伐森林的首例。这么做是出于很多目的，其中包括将木材用作建筑材料或燃烧，以及为土地腾出空间用于农业生产来获取粮食，这种行为可以追溯到大约1万年前（Eldredge N., 1998）。这一时期，主要是在亚热带地区，见证了"一种特定农艺文化的发展，每个地方都以种植本土植物为特征……因此，人类在定居点附近人为地开辟了空地"（Eldredge N., 1998）。这在某种程度上可能是出于能见度和防御潜在危险"外部因素"的原因，部分原因则可能主要与种植或狩猎有关。然而，最初农业用地和林地之间的关系非常紧张，只有在特定的气候条件下（夏季干燥的季节性气候）及稀疏的林地附近，才有可能发展农业活动（Eldredge N., 1998）。这项活动越来越成功，因为它可以保证为整个群体提供必要的生计。因此，此时物种之间的第一次共同进化肯定已经开始，但我们原始的祖先并没有完全意识到这一点。查尔斯·达尔文（Charles Darwin）等科学家研究了这种共同进化的概念，斯坦法诺·曼库索将其定义为一种极其密切的关系，即本质上几乎与某些物种共生。由此产生的最典型例子包括小麦、玉米和大米，它们提供了"人类60%的卡路里"（Mancuso S., 2017），并且凭借被密集使用才能在地球上广泛传播和定植，这只是物种之间互利互惠的例子之一。随着人类不再游牧并开始定居，植物与人类之间的不成文协议变得更加牢固。但在农业的早期，第一批农田的位置和环境肯定与我们今天想象的不同。最初，这类土壤管理更有可能出现在高海拔地区，而在大约8000年前，农业才从山区转移到更多的丘陵地区或山谷（Agnoletti M., 2018）。人们在林区附近发现了最好和最肥沃的耕作土壤，首次真正区分开林区和开阔地。进而，出现了第一次森林砍伐，其中部分目的是腾出空间来耕种，同时也为了提供木材用于制造物品、工具等。开阔地和林地之间的界限不再那么固定，而是随着时间的推移而不断变化，因此两个空间之间的关系最初是出于需求，然后出于文化，来满足不同的用途。两个领域的分界线逐渐清晰，"这种耕作组合开始构成人类的农业景观"（Agnoletti M., 2018）。这是一个基本的步骤，因为人们理所当然地认为景观是丰富的文化历史的结果，不仅包括人类，还包括植物和树木，尽管该过程中无疑有人类插手。如果观察过去几个世纪中乡村和森林之间的关系，可发现二者之间的区别

图4-1 煤矿
来源：爱德华·伯汀斯基，德国北莱茵-威斯特法伦，2015年。

越来越小，进而威胁到整个陆地生态系统最重要的资源之一。从20世纪50年代至今，土地大规模转为农业用地的转变从未如此强烈。如果我们分析森林数据，可以发现存在下降趋势，即从20世纪50年代约150亿公顷的森林到今天仅剩约40亿公顷（IPPC-SRCCL，2019）。在这一趋势中，农业无疑与其他因素一起是造成这一趋势的重要原因。根据目前对碳循环中土地利用的理解，未来土地利用方式对陆地生物圈—大气交换的影响有可能改变大气中的二氧化碳含量（Prentice I.C.等，2001）（图4-1）。

粮食安全及其影响

森林和相关生态系统通过二氧化碳转化为植物组织的光合作用，吸收了人类向大气排放的29%的气体（Valentini R.，2019），从而发挥着至关重要的作用。不幸的是，随着气温升高，这些生态系统受到的威胁日益加剧。人们认为，由于气候危机，森林的吸收能力将减弱，最终达到饱和点（Perugini L.，2019）。因此，鉴于森林是保证吸收大量二氧化碳的基本资源，应当确保如何将土壤和土地管理得当？我们如何创建一种管理形式，不仅顾及农业景观的文化和历史重要性，也顾及其在保障数百万人粮食安全方面的基本作用？还有，我们如何才能具体应对农用地集约化开发对森林生态系统的影响？

一个可能的答案来自"自然气候解决方案"（Natural Climate Solutions, NCS），这是由一组研究人员在2017年提出和开发的（Griscom B.W.等，2017）。这是一组针对保护、恢复和改善土壤管理的三种生物群落（森林、湿地和草地）的20项行动，其中包括保障食物、纤维和栖息地。

有人建议将这些自然气候解决方案用于因减少土地用途转换而产生的二氧化碳，以期从大气中吸收额外的二氧化碳，并最终提高自然生态系统的韧性。这项研究表明，如果能改善森林管理并采取以下措施：重新造林、减少林地利用的变化、改善天然林管理、完善树木栽培系统、减少使用木材燃料及提升火灾管理策略，那么森林在减缓气候变化方面将表现出极大的潜力。此外，到2030年，自然气候解决方案将减少37%的排放（Griscom B.W.等，2017）。然而，农业用地的管理仍不明确。我们如何在满足主要来自城市的大量食物需求的同时，限制满足这种需求的农业用地的扩展？为了试图回答这个问题，我们必须了解农业对整个地球的影响。

IPCC的数据表明，从1950年到2005年，农地（农田加牧场）占全球土地面积的比例从28%增加到了38%（Smith P.等，2014），如果将农业的排放量加上土地用途变化和林业的排放，排放到大气中的温室气体有1/3来自整个粮食系统（Crippa M.等，2021）。

根据FAO的数据，可以发现森林似乎占据了全球土地面积的31%左右（粮农组织和环境署，2020），而用于农业的土壤约占全球陆地面积的38%，相当于50亿公顷（粮农组织，2020）。农业用地和森林用地之间不仅存在不平衡，而且农业用地也加剧森林的砍伐和空气污染。据估计，森林用地转化为农地是森林破碎化和森林砍伐及其相关生物多样性丧失的主要原因。

农业开发主要由大规模商业性农业生产决定，主要是养牛和种植大豆（根据世界自然基金会的数据，80%的大豆用于饲喂牲畜）、棕榈油种植（在热带森林被砍伐的原因中占40%）和地方温饱型农业（在森林被砍伐的原因中占33%）（粮农组织和环境署，2020）。评估这些数字时，还应考虑到全球人为排放的二氧化碳的占比（如畜牧业）。许多活动家经常提到最后一点，他们谴责人类饮食的不可持续性，认为肉类行业在人为排放总量中占比极高。据粮农组织称，事实上，仅肉类行业就产生了所有人为温室气体排放量的14.5%。这一比例应该足以引人深思，我们不仅需要改变饮食习惯，而且要在更大规模下重新思考生产、供应及食用食物的方式（Gerber J.P.等，2013）。我们需要了解如何以可持续的方式为城市中心提供食物，特别是考虑到气候危机会导致粮食资源越来越稀缺，并因此加剧一些已经很严重的情况。世界各地的一些城市已经准备好制定新的食品政策，从而对其地理区域周围的供应链产生积极影响，宣传"社区"或本地产品，鼓励负责任的消费模式并减少食物浪费（米兰、多伦多、巴黎和底特律等城市都是正面代表）。

森林目前的状态

通过研究欧洲森林的增长趋势，可以看到一个特别积极的迹象，即越来越多的农业用地被放弃，乔木和灌木重新占据了未开垦的土壤。但各地的情况不尽相同：欧洲森林面积增加的同时，也有其他一些以农业为主的国家（主要是出口）其森林砍伐和土壤退化趋势仍在增加。森林生态系统的情况呈现出两个相反的趋势：一方面，温带和寒带森林确实有增长趋势，似乎面积正在扩大；另一方面，热带森林多年来却一直在减少。1990～2000年，平均每年减少784万公顷，在接下来的10年中减少到每年约474万公顷，但无论如何这一数字都是值得重视的（FAO，2020）。

然而，如果将这种减少的趋势放在较长时期段内观察，可以看到亚马孙森林面积的减少正在放缓，且涉及几千公顷。话虽如此，但如果声称这一趋势正在改善可能会被认为是在为不负责任的态度辩护，并引发相反方向的政策。

例如，自2018年以来，巴西亚马孙雨林的森林砍伐量超过了往年。但最重要的是，正是由于政策没有遏制森林砍伐，森林面积减少的趋势很可能会更糟，尤其是与亚马孙森林有关的方面，其恶化程度将成倍增加。

当谈及森林退化时，我们关注的是导致森林砍伐的因素，既可以是直接驱动因素，也可以是间接驱动因素。如上所述，在直接驱动因素中，农业是一个重点（如热带森林，但不同国家的情况差异很大），但却并不是唯一的重点。例如，采矿和城市基础设施的扩张占估计的森林砍伐总量的1/4左右，但这个百分比也因国家而异，如巴西的亚马孙雨林，据说大约9%的森林砍伐是由于采矿造成的（Sonter L. J.等，2017）。获取木材及其相关活动、开发和转化为森林煤的活动，以及非法活动，都决定着森林地表的退化速率，同时在对资源产生巨大压力方面发挥着的重要作用。除了导致森林砍伐的直接驱动因素外，还有间接驱动因素。例如，人口增长对产品（如木柴）的需求可能在森林供应方面产生更大压力，或非热带国家的社会经济发展可能对热带国家造成间接压力，导致后者的森林生态系统进一步退化（表4-1）。

表4-1　农业开发主要由大规模商业性农业生产驱动

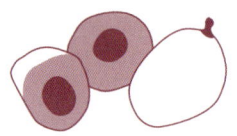

畜牧业和大豆种植
据世界自然基金会统计，80%被用于饲喂牲畜

油棕
造成40%的热带森林砍伐

地方温饱型农业
造成33%的毁林行为

森林在遏制气候危机方面发挥着重要作用，但如果不加以管理，森林自身也会成为一个问题。由于它的影响还会不断加强：一方面，森林可以固定二氧化碳，从而将其"保存"在植物纤维中（无论是在土壤中或北方森林的情况下的根部系统中，还是在热带森林情况下的叶面系统中）；另一方面，如果查看全球与森林砍伐、环境退化或燃烧等类似过程相关的人为排放数据，我们很容易看出这些做法是如何导致大部分人为二氧化碳排放的。我们可以通过打造一条寿命长且避免其燃烧的木材供应链来抑制这一问题，避免将树木在整个生命周期中储存的二氧化碳重新排放到大气中，而且最重要的是，有效的治理能够引导人类行为向保护、管理和维护地球森林遗产的方向全面过渡，并为森林的健康和可控地生长而提供适当的空间。

4.3 世博会与农业

斯坦法诺·博埃里

2015年，米兰世博会就营养、食品安全和食品工业创新等主题展开讨论。斯坦法诺·博埃里曾是赫尔佐格-德梅隆建筑事务所、里奇·伯德特（伦敦经济学院）、威廉·麦克多诺+合伙人的建筑顾问委员会成员。

为使2015年世博会取得圆满成功，米兰必须立即提升其卓越的地位并进一步发展，作为世界上最大也是生产力最高的农业区之一的中心城市，在地理区域上是覆盖46000km²大平原的大都会，居民人数高达1500万，贡献了全国35%的农业生产和55%的畜牧业产能。

既然今天的虚拟世界似乎已经蔓延至每一个感官领域，只有创造一个真实的物理景观，让人们可以真正活在未来、触摸、经历并通过感官感知未来，方可确保任何对未来的远见卓识都可以作为真正令人难忘的体验而存在。仅提供信息、记录或模拟是不够的，我们必须使展览场地成为来自世界各地成千上万年轻人独特而切实的体验。我们的设计理念是，这次世博会不仅要呈现、展示和记录让农业资源和食品分配更加公平的政策、那些减少食物浪费的项目以及为可持续农业生产所做的努力，还要将这些融入建筑和展览景观中。

我们必须将世博会视为一个巨大的机会，为世界上所有面临粮食安全这一严峻挑战的人们提供土地、场所和空间。

应该悉心挑选这场盛事的场地，以创建一个全新的，前所未见，专为米兰设计的景观；全球所有农业文化都可以在此培植、转化和汇集。

世博会是一个增强这座"世界城市"国际化和多元文化实质的机会，这座城市向所有出于各种原因，决定在这里工作和生活的人民与他们的社群开放。位于米兰郊区的70个农庄是代表当地农业历史、社区价值观和社会包容度的地标，在未来几年很可能重现其农业特征，同时这里对于米兰的多民族社区发展其物质文化来说再合适不过。提供土地意味着人们今天播种，明天耕种，未来收获成果，从而着手解决人类的重大问题。这也意味着未来几年米兰将努力应对和克服这一决定性挑战，这也将深深铭刻于数百万人的记忆中。

　　这是因为重点不仅在于思考和规划这片场地，还包括如今能够激发积极、实用社区的需求类型。这种需求必须与地方、当地企业共同建立，并得到当局支持。在这里，提出一个问题：我们需要认真研究基于生产或营销或农业分配问题重新审视社区的实践工作到底意味着什么？我们会思考能源以及通过社区实现自我生产的可能性，这些社区成为生产、积累和销售清洁能源的企业形式。世博会和农庄以一种新颖的方式用领土来隐喻新的社会动态，在这里社会动态的映射透露出在具备公共影响力的领域制定政策的新形式。

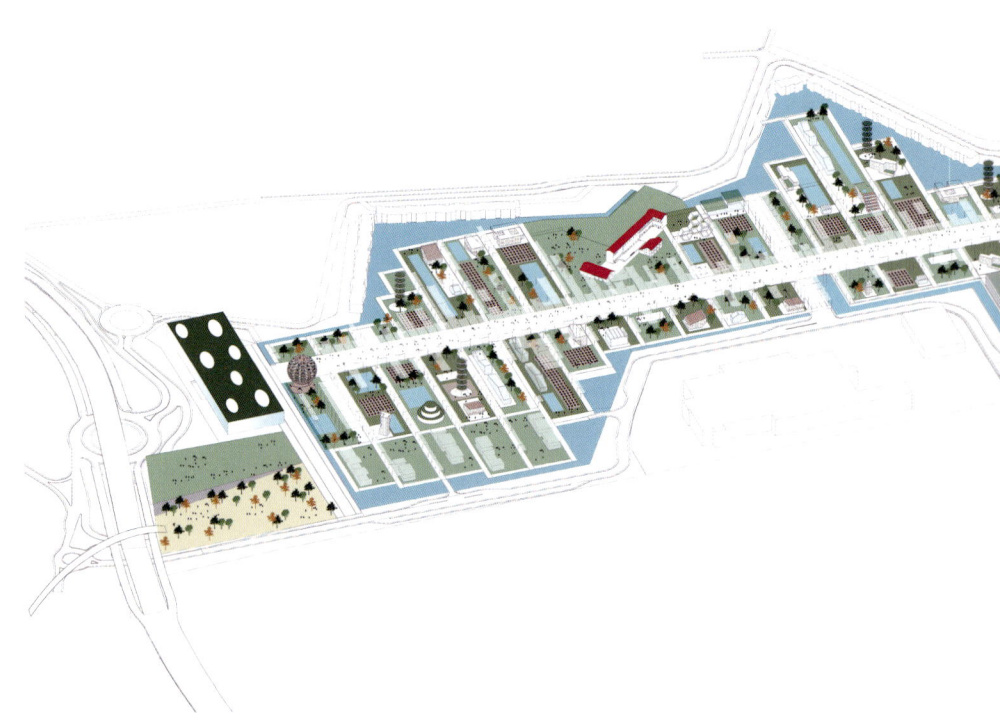

营养、粮食主权及相关的食物分配和种子所有权失衡是2015年世博会期间深入探讨的主要话题。基于这些,由雅克·赫尔佐格、里奇·伯德特和我本人以及各自的专业工作室组成的建筑咨询委员会构思了一个全新的展览平台,并监督其设立,而该平台具有前所未有的特征。在该平台上可在地方层面提出并扩展类似问题,并从世博会场地本身米兰市开始。结果不仅是一系列展馆和商业产品,更使米兰成为一个能够简化和浓缩地球今天不得不应对巨大挑战之深刻意义的场所。

因此,米兰的万国博览会被想象为在一个大型"行星花园"内,一部分特定的局部空间被重新诠释农业用地,也秉持来自世界各地的农业营养传统(图4-2)。

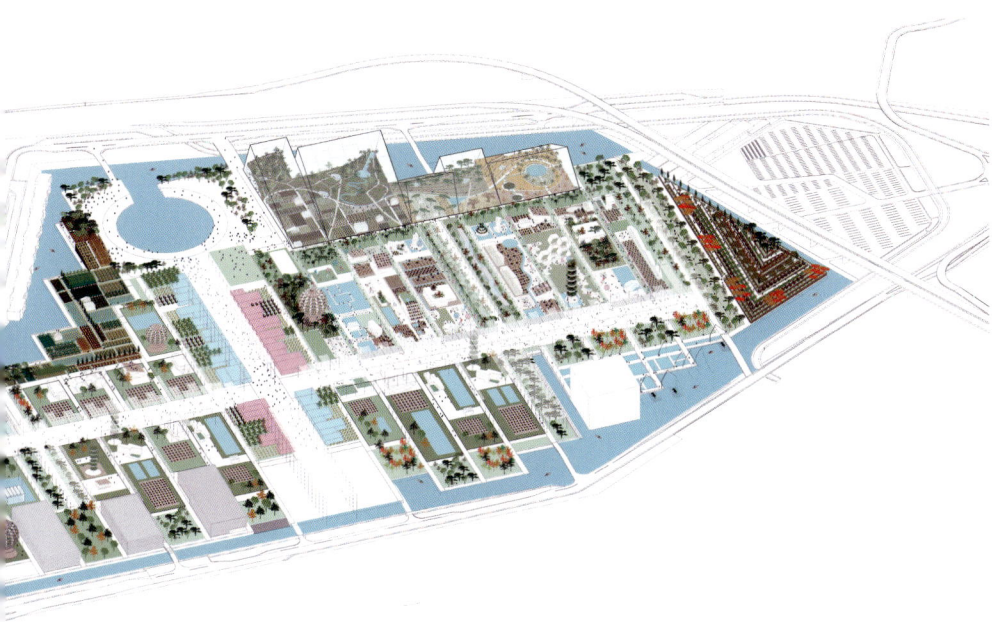

图4-2 2015年世界博览会——滋养地球,生命能源(局部细节)
来源:博埃里建筑设计事务所、赫尔佐格-德梅隆建筑事务所、里奇·伯德特(伦敦政治经济学院)、威廉·麦克多诺团队,意大利米兰,2009年。

"行星花园"项目

"行星花园"被开发为一种新形式的景观原型,它能够存在于世界各地的城市中,具有多样化和国际化的农业风格,但又符合当地条件。这种新一代农业形式也代表了一个社会和经济发展高阶模式的基本组成部分。在这片小小区域内,所有能够有效应对饥饿、粮食浪费、食品加工管理中的不平衡和不公正等重大灾难的全球能源问题都能以实验的形式引入和运用。换句话说,这里可实现技术和研究资源与农业营养生物多样性传统之间的良性联合。行星花园的田地通过应用最先进的农业生产技术来耕种。这里有展示食品和餐饮供应链活动的空间:在这片特殊的花园,农民社区和企业可以聚集在一起,将他们的才能与农业食品的传统结合起来。这里也是重塑不同地区生物气候条件的大温室。

景观格局

通过这种方式,该项目定义了一个新的"景观格局",该格局以农业为动力,既多样化又国际化,但又植根于当地条件,得益于开放和包容的城市社区通过耕作提供的支持。这是新一代农业,也是社会和经济发展高阶模式的重要组成部分。

除作为具有巨大吸引力和种植密度的环境外,行星花园也作为一项地域手段,能够融入不同的地方生产链。

大都市社区推动的粮食种植和改造的日常实践只是"社区农业"的一个例子,可引领全球营养的新局面。

除了创造一个非凡的新型城市景观外,城郊林业、重新造林和森林维护项目,连同分配大片林地用于生产木材的决定,可以重新激活专门用于生产家具和预制建筑物的区域。此外,多功能农业的发展也有望有效遏制目前广泛存在但不可持续的城市增长模式。增强和发展能够与城市交换经济和文化价值的新农村,完全算得上是恢复城市和非城市地区之间平衡的必要条件,实现同时尊重二者的差异和价值(图4-3、图4-4)。

总体规划设计

"行星花园"的总体规划设计基于拉丁语"城堡(castrum)"的理念,围绕两个主垂直轴构建,即南北轴(cardo)和东西轴(decumanus),

图4-3

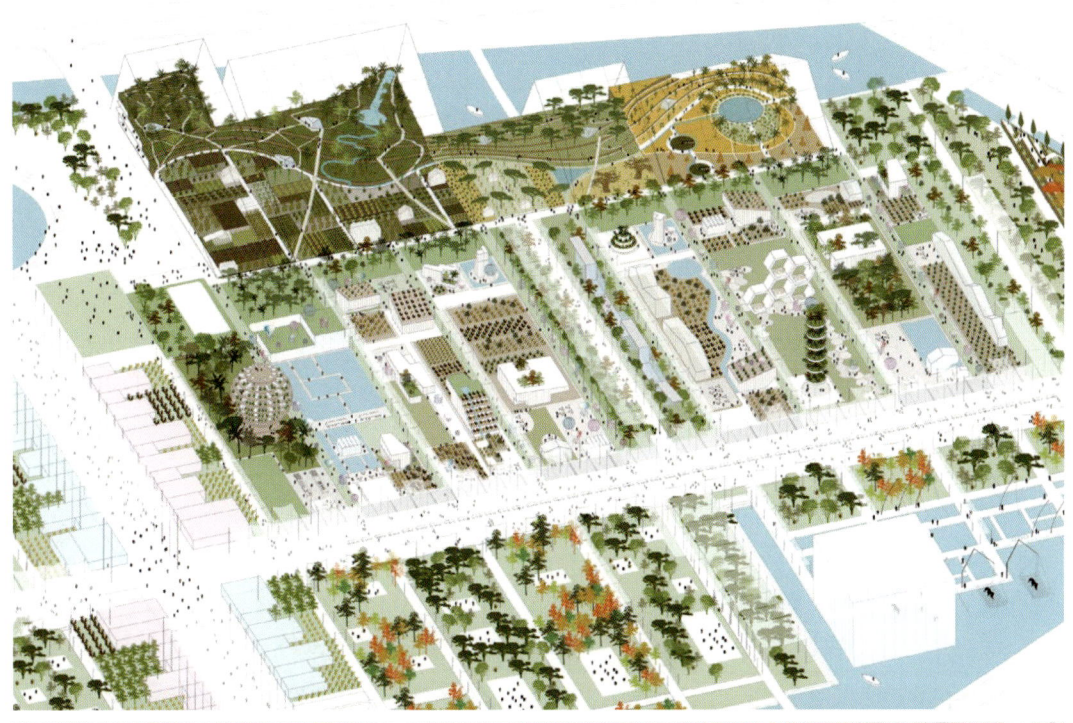

图4-4

图4-3、图4-4　2015年世界博览会——滋养地球，生命能源（局部细节）
来源：博埃里建筑设计事务所，意大利米兰，2009年。

在一个中央广场汇合。这两条轴线分别长1.5km和350m，形成了一个网格，布有亭台楼阁和花园（hortus）或封闭的花园，而周边水道系统则围绕着整个区域。重新设计渠道网络，并将注意力和资源集中在农场的复垦和再开发问题上，并将展览场地的活力延伸到更广泛的区域。"粮食与营养"大道在此对各种产品感兴趣的游客可以亲身体验食物链种植和生产的成果。在该地区原有的农庄中，最重要的是特里乌尔扎农场——一座古老的乡村建筑，这是伦巴第农业系统的典型代表，已经过翻修和重新开发，并作为此次展览的总部。后续这里已成为一个专门面向儿童的以农业和营养为主题的博物馆。

在2015年世博会的推动下，米兰将打造第一个"农业营养行星花园"：一个前所未有的实验性景观的原型，将作为城市的资源保持其完整性（即使之后几年内），也是可以在不同的当地环境中应用的模型。对城郊乡村新表达的愿景正是2015年世博会留给米兰、意大利和地球的宝贵财富——一种革命性及堪称典范的领土设施，并有望引领和启迪全球众多城市的未来。

4.4 森林与人类的关系：意义与身份

西蒙·马尔凯蒂

心理学家卡尔·荣格通过多年的研究，借助绘画和梦境探索了许多患者的无意识状态，他们来自不同文化和背景。病人梦见树的频繁程度引起了他浓厚的兴趣，因此他通过图像、梦想和幻想列出了与之相关的各种含义。简而言之，对树木最常见的联想是成长、生命、生命之源、保护、坚固、永恒、老年、个性、死亡和重生。荣格得出结论：树是一种原型，一种人类集体无意识范畴下的元素，尽管具有相同含义的各种表现形式，但却可以在所有文化中都能找到（Jung C.J., 1967）。

在写这本书时，我们问自己，这种对树木和森林的尊重从何而来，是否源于一种文化过程？事实是，我们只能为自然的各种形式写一首赞歌。其原因一方面是对森林生态系统和树木对整个地球的重要性进行深刻反思，因此是理性逻辑过程下的产物，另一方面是树木被认为是保护自然及自然被人类破坏的实体标志，并与源自意义复杂的人类的情绪状态相关联。那么，在这两种情况下，它都与我们所处的文化状态有关。然而，这种复杂的含义分层从何而来，使得我们今天能够以此方式看待自然和树木？

如果说今天我们已经设法对自然、景观和与气候危机有关的问题有了一定程度的敏感，那么不应该归功于大自然为人类所共享的事实，或每个人意识到它就树木对城市的有益贡献的意义、重要性和价值，这可能更多地考虑到更简单的历史性解释：人类已从工业社会过渡到后工业社会。树木及其相关生态系统在城市场景中的中心地位，无论在政治、文化还是经济层面，都得益于人类社会内部发生的转变，其中包括基本特征的转变，即从社会文化变革到城市变化，到出行方式的不断发展，以及新的居所形式、居住方法和为减轻气候危机影响日益完善的战略形式的出现，如在城市内建设真正的蓝绿基础设施。后者代表了一种期望打破现代所谓"人造"和"自然"之间对立状态的尝试。

事实上，如果就现代性而言，人造（前者）比自然（后者）更盛行，那么树木及其生态系统在我们当前情况下的作用正在被重新评估，从而创造城市景观的新视野。

这种对自然、森林、树木及其相关生态系统的敏感性变化由一项以文化为主的过程所致，该过程随着时间的推移而变化。迄今为止，塑造我们对世界之看法的影响因素是多方面的。在某种程度上，当代思想是后人文主义理论和其他再生理论的发展与人类中心主义混合的结果，而人类中心主义正在"生态"背景下树立自己的中心地位。也就是说，它对来自科学界有关气候危机的数据特别敏感，这些数据赋予了人类自身对环境的道德选择的意义和责任。

回顾过去，景观和自然的概念在随后几个世纪中发生了明显变化，也在当代思想中留下了痕迹。根据莱纳·玛利亚·里尔克的说法，其观点的目的是获得一种非拟人化的自然观，并与自然保持一种平静的静态关系，承认自然的伟大及神秘。这种将自然视为外部事物、仿佛人类不属于特定自然景观的一部分的概念，可以追溯到远古时代，并且目前仍然存在。自然界的某些成员偶尔会呈现出不可控性，因此被视为威胁。今天也可以找到这种对自然缺乏考虑或漠视的例子，其中"要根除的丑陋病毒"这一表述可能是对2020年和2021年最常使用的类比。该表述体现了一种多形式的大规模否认，主要包括我们无法将自己视为地球上有机体泛大陆中的一员。因此，我们回到了互相争斗和共存的永恒困境，这导致了许多非常有趣的社会学和人类学现象，而这些现象在人类历史上广为人知（Silvestri G., 2019）。

乔治·西美尔在论文《景观哲学》（*The philosophy of landscape*）（Simmel G., 1913）中指出，人类自发地感觉到与自然相融的地方不能被称为"景观"，因此在此也感受不到自然作为外来事物而存在。1972年，福柯在埃因霍温与乔姆斯基的著名谈话中"谴责"了这一错误（Chomsky N., Foucault M., 1974）。简言之，他的立场是，认为自然及人性属于外部领域这一想法是错误的。自然基本上不是在外部意义上或背景下得到认可的，而是在我们自己深刻的内在本质中（Boeri S., 2018）。

事实上，"景观"的内涵远远超出这一定义，不能脱离我们感知、构想或想象它的方式来单独看待。"因此，这引发了将景观作为一个容器的想法，汇集了'无限元素'以及当今困扰我们的许多问题：气候变化、环境恶化和污染、归属感和社会疏离感、边界的开放和关闭、后殖民主义、移民和战争的场景。它是很多地方的遗产和记忆。人类与所处环境之间的关系从来都不是'中立的'或单向的（无论方向如何）。每次我们作为个人、社区还是国家进入景观时，我们与景观彼此会相互作用。它是一个持续受力下的概念，是历史、政治和文化表征的基础。它会影响边界并混淆领土"（Lingiardi V., 2017）。

因此，自然就是文化，"即使是我们认为已经是最独立于文化的景观，仔细观察的话也是文化的产物……一种以森林、水或石头为表现形式的想象构建"（Schama S., 1995）。

《欧洲风景公约》（*The European Landscape Convention*）认可了类似的景观定义，其中人类感知及人与自然之间的相互作用占据基础性地位："景观"是指人们所感知的区域，其特征是自然和人为因素的作用和相互作用的结果（《欧洲风景公约》，2000）。

意义和身份

树木和森林是我们文化历史的一部分。我们的思想以一系列形象、情感状态、文化影响和隐喻为特征，它们源于与森林的密切联系以及我们生活中树木的存在。一棵树或一片森林的形象在我们的脑海中根深蒂固：树不只是一种工具，还是我们用来保护自己的第一件武器，树干和树枝是人们最早躲避风雨的地方，是第一个家，也是一个与神奇景象相关的实体。

这方面的一个例子是古代玛雅文明将树视为"世界轴"或"世界的轴心"，并赋予了自然世界极大的象征意义。这棵树代表了一座真正的桥梁，它将天体与地下世界连接起来，同时用自己的叶子扩大了自己在地平线上的覆盖面积。这棵树通常被称为"木棉"或主宰热带雨林天际线的最大树种，它代表了万物初始和整个森林丰富的生态系统，因为它提供了庇护所，是多个生物群落的家园（Stone A., Zender M., 2011）。其中一些概念，包括将一棵树视为世界轴的想法，在墨西哥坎昆智能森林城市的宣言和总体规划理念的发展过程中被重新提及并完善。

查尔斯·达尔文是第一个拥护植物王国的人，他从完全不同的角度观察植物王国。例如，他首先阐明了植物的进化不仅与自然选择有关，而且与昆虫的平行进化相互依存。自然选择使某些昆虫获取食物的器具与花朵的结构完全一致。正如达尔文所观察到的，这种令人难以置信的密切相关性代表了一层深刻的生物学含义：颜色和气味，以及花、植物和树木的立体造型，是随着时间的推移细致而精心地选择和调整的结果，所有策略和"装置"都经过调整，最终目的是广泛散布和授粉。

奥利弗·萨克斯的书《意识之河》（*The River of Consciousness*）（Sacks O., 2017）对植物的作用进行了很有意思的分析，并细致地审视了达尔文的植物学研究。萨克斯在书中特别指出，达尔文早在发现生长素（"执行动物身上神经系统承担的许多功能"的植物激素）之前，就假设存在一种"从'幼苗对其运动组织敏感性的顶端'向下传递的化学信使"。在植物世界仍然被忽略的时候，人们对其研究很少，至少不及动物世界——这可能是达尔文早期为证明某些植物的智慧而作出的尝试。即使在今天，距达尔文去世已过去一个多世纪，人们仍然很难接受以下事实：植物很聪明，可以交流，已经形成了聪明的生存方式，而且也很成功。因此，从文化的角度来看，我们离达尔文所处的文化环境并不遥远，人们对植物世界仍然有敌意。例如，也许是因为懒惰，也许是出于自私，也许是因为缺乏知识，我们还无法理解，我们生活的世界在多大程度上是相互关联的，地球上的每一种无机或有机生命体在多大程度上是相互依存的，也因此是互惠互利的。

在罗伯特·波格·哈里森的书《森林：文明之影》（*Forests: The Shadow of Civilization*）中根据世界的新生态概念思考了生活的意义。从本质上讲，他认为人类依赖于自然世界的完整性，人类属于一个更大的生物鉴别系统，我们实际上与行星环境和森林相互依赖（Pogue Harrison R., 1992）。

作者认为存在两种相互冲突的学说。第一种是超人文主义的一种形式，认为自己是优越的、自主的，也是自给自足的，并将城市视为其制高点。第二种是生态学说，它一方面倾向于质疑人文主义的假设，另一方面又试图加以保护和管理，因此，在某种程度上它也变成了自然的管理者。作者指出，在这两种情况下，人们对人类在地球上生活的真正意义存在困惑，这一直被认为是"自我剥夺"。简而言之，他认为如果只是在西方人的想象中来看的话，人类不是生活在自然中，而是与自然有关系，实际上森林的历史就是我们从自然世界中自我剥夺的历史（Pogue Harrison R., 1992）。

这番表述的目的可能是通过重塑我们的生活方式和我们赋予植物世界的意义，使我们的存在与自我剥夺的观念不那么一致（图4-5、图4-6、图4-7）。

然而，今天我们可以通过科学知识来评估以前无法考虑的一个方面，即树木在陆地生态系统内的贡献——确保动态平衡决定了我们和地球上诸多其他物种的生存。我们从而可以从有利于公众健康和实际经济利益的角度看待树木和森林，推动各国政府、利益相关者和个人采取具体行动，以对城市结构和环境产生积极影响。这必须与文化转型同步进行，因为它在很大程度上构成了全球范式转型中的基石。树木和森林是我们拥有的最强大的武器之一。

以下项目与树木的象征系统有着密切联系，可以作为我们生活结构的一个构件。"坎昆智慧森林"项目城市在"世界轴"的概念下，树木成为新城市发展的中心，蓝绿基础设施在确定城市特征方面发挥着主要作用——由住房到出行、到记忆之林，树木帮助一个饱受创伤的社区再次开展"聚集仪式"（Van Gennep A., 1910），从而实现良性的分离过程。科学研究表明，大自然有助于缓解悲伤和痛苦，而树木是一种普遍的原型，可以在所有文化中找到，只是方式略有不同；因此，树木成为多样性的相遇点。树木以这种方式对丧亲之痛产生正面反应，不仅在生物学意义上，也在象征层面上。

欧里庇得斯的戏剧作品《特洛伊妇女》（*Le Troiane*）中，用瓦亚风暴中倒下的树木来代表特洛伊城的毁灭，这一次赋予了树木第二次生命。从特里韦内托地区采集来的树干是为了提高人们对再次发生自然灾害之风险的意识，这些倒下的树木有可能受到欧洲云杉树皮甲虫攻击，这种甲虫会破坏树木，使其无法重新利用，或重新在该地区造林。

图4-5

图4-6

图4-7

图4-5、图4-6、图4-7　分类

来源：斯蒂法诺·格拉齐亚尼，该系列已发表在Lampoon杂志上，2020年11月。

"我花了三年时间拍摄我想要的东西。'分类'整个作品集包含120多张图片。该项目围绕着瑞典博物学家卡尔·林奈展开，我把他想象成一个对可见事物有深入研究的学者。我研究了他的作品和他通过种植经济战略植物创立的瑞典自治乌托邦企业；由于斯堪的纳维亚的气候，该项目失败了。尽管如此，这依旧对地球上的植物群具备深刻的研究意义。我看到他努力让非本地植物适应当地条件的温室，但在我看来这就是乌托邦。经过几次展览，我认为长期以来的'分类'项目已经完成，我正在考虑通过与其直接呼应的新作品来恢复它的某些方面。"

4.5　坎昆智慧森林城市

博埃里建筑设计事务所

2018年，博埃里建筑设计事务所受托为墨西哥坎昆边境的557公顷土地设计方案。该都市区将用362公顷种植350种植物，共计12万株，设计概念灵感源自开放和国际化的城市，强调技术创新和环境质量的价值。这一新型森林城市的设计范畴还包括一个高科技创新园区，其中的大学部门、组织、实验室和公司将在全球范围内致力于解决环境可持续性和地球未来的问题。园区内还设有研发中心，来接待墨西哥各院校及全球顶级学府的学生和研究人员。

根据设计方案，凭借四周环绕的光伏板及通过地下系统与大海相接的水道，这一智慧森林城市将实现能源自给自足，并以可持续的方式灌溉整个城市。这一选择鼓励围绕用水（项目的关键要素之一）主题发展循环经济，水由城市入口处一个大型码头和海水淡化塔汇集，随后通过航运运河系统分配至整个居民区并用于周围农田的灌溉。由于高度发达的交通系统要求居民和游客将所有内燃机汽车留在城市外围，城市内交通工具都是全电动和半自动的，使得新的森林城市在交通方面也处于最前沿（图4-8、图4-9）。

该项目是根据"非确定性城市"规划的原则设计的。一旦方案确定了与能源基础设施相关的城市框架的大规模不变量，以及交通、绿地、最重要的研发中心的存在和每个居民要求在适当步行或骑行距离内享有所有服务的权利，那么该城市将赋予各种建筑和建筑类型分布以极大的灵活性（图4-10、图4-11）。

因此，坎昆的"智慧森林城市"可谓是一座现代城市中的植物园，是以当地传统遗产及其与自然世界和人界的关系为基础的。在这一城市生态系统下，自然和城市相互交织并作为同一有机体发挥作用，为在公用土地上种植的植被（无人照料）留出空间，这被认为是设计的基本要素。然而，人类需要从生产方式到消费方式找到解决方案，包括改变对活动开展方式的看法。实现商品和服务非物质化和无毒化的路径可以概括为四个R的要素：减

图4-8

图4-9

图4-8、图4-9 "智慧森林城市"项目
来源：博埃里建筑设计事务所，墨西哥坎昆，2019年。
视觉呈现：The Big Picture。

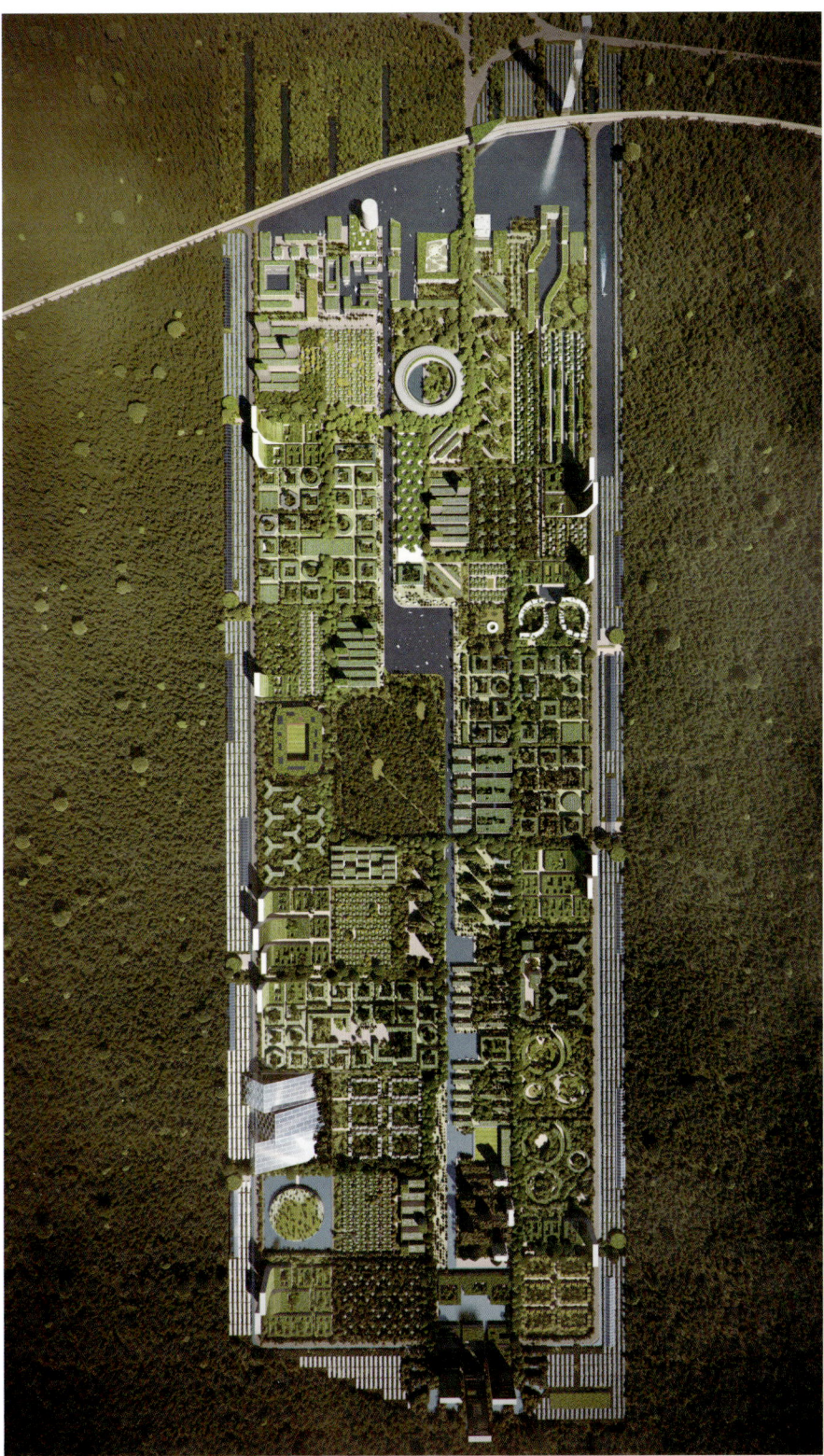

图4-10 "智慧森林城市"项目
来源：博埃里建筑设计事务所，墨西哥坎昆，2019年。
视觉呈现：The Big Picture。

图4-11 "智慧森林城市"项目
来源：博埃里建筑设计事务所，墨西哥坎昆，2019年。
视觉呈现：The Big Picture。

少（reduction）、修复（repair）、再利用（reuse）和回收（recycling）。通过开发根本上更生态高效的解决方案、生活方式和行为形式，"智慧森林城市"可以满足这些发展需求，允许并鼓励教育和经济赋权——尤其是为妇女赋权——以减少对能源的总体需求和废物产生。

  坎昆"智慧森林城市"采用爱德华·格里桑所倡导的理念，与世界性的概念相关，使其成为一个基石，以鼓励各国之间的研究和交流。世界性意味着某事物不属于专属的家园或国家，而是属于地方——包括语言交流、信仰自由、非特定本土土地、选定并在土地和愿景之间交织的语言和地理位置——也包含森林城市，混杂文化作为一种形式，为社会和经济发展提供动力，让可达性和交融性在同一个空间中共存。公共和私人花园的水处理厂、粮食生产、冬季花园、创新路径、通航运河、交通枢纽、海水淡化和毛细管系统相互关联，成为创新和传统的元素。

4.6 锡拉库扎—特洛伊妇女—死去的树木

斯坦法诺·博埃里

几个月前,当我为锡拉库扎的希腊剧院准备上演欧里庇得斯的《特洛伊妇女》设计布景时,我拿起了马特韦耶维奇的书。主管安东尼奥·卡尔比请我在这座古老的剧院中创建舞台布景。剧院于公元前5世纪用石灰石建造,尽管它有2000多年的历史,但至今仍然几乎完整无损。

阅读了萨特在阿尔及利亚战争(始于1954年并以阿尔及利亚宣布独立而结束)余波未平时所写的著名改编作品后,我对欧里庇得斯和他的悲剧产生了更浓厚的兴趣。在这场尸横遍野的冲突中,法国为其长期充满侵略性的殖民政策付出了代价。显然,当时像萨特这样的政治哲学家不得不面对一场真正的内战,100万人失去了生命,这对法国民族主义政治来说是一次耻辱。

然而,在尊重原文本的同时,萨特决定以含蓄而微妙的方式更新欧里庇得斯的悲剧。这与欧里庇得斯本人在24个世纪前完成的工作没有什么不同。当时,也就是公元前415年,特洛伊人还在雅典,欧里庇得斯暗中将伯罗奔尼撒半岛正在进行的战争、雅典人的侵略和人口的灭绝搬上舞台。

众所周知,在《特洛伊妇女》中,欧里庇得斯通过在特洛伊的洗劫中幸存下来的妇女们的声音,颠覆了荷马(和史诗)关于战争的观点,描绘了一个既没有胜者也没有失败者的故事。随着城市被大火烧毁,在战争中丧生男性的母亲、女儿和姐妹走向海岸,亚该亚人(Achaeans)的船只等着绑架她们,并用武力将其从特洛伊带走。男人都丧命了;作为少数幸存的男孩之一,安德洛玛克和赫克托尔的儿子阿斯提亚纳克斯被亚该亚士兵从母亲的怀里抢走,并从特洛伊冒烟的城墙上扔下去,这样他就无法对杀害他父亲的敌人进行任何报复。这番话来自那些看不到未来、失去了一切的妇女们。

同协助我设计和创作场景的阿纳斯塔西娅·库切洛娃一起,我们花了很长时间来思考希腊剧院这一非凡的空间,该剧院与欧里庇得斯的作品同时代;以及拓展法国剧作家穆里尔·马耶特·霍尔茨的研究方向,他基本上专注于欧里庇得斯笔下妇女言语的力量、声音和身体，她们是无可争议的主角。

包括雷姆·库哈斯和马西米利亚诺·富克萨斯在内的其他建筑师过去曾被邀请在锡拉库扎的希腊剧院工作。我不是场景设计师，我的目的也不是布置一组画布和屏幕，而是创造一处景观，或者更确切地说，是增强锡拉库扎剧院的某些元素，使剧院本身成为主角。通过这一舞台布置手段，可以让以穆里尔为首的女演员的声音在67层礼堂与舞台后面的圣栎树和松树之间回荡，并且能最大程度上配合演员的表演和行动，使演员将自己置于现场观看悲剧的人类观众及后面树木"观众"之间的中心位置。

因此，当我在阅读该悲剧的文本并思考场景时，我突然想到，该戏剧场景应该以几个月前被瓦亚风暴摧毁的树木为主要特色，也就是2018年10月底，在特伦蒂诺、弗留利和威尼托山脉之间41000公顷的土地上，大约有1400万棵白杉和红杉树的森林被夷为平地。这是一场突如其来且破坏力极强的风暴，风速高达200km/h，并伴有始料不及的气象干扰及持续的倾盆大雨。这片森林仅由过于靠近的冷杉树组成，加上地面上的水分过多，可能削弱了根系的紧密性，并产生了一种涟漪效应，树木被连根拔起，大自然似乎在几秒钟内被彻底摧毁。这一场景令人触目惊心，如果我们将森林视为数百年历史的见证者，这一感受尤为明显。

在短短几周内，通过弗留利的萨帕达市长与受瓦亚风暴影响最大的几个小村庄的市政当局合作，在安东尼奥主管和锡拉库扎市长的支持下，我们从卡尼亚山脉将400根长4～8m的冷杉树干运到了锡拉库扎。由斯坦法诺·桑塔马托和保罗·索拉维执导的短片"眨眼的鱼"讲述了这片枯木所经历的旅程，从卡车到轮船，运到锡拉库扎港，最终运到搭建舞台的剧场工作室（图4-12、图4-13、图4-14、图4-15）。

死去的树木竖立在舞台上，仿佛是一座寺庙被毁后幸存下来的一根根木柱。这些树木树立在人类观众和他们身后树林中的活树"观众"之间，彰显了一定的尊严。这是一座由被风暴和死亡摧毁的残破树干组成的神殿，特洛伊妇女的尸体被拉到这里，伴随着特洛伊女王赫库巴（Hecuba）、波利克塞娜（Polyxena）和安德洛玛克的尖叫。叙利亚、利比亚或埃塞俄比亚妇女也感受着同样的绝望，她们被迫逃离持续的内战或干旱，冒着生命危险穿越地中海在西西里海岸登陆，有时距离这座希腊剧院只有几公里远的地方，

图4-12

图4-13

Green Obsession: Trees Towards Cities, Humans Towards Forests | 167

图4-14

图4-15
图4-12、图4-13、图4-14、图4-15 "特洛伊妇女——死去的树木"之旅
来源：短片"眨眼的鱼"。

欧里庇得斯的悲剧就在这里上演（图4-16）。

　　人类行为和全球变暖的影响下环境灾难愈演愈烈，将这片自然植被连根拔起，一场超越时间的悲剧在这一背景下上演，讲述了一部以人性为主题的戏剧，而人性则遭到了战争的破坏。

图4-16
2019年,穆里尔·马耶特·霍尔茨演的欧里庇得斯的《特洛伊妇女》舞台,位于锡拉库扎的希腊剧院。
来源:弗兰卡·森塔罗。

4.7　记忆之林："红环"公园总体规划项目

弗莱姆·科莱特·因弗尼兹

"记忆之林"是由博埃里建筑设计事务所、佩特拉·布莱瑟的Inside Outside工作室、艺术家卢卡·维托内构想的一个项目，劳拉·加蒂工作室和Metrogramma事务所也参与其中，目的是纪念2018年8月在意大利热那亚发生的莫兰迪大桥倒塌事故中的43名遇难者。

该社区重生项目的首个"宣言"，目的是将遇难者及其家人的记忆与未来"红环"公园项目总体设想联系起来。项目将该公园设计成一个有各种生态的花园系统，并配备可持续交通的基础设施，通过具备象征意义的建筑元素颠覆山谷的当前形象：包括面向整个社区的单车—行人交通系统，1570m长、6m宽，直径250m，并在山谷两侧和不同地区之间建立起新的联系；以及一座120m高的风塔，这是山谷中的一个"线性元素"，用于生产清洁的可再生能源（图4-17、图4-18）。

"记忆之林"项目包括一个直径为50m的一圈木制平台，里面种了43种树——作为纪念43名遇难者的纪念碑。树木的种类让人想起典型的地中海灌木丛，径向布局采取木结构，木材来自2018年10月29日（意大利东北部的特里维内托）遭受瓦亚风暴（也称为阿德里安风暴）袭击的树木。

这个装置将一直对城市开放，直到波尔切韦拉公园项目实现后才会被拆除并重新利用其所有组件。在材料选择方面，这个装置展示了对生态影响的持续关注。

这些树木有利于创造一个适合冥想和阅读的私密空间，是一个有纪念意义的地方。该平台很方便进入，是全开放的，人们可以来这里纪念受害者，但也可以只是在这里歇歇脚。圆形木制矮墙高45cm，宽6.50m，可通过分布在内外两侧的台阶进入，游客可站在不同的角度观赏，并在各种树木下乘凉。表面内嵌了一块薄钢板，上面写着43名遇难者的名字，这也使得该设施成为了一个纪念场所（图4-19）。

图4-17 "记忆之林"项目
来源:博埃里建筑设计事务所,意大利热那亚,2019年。
视觉呈现:The Big Picture。

图4-18 "记忆之林"项目
来源:博埃里建筑设计事务所,意大利热那亚,2019年。
视觉呈现:The Big Picture。

图4-19 "记忆之林"项目
来源:Legnolandia公司,意大利热那亚,2020年。

到了晚上，记忆之林会变身成一处散发光芒的地标，明亮的聚光灯沿着圆形平台铺设在树林下，营造出迷人的氛围。

"记忆之林"项目也与莫兰迪桥受害者亲属委员会有合作，预计新的公园和公共空间系统也将设立纪念馆，包括"地中海生物多样性温室""绿色工厂""红环"，位于波尔切韦拉河谷两岸之间的城市修复项目，这是一个具有显著象征意义的系统。

在热那亚市政府、城市规划和城市实验室的指导下，波尔切韦拉公园和"红环" 团队领导是设计团队中的博埃里建筑设计事务所，包括安德里亚·博斯凯蒂（Andrea Boschetti）的Metrogramma、佩特拉·布莱瑟的Inside Outside和Mobility in Chain、Transsolar Energietechnik公司、劳拉·加蒂工作室、安东尼奥·阿科托和H&A Associati的专家顾问、Temporiuso和艺术家卢卡·维托内组成的临时小组打造，他们正在通过参与式进程开发，涉及广大公民、众多公众、私人主体和利益相关者（包括受害者家属委员会，以及波罗街和菲拉克街和切尔托萨的公民、学校和市政厅、区域、意大利铁路网、意大利工业联合会、安萨尔多能源公司、意大利水务公司IRETI等）。

4.8 亚诺玛米族的智慧

戴维·科佩纳瓦·雅诺玛米的采访记录

采访内容由亚历山德罗·卢切拉翻译自葡萄牙语。

西蒙·马尔凯蒂的采访对象戴维·科佩纳瓦·雅诺玛米是亚诺玛米萨满巫师，也是巴西亚诺玛米人的葡萄牙语发言人。

当部落权利组织"国际生存组织"邀请他在1989年作为代表领取"正确生活方式奖"时，他因对部落问题和保护亚马孙热带雨林的倡议而闻名。

2019年，亚诺玛米和胡图卡拉亚诺玛米协会也因其保护亚马孙森林和生物多样性及土著人民的土地和文化的决心荣获"正确生活方式奖"。

我们知道树木作为一个有机体和整个森林对于生活在亚马孙雨林中的众多土著人民来说仍然十分重要。他们受到外来入侵者的持续压迫式干扰愈发严重，森林砍伐、农业用地征用和矿产资源开发也愈演愈烈。现如今，表达所有生活在这里的人们的意愿，以及保护原始森林不再遭到乱砍滥伐比以往任何时候都更重要。亚诺玛米人仍然靠狩猎和刀耕火种的方式来生活，他们拥有悠久的历史文化，尊重周围的环境，生活在巴西和委内瑞拉之间大片热带森林中。尽管亚诺玛米土地的边界已被正式划定，但其完整性不断受到威胁，包括农工联合企业非法征用、贵金属开采，主要来自该地区多种经济利益的驱使。由于以前从未接触过某些对入侵者来说常见的疾病，并且由于外来入侵者屡屡来犯，从1940年至1960年，当地人口大量减少。

西蒙·马尔凯蒂　能否解释一下亚诺玛米语中的"Urihi"一词的含义及其象征？

戴维·科佩纳瓦·雅诺玛米　亚诺玛米语中的"Urihi"，也就是森林，具有广泛的含义，通常与"Mashita"或"Urihi – Mashita"一词相关联，意思是陆地上的森林，我们脚下的世界，也是我们居住的土地。这个词和"Utukara"一词一样具有广泛的语义范围，后者意思是天空，表示整个世界，动物、雨、风、光、月亮、星星、太阳、黑暗，以及宇宙中的一切。森林代表着世界，代表着宇宙，并蕴含着巨大价值。森林是生机勃勃的，是所有美的来源。

西蒙·马尔凯蒂 气候危机对亚诺玛米人的生活有何影响？

戴维·科佩纳瓦·雅诺玛米 作为一名亚诺玛米人，在我看来，你所说的气候危机就是我们所说的"Shawara"，翻译过来就是流行病。这次的流行病是一系列疾病，是外来入侵造成的诸多后果之一，包括与印第安人的森林和土地有关的一系列问题。流行病也让生活在城市里的人不好受，因为它给整个世界带来了痛苦：它随风而起，夹杂着流行病，让它"在天空的胸膛里砰砰作响"，然后落入城市和森林。例如，流行病也包括流感、肺结核、癌症和艾滋病毒。外来入侵者口中的气候危机就是如此，无处不在。从城市开始，对森林和所有住在海边的人造成猛烈冲击。

西蒙·马尔凯蒂 与亚马孙雨林的其他土著居民一样，亚诺玛米人仔细地观察着大自然的一举一动。他们与大自然和谐相处，拥有与森林、植物和树木相关的深厚文化底蕴。我们可以从土著人民身上学到很多东西，从保护到森林生态学，以及对单种植物特性的丰富知识。这也为未来社会的想象开辟了道路，届时将秉承再生和再利用的理念，而非开发和攫取，并赋予植物、树木和森林的世界以正确的价值（图4-20、图4-21）。

您认为有可能从与我们所处环境的关系开始改变这种模式吗？

戴维·科佩纳瓦·雅诺马米 当然是的，从我们今天所做的一切开始：让土著人民和非土著人民结交朋友，组建大家庭，共度和谐时光。土著人民与非土著人民携手努力与我们居住的土地、伟大的陆地森林一起保持地球母亲的健康，这需要每个人的支持。我们努力要拯救的是地球的灵魂，也就是森林本身。问题来自住在首都的人、掌管钱财的人、大公司的老板，他们利用工厂来开采资源、生产和消费。这些"商人"阻挠我们携手保护森林，这是最大的问题。我们做的事都是天经地义的：正确的任务、工作，最重要的是这是为了每个人，不光是亚诺玛米人，也为外来者造福。森林是世界之肺，城市的人不懂森林，他们从未体验过走在森林里意味着什么，他们

图4-20　亚马孙森林
图片版权：维克多·莫里亚马。

图4-21 亚马孙森林
图片版权:维克多·莫里亚马。

从未去过山里，不了解真实的森林，而森林是我们的灵魂。他们只懂得城市的事，而城市是由灯火、石油、汽油和从地下开采出的矿物组成，这才是他们真正应该待的地方。他们碰了绝对不应该碰的东西。亚诺玛米族只是一小群人，但我们站在正确的一边，因为我们与地球为伍。当我离开森林时，我很想家，因为我属于森林，但森林不属于我。我的族人也是这样，每个人都一样。

森林是健康的，给了我们幸福生活，因为它拥有我们生活所需的一切：干净的水和食物。我们可以接受森林的馈赠，但同时也知道如何尊重它。当我离开森林时，我总是想念它：这是我出生的地方，我在这里长大，学会走路，也学会了思考。森林一直在亚诺玛米的一边。以我自己个人的努力，我所做的是继续竭尽所能地保护森林，守护亚诺玛米人的世代教导（图4-22）。

图4-22　亚马孙森林
图片版权：维克多·莫里亚马。

4.9 展开的森林

乔治·瓦基亚诺

乔治·瓦基亚诺

　　米兰大学森林管理与规划研究员兼讲师的乔治·瓦基亚诺,研究对象为有利于可持续森林管理、减缓和适应欧洲温带森林气候变化和自然干扰的模型。

　　他已发表大量科学出版物,目前为意大利造林、森林生态学会和美国生态学会成员,也是意大利近自然林业协会的董事。他还从事科学传播和科学普及的工作,2018年被《自然》杂志提名为全球11位最佳新兴科学家之一。

　　这是我第一次漫步在原始森林中。

　　当我走在树林里时,我将目光集中在一直在寻找的两件事上。首先是再生——刚从地里探出头的树苗,或蓬勃向上的细长树苗,都在努力寻求光明。在这里,很难找到"未来的森林"。离开德里尼克后,我们已经走了几个小时,穿过波斯尼亚和塞尔维亚之间未知的边界,绕过标有红色骷髅的雷区边缘。进入树林让我的思绪平静下来,不再焦虑,准备好聆听这片森林即将讲述的故事。但当我爬过巨大树木垮塌的树干并尽力保持平衡以寻找地面上的新树时,我注意到它实际上就在我下方2m处。这是这片原始森林讲述的第一课:当一棵树死亡时,它会留在倒下的地方,直至完全腐烂。由于云杉和杉木在凉爽的山区环境中可能需要几十年的时间才能分解,因此大量原木覆盖了森林地面,我们的实地调查团队不得不从一棵棵远高于地面的死木之间跳跃前行。不过,我并未花太多时间寻找:在我的左边,一排20~50cm高的云杉树苗整齐排布,平和地生长在一根大圆木上。我继续寻找和攀爬,看到了更多幼树的踪迹。于是我学到了当天的第二课:原始森林的土壤里长满了蕨类植物和灌木,树的种子须历尽艰辛才能发芽并找到第一缕曙光。在腐烂的原木上生长则要好得多,在这里没有竞争对手,并可从腐烂的木材中源源不断地吸收水分和养分。这一策略非常奏效，仔细观察可以发现，大多数成年树木的基部都围绕着古老的茎和树桩的残骸，它们早已腐烂，但在新生树木根系的拱形结构中仍留有痕迹。

在了解了森林如何在这种环境中再生之后，我抬起头查看树冠。这就是护林员和森林研究人员通常的工作方式：低头查看再生情况，抬头查看树冠。这里枝叶茂密，树叶艰难地获取阳光并吸收碳。抬头向上看很难，我不得不比以前更费力地向后弯脖子。在洛姆（Lom）原始森林①中，树木可高达60m——是我们意大利"正常"森林中最高树木的两倍，并且比整个欧洲所有其他原生树木都要高。我强忍着脖子的疼痛，开始分析树冠是如何相互"交谈"的。我是说不用文字或声音，而是通过形状和动作来交流。护林员们像看电影一样学着"阅读"森林：树木的厚度、高度、空间格局和垂直排列，透露出森林是如何随着时间推移而生长的。从地面到最高的冷杉顶部，每一个空间都长满了树木，这表明再生是一个持续不断的过程。树木以大小和种类各异的群体排列——包括沐浴在阳光下短柱大小的山毛榉，大批成熟的树冠交织在一起的云杉，以及高耸于一切之上的冷杉。这些树表明了自己喜欢的生长时间和地点：山毛榉需要更多的光照，并且很容易"溜入"由孤立的或小群优势树木自然死亡的树冠"间隙"。云杉可以在阴凉处进行光合作用，在其他树木的遮盖下也能很好地生长，并将自己的树冠与其他树木系在一起，以增加自身强度并补偿其浅根的不足，后者会在强风吹来时造成危险。树木的行为和相互关联的方式表明了其历史和未来：在我们漫步其间的几个小时内，森林在我们眼前展开了一幅百年历史的画卷。森林在生长、变化和移动——对于能看到的人来说，缓慢而稳定。

我在探索全球森林时访问过许多地方，这些地方都展示出了变化和运动的迹象，有时变化发生得相当突然。

加利福尼亚红杉是地球上寿命最长、最高的树木之一，经常因森林大火留下的痕迹显得伤痕累累，但这不会伤害到厚厚的树皮下的组织，大火会清除它在地面的竞争对手，使幼苗得以发芽和生长。为改善高山牧场，古人于200年前在广阔空地上种下的落叶松树林，现在被"下层植被"云杉和石松侵占，待山谷中的人类离去后，它们自由生长，并很快占据了森林的主导地位。现在崎岖小径与谷底相连的村庄里，只剩白蜡树和枫树。这是有史以来袭击南阿尔卑斯山的最强风暴的中心区域，其森林现在已经被

---

① 译者注：洛姆原始森林是波斯尼亚和黑塞哥维那及塞族共和国的三大原始森林之一，也是欧洲最后的原始森林之一。这个自然保护区位于德里尼奇市，于1956年成立。它位于克莱科瓦查山脉北坡的洛姆山脊上。

夷为平地,安东尼奥·斯特拉迪瓦里曾在此挑选最好的云杉木作为制作他的小提琴的材料。

森林是一张关系网:根与根相连;树冠彼此混在一起;倒下的原木孕育着新的树栖生命;种子通过空气、水或动物"搭便车";风与火在数百年间重置着森林的生长进度并开辟了新的再生空间。这些"关系"延伸的距离和时间可能深不可测,但每当其中任何部分发生变化时,整个系统都不可避免地"牵一发而动全身"。

在整个地球的层面上,森林与气候及其多变性的联动尤为密切。2017年2月,科学家们在距南极仅900km的阿蒙森海海底发现了温带雨林的化石遗迹。在9000万年前的白垩纪时期,当时南极洲平均气温为温和的12℃,大陆上没有明显的冰盖,因为大气中的二氧化碳浓度比现在高得多。2500万年之后,名为希克苏鲁伯的流星撞击了尤卡坦半岛,为恐龙时代画上了句号,但也促成了一种新型生态系统的诞生——热带雨林,其物种迅速接管并填补了稀疏的、阳光斑驳的开阔针叶林,后者在陨石撞击后也宣告灭绝。

追溯到6000年前,当时多雨的热带气候带覆盖到赤道以北,整个撒哈拉盆地都被茂密的草原、湖泊和森林所覆盖,大象和长颈鹿在此游荡,至今仍可见于灼热的沙漠中央的洞穴壁画。在这里变化如此之快,以至于科学家们想知道人类是否过度参与,如驯养动物在北非过度放牧,加速了生态系统对自然气候变化的反应。但即使是荒漠化也有利于森林。如今,由于撒哈拉沙尘的跨洋传播,亚马孙盆地获得了持续的营养输入,这些沙尘被从干涸的富磷湖床吹走,随信风吹过大西洋。远距离连接或"遥相关②"也一同创造了温带气候,伴有自然气候波动,如厄尔尼诺现象或北大西洋涛动,在美国、澳大利亚和欧洲的森林中促使风暴和野火周期性达到高峰。在可预测的干扰机制下发生的随机基因突变导致了植物的适应形式令人惊讶。例如,只有在森林大火的热浪下才会释放种子的果实,或能够精确地将其繁殖与大规模干扰同步的物种,清除了地面的竞争对手,并使种子处于发芽和生存的最佳条件下。现代人类在砍伐森林时不知不觉地模仿了这种效果,其目的不仅是为了使用木材,而且也为了用新一代的树栖植物快速替换被砍伐的树木,这些树栖植物来自埋在土壤中的种子,或来自邻近的立木。

事实上,人类自身就是人与森林及森林之间联系的一个组成部分。一方面,无论是发展中国家还是发达国家,繁荣的森林生态系统对于人类的

② 译者注:遥相关指的是通常发生在数千公里范围内的远距离气候系统联系,它通过描述大气和海洋中地理分隔区域的气候异常之间的持续关系,在地球复杂的气候系统中起着至关重要的作用。

生存来说都是必要的。全球森林及其土壤为地球上的10亿人净化了水；它们为8亿多人提供食物和野味；它们保护人类聚居地免受滑坡、落石、雪崩甚至海啸等气象和水文地质灾害的影响；它们承载着授粉媒介生命周期的一部分，使许多栽培作物得以繁衍，它们吸收大气中的二氧化碳、颗粒物和过量的氮，有助于遏制这些对人类福祉日益严重的威胁。另一方面，人类的每一个行为都会影响森林，无论是否有意为之。问题是：人类活动如何影响森林给予我们的好处？树木能够以多快的速度继续适应并凭借韧性作出反应？我们是否正在切断我们赖以生存的纽带？

自农业革命以来，全球1/3的森林覆盖面积已经消失。世界各地砍伐森林的速度之快敲响了警钟，从今天波河平原的新石器时代橡树林，到苏格兰和冰岛的荒地——过度放牧和随后风蚀造成的毁林残余——再到当代森林砍伐的重灾区，亚马孙、刚果和印度尼西亚的热带雨林。甚至包括那些没有毁林开荒用于农田或牧区的地方，抑或森林重新生长及复垦长期荒废的农村土地（如在欧洲），所有森林生态系统都面临着气候危机和生物多样性危机的双重威胁。

在整个地球上，树木都在充当人类引起的气候变化和生物多样性丧失的"哨兵"——正如日本樱花树盛开所见证的，与过去800年的同期相比，日本的樱花树在2021年的开花时间提前了一个多月。由于全球每天大量使用化石燃料，温室气体浓度的增长速度比几百万年以来的任何时候都快。在过去10000年（整个全新世时期）保持在这种变化的1/3以内之后，全球温度在150年中增加了近1.5℃。大气变暖加剧了热浪、干旱和森林火灾的频率和强度，使从北极到热带的森林全线面临压力。缺水不利于树木，阻碍光合作用并使机会性昆虫和寄生虫大规模泛滥有了可乘之机。海洋吸收了大部分温室效应多余的热量，加快了蒸发，并使暴风雨中的水蒸气超载，然后在暴风雨和飓风的力量增强时又回到地球上。种子必须忍受与其祖先截然不同的气候条件，并且可能无法在广域物种分布区发芽，这在生态史上是第一次发生的。森林不得不向北和向上"迁移"，在中低海拔地区，阔叶树取代了针叶树，后续若发生火灾和干旱，可能会使树木彻底无法再生，全球1/10从前的森林变成灌木丛。在脆弱地区，人类的直接影响和气候的间接影响相互叠加，导致大片森林消亡——如果生态系统当前平衡被打破并进入"临界点"，这种衰退可能不仅仅是暂时的。2021年初，几项独立研究表明，亚马孙流域已经失去了吸收大气碳的能力，因为砍伐森林和热浪导致的树木死亡使得从森林流向大气的碳超出了树木光合作用的吸收能力（图4-23）。

变化是森林的规律，但如果变化太快，就会危及森林与人类的利益关系。

然而土地利用变化加快、物种灭绝加速或前所未有的森林火灾并不是我们今天听到的唯一消息。全球正在对森林对人类福祉的作用产生全新的认识。随着年轻一代对政府和企业对气候不作为感到懊恼，加上最近关于森林生态系统功能和韧性的科研结果，全球现在都在关注我们迄今为止未注意到的事情，即健康的森林给人类的生计、可持续经济和福祉带来的好处。

全球战略和地方森林管理现在也需要关注三个关键词：保护、恢复、管理。保护森林免遭砍伐和退化，包括热带生物多样性热点地区及温带和北

图4-23　自然秩序
来源：爱德华·伯汀斯基，加拿大安大略省格雷县，2020年春。

方的老龄林和原始森林，如波斯尼亚、巴尔干半岛和整个东欧的残存原始森林。从经济角度来看，砍伐森林是一种效率极低的土地管理方式，往往是经济和社会不平等、民主和透明度匮乏以及私人利益凌驾于公共利益之上的结果，但不全都与发展中国家有关。停止砍伐森林也意味着已经完成"森林转型"的国家，即森林覆盖率与GDP同增的国家，必须认识到隐藏在其进口产品中的"森林砍伐足迹"，并努力阻止对生态系统实际上非本地造成的负面影响。

恢复退化的森林和生态系统，这不仅仅意味着植树。诚然，全球有10亿公顷土地被归类为可种植新树，最终可能拥有1万亿棵新树。但植树只是森林生态系统生命的开始：必须将树木种在合适的地方，以确保其健康和生长；必须为种植后的护理、灌溉和幼树免受干扰的资源进行整合；生态系统的设计方式应使其能够自行生长和繁殖，通常利用现有植物和种子的自然再生能力，直到能够再次维持生态系统服务，而这是恢复行动的真正目的。

以气候智能和生物多样性友好的方式管理现有林地，是全球森林的最需要的部分：将森林管理付诸行动，帮助森林适应和抵御日益严重的气候威胁和极端事件；减少商业采伐对土壤和动物群落的负面影响；规划跨越较大空间和时间尺度的可持续管理，要考虑树木生长和适应所需的时间及景观层面生态廊道的空间布置；通过优先选择可作为额外碳汇的长期产品来优化木材的使用，并推动替代效应，从而用可持续获取的木材替代碳足迹更高的材料和燃料。

森林是地球的"外衣"：是不断变化、极其多样化、互联互通的系统，与大气和水圈、土壤和火、城市和农业用地及包括人类在内的生物圈相关联。它们是大自然伟大的连接站，我们的生活通过它们方能与整个地球和后代其他人的生活交织在一起。虽然他们对变化具有抵抗力和韧性，但其带来的好处可能会变动甚至消失。为了所有人的利益，我们有义务了解如何保护、恢复和管理森林。

4.10 公众健康与绿色植物之间的关系

皮尔·曼努奇奥·曼努奇教授与农学家劳拉·加蒂之间的对话

皮尔·曼努奇奥·曼努奇是米兰大学内科医学名誉教授,在米兰的IRCCS Maggiore医院的内科门诊部担任主任,并于2010~2015年担任该门诊部科研主任。曾荣获多个国际科学奖项,并任《欧洲内科学杂志》(*European Journal of Internal Medicine*)主编。近年来,他一直致力于研究空气污染及其对人体的影响。

劳拉·加蒂是一名受过农艺培训的景观设计师,她在公共和私人绿地的设计和管理方面已有20多年工作经验。从米兰大学农业科学学院毕业后,她于1999年以最高成绩获得都灵大学的公园和花园研究生文凭。她是斯坦法诺·博埃里垂直森林的联合设计师,目前正在关注世界各地所有其他垂直森林的建设。

皮尔·曼努奇奥·曼努奇 人们早在中世纪时期就开始相信绿色植物可以预防和治疗疾病,但该关系在实践中被认可则要追溯到维多利亚时代和爱德华时代的英国。当时的文化背景也证明了这一点,例如,共同保护协会对公园的保护和可达性开展的活动,已将公园视为城市之肺,并促进了这一讨论。最早评估人们健康与绿色空间之间关系的研究是基于对精神病患者的观察,这些患者在被郁郁葱葱的花园环绕的疗养院中接受治疗。

当时人们纷纷相信绿色植物有助于治疗精神障碍,而这种理念也传到了综合医院。这是这场辩论的历史背景,尽管科学证据是相对较新的。

最近的一些证据大部分来自日本,那里的森林浴有着悠久的传统。他们证明了绿色和灰色区域之间的比例对人体健康有许多直接和间接的影响。可以发现,住在绿化区附近的居民心率和舒张压会降低,以及所谓的好胆固醇会增加,而坏胆固醇会减少。研究表明他们的早产率、糖尿病和心血管发病率较低。此外,科学也已证明其与焦虑和抑郁有关的压力水平也会降低。这不仅是因为绿化区最适合进行体育活动,还因为植被有助于降低噪声水平——这是几种由压力诱发的疾病的重要风险因素。

为什么绿色植物对我们的健康有如此积极的影响？这是因为植被吸收或至少减少了大气中污染物和热量的浓度。在某种程度上，我们可以将花草树木视为城市的"绿色肝脏"。绿化区的吸收能力不仅与其覆盖范围有关；不只关乎数量，也关乎质量。在这方面有深入的研究，如巴拉尔迪博士在国家研究委员会进行的研究表明一些树木（如榆树和白蜡树）在吸收污染物方面比其他树木表现更出色。

劳拉·加蒂　绿地系统必须保持在最佳状态才能有效吸收污染物，这不仅需要正确选择物种，还需要对所采用的种植技术和对绿地的适当维护。如果树木没有得到适当的照料，其本身就会成为污染源。

里卡多·巴达诺　城市公园与高层建筑的选择标准有何不同？

劳拉·加蒂　对树木和植物系统的其他组成部分的选择与当代景观设计标准没有区别。我们必须顾及每个物种的生态生理学特征、它们的起源和历史，然后相应地组合起来。只有这样才能发挥审美价值。我们必须按照建筑类型来作出选择。在这一过程中，作为一名米兰人，我可以从散落在城市各处的屋顶花园获取灵感。谈到高层绿色建筑，如米兰的"垂直森林"，在减轻风的影响方面存在诸多挑战——不仅是风对植被的影响加剧，还有树木传递给建筑物本身的力量。我们进行了几次风洞测试，结果令人印象深刻：今天我们可以证明，树叶并没有像我们想象的那样成为结构应力的来源，而是有助于驱散高达15%的风力。我们还制订了一项实验性监测计划，即使用遥感技术收集有关整个立面上污染物分布的数据。在我们目前正在开发的项目中，这些数据将影响对植物的选择。在某种程度上，我们还在工作中不断学习。

其他需要提及的方面，即居民每天与花园互动的各种方式以及植物对其生活的积极影响。有时建筑师和工程师专注于在能源消耗方面设计高效建筑，但低估了绿色植物对家庭舒适度的影响。

里卡多·巴达诺　既然您提到了您目前正在开展的其他项目，那么在不同地理环境中以可持续的方式复制"垂直森林"的具体方案是什么？

劳拉·加蒂　新项目的第一种策略是确定当前项目所在地的特征——小气候或特殊的地理特征。在设计的早期，我们初步计算了每个物种的生态生理需求，因此，我们与斯坦法诺·博埃里团队携手，确保在设计过程中从一开始就以花草树木为中心。我们与当地植物学家和苗圃合作建立供应链，由此来选择最适合各种条件的植物。当地从业者有时也使用其他选择标准，或者比起系统的整体效率，更看重植物的装饰性特征。在某些情况下，我们选择的本地物种被认为野生程度太高或太难栽培。在埃及，我们造访了25个苗圃，为该项目寻找最好的材料。我们还为学习如何与当地物种相处的年轻人组建了一所学校。我为这个项目感到自豪，感觉就像画了一个完整的圆。一方面，这无疑是改善生物多样性的最佳方式；另一方面，务必不要对此抱教条的心态，尤其是目前气候变化如此之快，非本地物种可能更耐受新的气候条件。关键要做到适当的平衡，请记住，我们的工作跨度长达30年至50年。在这个意义上，我们对下一代负有责任，因为我们知道今天自己正在为接下来的几十年塑造城市的未来。正如我总说的，种树的最佳时机是20年前。

里卡多·巴达诺　你说园丁认为地方性物种"野生"程度太高，这一说法很有意思。我猜"观赏植物"的定义也随着时间的推移发生了变化？

劳拉·加蒂　17世纪是一个关键的转折点，如不列颠群岛的园艺历史，这似乎令人难以置信，但事实上他们只有47种开花植物和30种该地区特有的乔木和灌木，是一个不折不扣的同质景观。

在17世纪，他们开始按部就班地使非本地植物适应当地气候。他们从世界各地获取植物：从美国—东海岸—及其殖民地。这种现象已经持续了几个世纪，而且不仅在英国，因此在某种程度上，您可以在全球各地的花园中找到相同的植物物种，以至于今天有些地方很难在苗圃里找到本土植物。

里卡多·巴达诺　最后，我们再回到关于新冠病毒的话题。曼努奇博士，我们的物质环境在肺部疾病传播方面所起的作用如何？

皮尔·曼努奇奥·曼努奇　空气污染和新冠病毒都有害于人体呼吸系统和心血管系统。尽管已经证明污染物不会传播病毒,但有证据表明,长时间处在空气质量较差的环境中的人更容易感染这种疾病。事实上,城市化进程和森林砍伐直接导致的一系列环境因素推动了从动物到人类的"溢出效应"。在中国和欧洲,冠状病毒对城市地区的影响比农村地区更严重,这并非偶然。我们虽只有间接证据,但这在生物学上是合理的。(图4-24、图4-25)

图4-24　米兰综合医院
来源:博埃里建筑设计事务所,意大利米兰,2008年。

图4-25 中国深圳康复中心
来源:博埃里建筑设计事务所(中国),2020年。

4.11 人类与野生动物共同生活在一样的城市之中：他们的关系是盟友，还是彼此敌对呢？

采访恩里科·阿列瓦和弗雷迪·德瓦斯

恩里科·阿列瓦是一名意大利动物行为学家，是国家环境保护局（ANPA）、世界自然基金会（WWF）、环保联盟（Legambiente）、那不勒斯安东多恩动物（Anton Dohrn Zoological Station of Naples）、意大利百科全书研究所"乔瓦尼·特雷卡尼"研究所（Institute of the Italian Encyclopedia "Giovanni Treccani"）、意大利航天局（Italian Space Agency）、意大利国家研究委员会"生命科学"部（CNR Department "Life Sciences"）、南极委员会这些机构的科学委员会委员。他曾在2011年至2013年期间，任那不勒斯安东多恩动物研究所的所长。

自2014年9月起，他一直担任意大利航天局（ASI）的技术科学委员会主席。

他是意大利国家林琴研究院动物学系（National Academy of the Lincei for the Zoology Section）的通信成员，自1990年以来，他一直领导着罗马高等卫生研究院行为神经科学系。

弗雷迪·德瓦斯是一名拍摄野生动物电影的制作人，他非常关心自然界，以及自然界所面临的各种挑战。弗雷迪在纳米比亚完成了研究豚尾狒狒的博士学位，随后在赤道几内亚调查了丛林肉类贸易，再然后在南部非洲与布希曼人共同生活了一段时间。

他参与制作了《猫鼬庄园》（*Meerkat Manor*）和《尼克的怪兽朋友》（*Nick Baker's Weird Creatures*），之后加入了BBC（英国广播公司），参与了《冰冻星球》（*Frozen Planet*）的制作，再之后参与了《狂野阿拉伯》（*Wild Arabia*）的制作。在《地球脉动第二季》（*Planet Earth* II）中，他决定离开野外，转而把视线投向城市，制作并导演《城市》（*Cities*）系列剧集。

绿色走廊，其间既是动物寄居的地方，又有很多庇护性的空腔，可供迁徙的鸟类在其中筑巢。城市的生态系统充满复杂性——从罗马的狐狸、东京的乌鸦,到墨西哥城的蜥蜴。残羹动物是动物行为学家使用的术语,指的是以其他物种的食物垃圾为食的动物。远在旧石器时代,就有老鼠和麻雀生活在木筏上,木筏里装载着人们从老鼠和麻雀的栖息地所在村庄里找来的燧石。随着20世纪消费的爆炸性增长,垃圾也随之暴增——这对那些已经在食品加工系统中进化了几个世纪的动物们来说,是十足的吸引力。城市里栖居着很多野生动物,但是物种很少——主要是鸟类和老鼠,这导致了城市生态系统的不平衡。"蝙蝠、狐狸、野猪会周期性地造访这座城市。它们的行为取决于所生活的生态系统发生的变化。"罗马大学的动物行为学家恩里科·阿列瓦解释道,"那些'惧新'程度较低的物种,不太害怕新奇事物的物种,会进入并探索城市空间。"

"当城市变得空空荡荡时在夜间,哺乳动物就会溜进来,悄悄地潜入。野猪就是一个典型案例。猎人们出于打猎的目的,从东欧引进了一些多产的野猪。好些年来,母野猪带着很多小野猪,进入城市中寻找垃圾吃。"随着全球化的发展,人和货物的流动,带来了很多杂草。许多昆虫随着食物的流通到来,像红象甲虫,一种原产于亚洲的甲虫,它就是一种危险的寄生虫。"外来物种对自然系统的改变,是一大危险,想要利用控制系统来阻止外来物种入侵又十分复杂。"

在新冠疫情期间,动物们重新回到昔日待过的地方。你能想象就算过了封锁期,人类和动物还能继续共同居住在一起吗?"一方面,待在家里的人们,透过窗户发现了以前鲜少见到的动物物种,如黑鹂或雀鸟。另一方面,动物们在公园或街道两旁没有找到什么食物。城市里必须要有绿色走廊,让自然优先,这些物种可以找到栖息地。甚至在动物行为学家和动物学家之间,也存在一种公开辩论,有些人的立场比较保守,希望维持现状,有些人则提倡干预措施,如放置巢箱,帮助一些鸟类或蝙蝠的物种,或建立黄蜂和蜜蜂的巢穴系统。现在还没有确定的规则,毕竟创造人为的环境存在风险,但如果没有人类干预的话,动物会无法生存。"

根据恩里科·阿列瓦所说:"植物学家有他们的偏好,喜欢更具观赏性,而昆虫学家和鸟类学家更喜欢灌木类植物,以及能促使某些鸟类筑巢的花朵。而你必须要时刻记住这个地区的自然历史,去查阅科学文献,乃至去翻阅绘画和照片,了解几个世纪以来这里有哪些典型的动物物种和植物物种。把原有的东西重新放回去，不用太过保守。像是与欧洲殖民主义有关的棕榈树，在意大利是无法繁殖的物种。"对于城市是由建筑物组成的，他说："在我们的建筑设计中必须考虑一个因素：留出一些庇护性的空腔，以方便迁徙的鸟类有地方筑巢。还需要有对蜜蜂有益的花和植物，如郁金香、锦葵、向日葵、或万寿菊。"

以动物物种的角度来设计城市。这是一场从人类中心主义走向生物中心主义的革命。未来的城市规划，不应该侧重用各种方式去否认现代人的存在，而是要落实不同的动物和植物物种之间共存的必要条件。这正是米兰理工大学开展的米兰动物城市研究背后的理念。该工作室从居住在伦巴第大区的动物的角度来审视这座城市。米兰"筑巢"项目的目的是沿着铁路线建造一个模块型组合式的结构，用来供鸟类和植物生存和栖居——一种筑巢基础设施，它也成了往往被铁路隔开的米兰市中心与开发中的社区之间一种连接组织。"炸掉森皮奥内公园"项目则把重点放在一个悖论上：人类给大自然腾出空间的任何行为，都依然属于人类行为。结果就是，提出了一个偏激的假设——炸掉森皮奥内公园，因为它是一个人造自然，它被剥夺了与人类城市本质性不同的不可预测性，所以要轰炸掉驯化过的自然，从而人为引入一个荒野自然。

意大利城市在几个世纪以来，一直都是野生动物物种的家园。

罗马的潘菲利别墅欢迎各种狐狸，狐狸是一种杂食性哺乳动物，虽然它们被归类在食肉动物中。它们的食物其实各种各样，包括无脊椎动物、蛋类、爬行动物、小型哺乳动物和两栖动物。

它们除了吃蔬菜外，还以各种浆果为食。

它们还可以以动物尸体为食。因此在这座别墅的公园里找到了理想的栖息地：它们一直占据着靠近住宅的城市绿地区域，将自己穿插至食物链和剩菜垃圾链中。大多数潘菲利别墅的狐狸都不会现身。只有两只每天都坚持不懈地出现在别墅的游客面前，寻求人类的帮助来吃饱肚子。在米兰，已发现至少有8对红隼猎鹰以啮齿动物、昆虫、爬行动物和小型鸟类为食。已知它们的巢穴位于中央车站的拱顶、圣保罗医院的屋顶，以及圣西罗的一座塔楼上。

角蜥选择墨西哥城作为它们的居住城市。它们的身体两侧排列着一排排刺，一直延伸到屁股和头顶上。它们体长不超过9cm，栖息在森林和灌木丛中。它们会利用肺部鼓胀来保护自己——吸入空气使身体膨胀，突起的刺拱起来，使捕食者无法吞食它们。它们还有另一种防御方式：从眼睑内喷出一股血液，击中捕食者的眼睛。在墨西哥城能目击到它们的地方，主要分布在城市南部边境的山腰处，在圣米格尔阿朱斯科和佩德雷加尔附近。它们在这些区域找到了一个包括土狼在内的捕食者们无法生存的地方。在热带雨林中的巴西大都市马瑙斯市，最大的群体当属猴子。绢毛猴几乎每天都出现在这座城市的街道上，跟松鼠猴一起在餐馆和酒吧里寻找食物。市民们还组织了多家兽医诊所，来救助受伤的动物。东京市每年会接到大约600通居民被乌鸦袭击的电话。这类事件通常都发生在春天，鸟儿们孵蛋养育幼鸟的时候。20世纪80年代中期，东京市的公园里有7000多只乌鸦，现在数量已经达到30000只。政府为此布下捕鸟陷阱，用来捕捉一部分乌鸦。

BBC的纪录片《地球脉动》第二季的制作人弗雷迪·德瓦斯花了4年时间，去了解生活在世界上城市化程度最高地区的动物。"很难说野生动物和大都市是竞争还是共存关系，"德瓦斯解释说，"问题在于，我们给城市中生活的动物们赋予什么样的价值。"

"当我听人说埃塞俄比亚哈勒尔的街头生活着鬣狗时，我简直不敢相信。相传，在修建城墙的时候，就打造了'鬣狗门'，门不大，敌方士兵进不来，但是能让鬣狗进来。每天晚上有两群鬣狗穿过这些门进入城市，寻找屠夫扔掉的骨头。当我走在这座古老城镇里，走过一条小街时，我看到鬣狗从我身边经过，身体还蹭到了我的腿。我大可以成为它们嘴里的肉：这种90kg重的动物完全可以在几秒钟内扑到我的身上，但是它们没有这么做。几个漆黑的夜晚之后，我拍摄到两群鬣狗打架，争抢谁先穿过进入城市的门。有100多只鬣狗围在我的腿边打架，不知为什么，我的恐惧感在那时候消失了。"

"显而易见，在这个城市里，人类和鬣狗之间存在着和平协议，我当时没有感到危险。当地居民告诉我，在城墙内，鬣狗从来不会攻击人或牲畜。但是为什么这座城市欢迎它们来呢，而在地球上的其他地方，鬣狗则会被猎杀？因为哈勒尔的居民相信，每当鬣狗笑的时候，它就会吞噬一个恶灵。"

德瓦斯的印度之行。在斋浦尔，他遇到一家人，他们40多年来每天早上都会喂猴子。"家里最年长的女性去世了，大家围在她的身旁。在斋浦尔，几乎从来不下雨，房子的屋顶上开了个洞，光线从洞口射进来。凌晨两点时，猴群中的老大钻进小屋里，摸了摸去世女士的手就跑掉了。抬头一看，上面还有其他的猴子在看着。我很好奇这怎么可能，那家人告诉我，猴子们与那位女士之间已有一种精神联系。她多年来一直喂它们，这让他们之间建立了一种联系。印度人将这些灵长类动物与神猴哈努曼（Hanuman）联系起来，并且崇拜猴子。从这趟印度的经历可见，印度人对生活在城市里的野生动物十分慷慨。对他们来说，最大的回报就是被动物包围着。"

对于如何在我们的城市中给予动物空间，弗雷迪·德瓦斯有一个明确的想法：我们需要退一步。回归自然，尽量避免使用汽车，倾向使用替代出行方式。在英国，城市中的狐狸和乡村中的狐狸有着同样的生存机会。"在城市造成狐狸死亡的主要原因是汽车，"德瓦斯解释说，"只要限制汽车的使用，让它们的生活更轻松就够了。"你不能只考虑到空气污染或水污染：人造光线会令动物和植物困惑。140年前白炽灯的发明永远改变了我们的夜空，尤其是在大都市。对于许多动物来说，人造光会造成它们的混乱。比如在纽约市，明亮的屏幕会令每年经过曼哈顿的迁徙鸟类产生困惑，它们会被屏幕光所迷惑，纷纷扑撞上去。每天早上，垃圾清洁工都得清理掉屏幕底下的死鸟。

飞蛾已经进化到飞向遥远的光源——月亮。这就是为什么飞蛾常常不自觉绕着路灯打转①。弗雷迪·德瓦斯说："有一种动物可以利用这种昆虫的迷惑：那就是托凯壁虎（Gecko Tokay），它们主要分布在东南亚。香港拥有全世界最明亮的夜空之一。由于托凯壁虎是一种在天黑后生活的蜥蜴，很难想象它们的眼睛要如何适应如此强烈的光线，不过在黑夜里当灯泡打开着的时候，托凯壁虎那竖着的狭缝瞳孔中，只允许少量的光线进入。托凯壁虎还有一个特征，让它们良好地适应城市的环境，那就是它们惊人的抓地力。它们每只爪子上都覆盖着50万根微小的毛发，毛发极其微小，能让它们与爬行面形成分子结合，就宛如一种原子级的魔术贴。它们的脚自从进化到能在雨林中的湿叶子上爬行之后，在金属和玻璃上爬行也是适应良好，这使得香港的路灯也成了它们捕食的理想场所。"

① 译者注：飞蛾在夜间飞行时，是依靠月光来判定方向的。由于月亮距离地球非常遥远，光几乎平行洒下，飞蛾只要保持同月亮的固定角度，就能使自己朝一定的方向飞行。而灯光则扰乱了其飞行路线。

4.12　设计的角色：以城市林业为手段

西蒙·马尔凯蒂

从1960年起，随着人们对树木所发挥的作用对在城市环境中的潜力重新产生了兴趣，"城市林业"一词开始更频繁地出现（粮农组织，2014）。"城市林业"也与花园城市这一老生常谈的概念有关，可以追溯到19世纪末。我们应该考虑它的多维度特征，它能够从我们社会的各个方面获益，从心理、生理到社会学和经济学，以及它的多功能性，换句话说，能够识别和平衡各类需求，如生产、娱乐和保护活动（Gibbons J., 2019）。粮农组织将城市林业定义为"位于城市和城市周边地区的所有林地、树木群和单株树木的网络或系统，其中包括森林、行道树、公园和花园中的树木及角落荒废地上的树木。城市森林是绿色基础设施的支柱，连接着农村和城市地区，改善着城市的环境足迹"（粮农组织，2016）。

如今生活在我们城市中的树木群体不仅在加强特定地点的身份认同方面起着基础性作用，而且更重要的是能够提供真正的生态系统服务，这些服务被政府日益采纳用于缓解气候危机的相关问题。从历史的角度来看，城市结构中对树木或树群的接受程度随着时间的推移而发生了几次变化。甚至莱昂·巴蒂斯塔·阿尔贝蒂（Leon Battista Alberti）在遥远的16世纪，就提到了城外树木的存在及在道路两侧的分布，但总是且仅仅出于装饰目的，并没有真正认识到其在城市环境建设中的价值。树木从最初被认定为纯粹的审美要素，逐渐成为城市建设的一个元素，用于政治、社会目的，而不再仅仅用于装饰。因此，城市树木已成为响应新兴社会阶层需求的战略组成部分：如果最初花园和公园主要为贵族所用，几个世纪以后的今天，人们逐渐产生了为中产阶级和工人阶级提供绿色城市空间进行休闲活动的需求（图4-26、图4-27）。

现如今，树木超越了划分的界限，无论是在私人土地还是在公共土地上，人们都认为它们存在是有好处的。它们有望连接过去截然不同的区域，如城市用地与农业用地。此外，通过借助遥感或激光雷达的现代卫星技术

图4-26、图4-27　旅行结束
来源：埃尔曼·克莱芒斯，2020年。
旅行结束是一部质疑异国情调和旅行观念的系列作品。我在其中构建了一个叙事，背景设定为主人公在法国西南部的父母花园中长大，这个地方对她来说是熟悉而定义明确的领地。这项工作引起我对丛林作为多元化森林真实及想象中形象的思考，我知道人类与自然的关系通常会产生政治和社会影响，反之亦然。这些照片以纪实小说的形式质疑异域风情的复杂表现，其中隐藏着文化再挪用和统治的问题，特别通过所使用的配饰、图案、颜色和姿势来体现。

及新的地图软件，我们能够评估城市"树冠层遮盖度"（也就是城市中树冠提供的庇荫处占城市表面积的百分比）的整体影响，将其作为实时了解（几乎）城市绿色基础设施规模和质量的指标。

树木可以在城市的某些区域创造出非常明确的地域身份，这一独特的能力不言而喻。我们熟知的代表性例子包括纽约的中央公园、伦敦的海德公园和巴黎的林荫大道。树木沿着街道排列，在公园中交织在一起，像一条条壮观的绿线在城市中散开，形成了一幅幅图案，带来一种归属感和依恋感。

最近，特别是在城市规划领域，人们越来越关注树木提供的广域生态系统服务，如去除污染物、减轻水文地质影响和维持生物多样性（因为树木数量的增加通常意味着动植物群落数量也相应增加）。人们越来越认识到城市和城市周边森林在城市绿色和蓝色基础设施中的作用，可用于抵御大风或洪水等自然效应，甚至可以预防异常灾害。树木甚至可以将邻近地区的温度降低至少2℃（Colaninno N., Morello E., 2019），种植在建筑物前面，经过精挑细选的树木反映出它们在减少能源浪费方面的巨大贡献（Palmer L., 2017）。绿色基础设施在赋予景观多功能性方面的潜力不言而喻：人们已经证明它们可以在发挥生态功能的同时，满足社会需求并推动经济优化（Mell I., 2016）。正是由于这些原因，树木被认为是提高城市韧性的真正"武器"：树种的多样性越得到保证，对病虫害的抵抗力及缓解不利气候条件的能力就越大。

通过了解花草树木在文化方面的重要性及其客观的有益贡献，一旦恢复其在城市场景中的作用，就必须努力了解城市设计和管理方案在打造真正有韧性和健康的蓝绿基础设施方面的重要性。举例来说，了解一棵树的根系及其方位对于正确设计其位置或"容器"及未来管理和维护相邻道路土壤都至关重要。在城市结构中植树地点选择也会产生重大社会影响，而事实上，城市面临的一大挑战正是消除城市和城市周边森林分布不平衡而导致的潜在不平等现象，从而使所有人都更方便进入绿地空间。

我们设计空间的方式可以改变未来城市的面貌，要应对的挑战包括多领域性、多功能性、多尺度性和灵活性的概念，而所有这些都是项目成功所必需的。所有这些元素已成为绿色基础设施规划内在本质的一部分，使我们能够同时应对各种发展、再生以及城市和城郊韧性的情况。最后，我们在城市层面上需要提供的答案应该是快速有效的，以便能够将其明智地融入城市整体愿景的逻辑中，其空间和潜在的"绿色关系"可限制不受控制的扩张带来的压力，而这种扩张往往是仓促的，因此也大概率对环境有害。另外，项目需要以灵活的方式开发，以便轻松适应各种场景和挑战。这一点可以通过各种相关专业人士（景观设计师、城市规划师、科学家、林务员和农艺师等）的帮助来实现，只有通过他们才能实现项目的成功。正如堂娜·哈拉维所说，"自然是重建公共空间的场所"，这是一项真正的文化挑战，要实现人人共享，需要了解、尊重和接受共同价值观，尤其是规划的柔韧度、创造力和想象力。

4.13 关于《设计结合自然》

采访托马斯·兰德鲁普（Thomas Randrup）

托马斯·B.兰德鲁普是"城市开放空间管理"课程教授和"景观治理与管理"学科负责人。近25年来，他一直在研究和宣传都市自然，并对基于自然的解决方案或基于自然的城市等概念特别感兴趣。目前致力于研究城市开放空间的流程、作用和用途，以保持其相关性和价值。在此过程中，他对战略性城市开放空间管理和基于自然的解决方案等概念特别感兴趣。

由西蒙·马尔凯蒂于2018年11月采访

我们有幸在2018年于曼托瓦图亚举办的世界城市森林论坛上见到了托马斯·B.兰德鲁普，该活动由斯坦法诺·博埃里的团队、联合国粮农组织、曼托瓦市政府、米兰理工大学和意大利造林、森林生态学会（SISEF）组织。

西蒙·马尔凯蒂　从地球的脆弱性出发思考设计创新，而不是执迷于传统的解决方案，是否可以设想一条实现不同于现状的城市化新途径？

托马斯·兰德鲁普　是的，尽管这种想法可能既乐观又天真，但我提倡的是，当我们根据自然项目进行自我管理时，我们会受到自然的启发。自然项目包括城市林业干预措施、新景观设计等。我们会进行自我管理——并在"设计""建设""维护"方面脱颖而出。在职业生涯中，我们创建了许多"孤岛"，这对于我们想要创建的自然项目/干预措施来说是不健康的，也是不利的。我们需要摆脱这些"孤岛"，并开始创建与自然相关的项目，这些项目的灵感来自自然所代表的流动性和远见。因此，我建议要在至少10年的框架内看待新的景观项目。没有任何设计是最佳设计，而是一种设想，应该从一开始就具备功能性，但会随着时间的推移而发展演变。

在这10年内,设计师、施工人员和景观设计师将以团队形式合作,并根据需求、愿景、自然的指示和所有参与者的技能,共同开发设计、景观和森林。项目团队也将与当地人展开互动,将社会层面纳入项目中。

西蒙·马尔凯蒂 与其他城市战略一样,城市林业也具有其经济价值。例如,环保主义者发现通过将这些战略转向经济和市场也可以扩大生物多样性保护的规模。也就是说,生物多样性保护和林业保护必须沿着在经济上合理的政策轨迹前进。鉴于资本主义经济体制的特征,这是唯一可能的方式,还是您能想出另一种方式来支持环境事业?

托马斯·兰德鲁普 我们不得不承认,面对全球变暖、社会不平等问题,必须以不同于今天的方式看待自然。可持续性是在20世纪80年代后期出现的一种思维方式。人们将生态系统服务视为自然对人类价值的一个系统性组织。现在是时候采取行动了,我们为此提出了几个概念(也可以称为您所说的政治策略),包括城市林业和基于自然的解决方案。为了推动这些策略的实施,我们需要承认自然是解决方案的一部分,但这些解决方案的成本在传统的市场经济和增长型经济中无法预估。因此,我们需要一种思考经济的新方式。蒂姆·杰克逊最近发表了《无增长的繁荣》(Prosperity Without Growth Jackson T.,2017),这可能代表了一种新的经济思维方式,不受传统增长机制的驱动,而我认为这是我们所需要的。

4.14　地拉那河畔

博埃里建筑设计事务所

博埃里建筑设计事务所的"地拉那河畔"项目设计对象是阿尔巴尼亚首都北部边缘靠近地拉那河的公共区域。作为一个大规模城市更新项目，该项目目的是促进功能和社会多样性，并在一个社区中融合不同的文化和起源，以实现清洁能源、水、食物和为所有城市公共服务方面消除障碍，进而达到自给自足。该项目规划预计可容纳12000人，占地29公顷，将提供智慧城市的所有技术，并能够保证应对地震所需的保障和满足健康和安全方面的需求。"地拉那河畔"项目为居民提供新的住房解决方案，它沿着新式"绿色中央骨架"发展，致力于推动"软出行"，即人们可以自由出入商业底层、住宅、运动和工作空间，以及许多其他户外设施，强调社区所有区域的全面便利性。

主要的公共服务设施分布在步行距离范围内的三个中心周围，使地拉那河畔成为一个零排放的多中心社区，为居民提供所有基本服务。该项目具备城市规模的公共和行政职能，为城市提供众多服务，并配有一所学校和一个大学中心，使整个地区成为阿尔巴尼亚首都的示范点。

除总体规划外，我们还设想起草单体建筑的设计指南，目的是与该地区密切联系，并通过阿尔巴尼亚的中小型企业重新激活经济。"地拉那河畔"项目为与当地制造业和专业组织合作创造了条件，这是分享专业知识和建立新的城市质量和设计标准的一段宝贵经验。

公共绿地和家庭绿地是该项目的基本组成部分，分布在整个公共区域、垂直表面和屋顶上，这些屋顶是被视为能够容纳多种植物的生活空间。此外，还有专门用于共享办公和商品配送、体育运动和休闲设施、空中庭院和人行天桥的区域。

屋顶上的太阳能电池板使每栋建筑都成为生产和节约清洁能源的源头，从而有可能建立一个可供所有居民使用的本地能源网络。

地拉那河畔俯瞰着一个专门为社区服务的河边公园，旨在保护能够增加城市环境中生物多样性的生态系统。这样一来，它将成为野外物种的"避难所"和生物栖息地，推动有利于周围居民身体健康的微气候进一步发展。

整个总体规划范畴下的服务分为三个部分，首先是公共广场、儿童专用游乐区、私人花园、城市花园、零售市场区域、咖啡馆、餐厅、办公室和急救中心。其次是社区服务，包括位于广场周围不同信仰的宗教空间、小学和中学教育空间，以及体育和娱乐休闲区。最后为城市规模的设施，包括大学中心、河滨公园、一些公共部门、工厂和大型写字楼。"地拉那河畔"项目旨在容纳同等数量的树木和居民，共有100多种本土物种的12000株植物。15公顷的绿地划分为公共花园、农业区和园艺区，还有超过5km的自行车道。考虑将屋顶作为以树木为特色的第五立面，总体规划建议部署多达18公顷的绿地。"中央骨架"专为"软出行"和电动出行而设计，穿过90000m²的开放公共空间，在梯田式建筑之间交替，一些配有庭院、摩天大楼和L形建筑，提供居住、工作和服务设施的组合。设计使用木材等材料的预制结构可以加快建造速度，并形成监测森林砍伐和重新造林、可持续生产和减少废料的良性循环。

"地拉那河畔"项目作为一个城市森林，大量种植树木的经济和社会优势不仅可以减少"热岛"效应，还可以提升建筑物的房地产价值，使其成为一个结合自然和技术的当代景观。这些设计最终成为当地居民（无论是暂时还是长期居住者）的福祉（图4-28）。

图4-28 "地拉那河畔"项目
来源：博埃里建筑设计事务所，2020年

4.15 博埃里建筑设计事务所对绿色的热衷
与弗朗西斯卡·塞萨·比安奇和马可·乔治的访谈

弗朗西斯卡·塞萨·比安奇于2005年毕业于米兰理工大学建筑专业。2008年，她攻读了MCH 08项目，也就是马德里理工学院"集体住宅"专业的一级硕士。自2006年以来，她与米兰和马德里的各大建筑公司合作，管理从竞标阶段到概念、初步和详细设计，再到施工文件的复杂多用途项目。

马可·乔治是一位生活和工作在米兰的建筑师。在那不勒斯的费德列二世大学深造多年后，马可·乔治开始为多家建筑公司服务，同时也是一名独立建筑师。

自2001年以来，他一直与斯坦法诺·博埃里合作设计和创作不同风格的建筑—住宅、商业和行政，以及协调各种规模的复杂项目，范围从城市和规划设计到室内建筑。

他是博埃里建筑设计事务所意大利语和法语项目的总监，自2019年以来一直是SBA的合伙人。他在建筑领域的经验范围包括从概念开发的初步阶段到执行设计和施工监督等各个阶段。担任工作组的协调人并负责施工监理，也跟进了许多项目。

采访人：西蒙·马尔凯蒂

西蒙·马尔凯蒂 弗朗西斯卡·塞萨·比安奇，您长期以来一直在关注地拉那的"多尺度"项目：您面对的挑战有哪些？对于像地拉那这样的城市来说，新的绿色机遇又有哪些？

弗朗西斯卡·塞萨·比安奇 作为地拉那2030总体规划的一部分，大多数战略项目都与绿色系统及城市发展和再生这两大主题相关。地拉那轨道森林项目就是一大挑战的例子。该系统旨在通过种植200万棵树作为真正的绿化带来控制土壤流失，同时需要与市政当局的需求相结合，以实现城市的整体愿景。另一大挑战是穿过地拉那市的三条河流，它们有潜力成为生物多样性的绿色走廊。

最后，我们必须仔细观察城市的市区结构：地拉那是按照同心环的形状建造的，因此我们创建了第四环——"绿环"，可以与可持续交通和植树造林联系起来。我们计划通过这一极具吸引力的想法提高市民的生活质量并为市民提供充足的便利。整个地拉那计划的设计重点是城市更新和与城市规模的景观规划开发相关的城市发展。一定的政治稳定性是在地拉那开展此类项目的前提条件，这是赋予同一政治实体的第二个任务；另一部分原因是这是一座非常年轻且务实的城市，他们倾向于全面接受博埃里建筑设计事务总体规划提供的这一方案。

显然，某些策略的引入并不总是按照线性路径进行：监管规划经常（不仅在地拉那）与公共和私人利益、土地利用的多样性和所有者的心态发生冲突，而正是在这里遇到了一系列客观困难，常常为创建一个宏大项目设立了障碍。即使在地拉那，这也是最大的挑战之一。尽管如此，我相信市政府已经做了很多工作来重新解释地拉那2030总体规划中表达的观点。比如说从幼儿和学校开始，就倡议人们多关注可持续性问题、城市中树木的重要性及对公共利益和植物世界的关心。市政府还努力通过一个网络平台宣传植树造林活动，公民个人和公司可线上捐赠树木，并通过针对某些地区的详细造林计划鼓励所有公民参与植树活动。通过这一项活动，共种植了约30万至40万棵树，这是一项重大举措，也是本工作室构想的更大规模的轨道森林项目的一部分。我们一直很重视与当地政府的配合及维护良好沟通。

由于这些都是大型城市项目，这项工作显然更加繁重和难以管理，这仍然是地拉那市迄今为止面临的最大挑战。欧洲其他地区非常重视可持续性这一主题，以及树木及其益处，并且开发人员本身非常了解应对这些问题的项目如何在市场上产生影响。但阿尔巴尼亚仍然是一个年轻的国家，其市场还在不断成长，它并不总能在深层次上与其他国家同步。例如，项目中的植物和树木所带来的实际经济利益以及与生态系统服务相关的所有利益并不总是很明晰。市政当局在这方面投入了大量资金，重点是提高年轻一代的意识，让年长的人参与年轻人的活动中。与其他任何地方一样，在地拉那，教育和信息传播的长期贡献是巨大的，是对未来积极的投资，能培养新一代人的主人翁意识，他们将对城市变革和未来转型持更加开放的态度。

自20世纪80年代以来，地拉那市的城市结构取得了显著发展。当我们首次在这个城市开展工作时，我们了解到其城市结构如此密集，几乎完全没有公共空间和儿童游乐场。因此，必须赞扬地拉那市政府为改善每个地区公共空间的便利性作出的巨大努力，且确实改善了现有的公共空间。对于已经私有化的空间，市政府引导私人开发商尊重和遵循城市规划，并要求他们尽量达到标准规定的生活质量标准。"地拉那河畔"项目就是个很好的例子：这是一个非常宏大的城市项目，如果按照其高质量标准完成后，将为整个城市及各个地区创造巨大的利益，因为它旨在成为一个在建筑和景观方面极其灵活的弹性地区。

地拉那是一座很有活力的城市，未来还将茁壮成长，因此新建筑即使在建成之前就需要适应新条件或不断变化，避免过时。灵活性的观念是设计基础，建筑物必须随时间的推移响应多样化的需求和用途，这同样适用于周围的景观。如果想要达到减轻目前气候危机影响的目的，城市的绿色和蓝色基础设施具有巨大潜力，而这个城市也确实将在接下来的时间里不得不面对气候危机。出于这一原因，让投资者了解周围环境，并作出合理规划是十分必要的，尤其是，当面对宏大的城市和景观规划的一部分的时候，更是如此。

西蒙·马尔凯蒂　马可·乔治，当代生活的挑战是什么？植物王国在设计中有何作用？

马可·乔治　对于米兰圣克里斯托福罗区的"Bosconavigli"项目①，我们在新冠疫情后考虑了一些事项并作出了一些改变，包括与我们最近几个月经历的卫生紧急情况有关的方面，这极大地改变了空间的布局。该项目是在疫情之前设计的，基于一定的方法和构造，虽然一直属于绿色建筑的范畴，但并未十分关注开放空间。在2020年疫情暴发后，设计师和潜在投资者都重新深入思考，以期项目能满足新的健康需求，并提供更多的开放空间，还包括以不同的方式表达和满足，从封闭的凉廊到开放的露台，从悬挂的阳台到具有多层可用绿色空间的屋顶（图4-29）。

除了重新思考用于体育和其他各项活动的共享空间外，我们也重新思考了那些不在房屋墙壁围和空间内的非传统工作空间，同时在设计阶段也保持对此类空间的相对较高的安全要求。因此，在这种情况下，该项目已经在努

① Bosconavigli的干预措施看起来像一个传统的庭院，完美地融入了伦巴第的传统，旨在鼓励动态使用公共和私人空间。它围绕着一个螺旋上升的开放式庭院展开，往南向一个大花园的方向延伸。高能效光伏板完全覆盖了建筑物的屋顶，从而成为一个极具表现力和色彩的主题。3个主要立面的特色是交替的阳台系统，用来容纳花草树木，其特点是入口众多，以及通往圣克里斯托福路的景观，从视觉上深化了庭院内部空间和周围公园中新绿地之间的联系。

图4-29 "Bosconavigli"项目
来源:博埃里建筑设计事务所,意大利米兰,2020年。
视觉呈现:Level Creative事务所。

图4-30 "Bosconavigli"项目(立面细节)
来源:博埃里建筑设计事务所,2020年。
视觉呈现:Level Creative事务所。

力适应新的迫切需求，并重点关注对公共和开放空间使用的保障，属于高质量住房。该项目还与这一背景确立了特定的关系。首先从其建筑发展开始，很好地融入了城镇的历史中心，并且仍保持一些特殊的历史特征，其次是为此干预措施重新开发了目前已相当破败的城市区域（图4-30）。

西蒙·马尔凯蒂　近年来，你们都亲眼见证并积极参与了工作室各项目的进程：您认为博埃里建筑设计事务所在其项目中秉承的"绿色进程"有何意义？

弗朗西斯卡·塞萨·比安奇　从"垂直森林"项目开始，在过去的8年至10年间，可持续发展、绿色系统、造林等非常重要的主题都取得了长足的发展，工作室有意识地选择在不同的尺度上推进这些概念。从现有城市的总体规划到新城市的设计，从新建筑到其内部，再到现有建筑的改造，工作室从不同规模的项目入手，努力遵循弹性和可持续性的设计原则，并尝试对在每个层面上发现的各种关键问题给出答案。例如，"垂直森林"项目是理想城市原型森林城市的"种子"，其中每一栋建筑都属于具备真正绿色和蓝色城市基础设施的系统，作为原型它并不完美，但整个过程需要坚持不懈。工作室随后开展的项目总是倾向于改进以前的工作，试图利用已经取得的成就和学到的经验知识，来采取进一步的措施，例如，设计真正100%可持续的"碳中和"建筑。这一挑战的美妙之处在于：每次都尝试进一步增加一定的百分比。比如说，如果在植物园项目中，我们谈到过使用的电力70%来自可再生能源，下一步将是达到80%、90%，甚至可能100%来自可再生能源。这是对创新和可持续解决方案的持续探索，为当今建筑和城市规划必须面对的许多关键问题提供越来越可靠的答案。我们必须意识到，即使是个人的设计选择也会对后代产生重要影响。

马可·乔治　正如弗朗西斯卡所说，本工作室的项目从"垂直森林"到今天的进展是非凡的。无论是从技术角度还是在流程方面，都取得了进步。工作室的目标不是进行"妆点"，而是调查和界定项目应具有的特性，以便从环境角度减少消耗和影响。我们正在关注的项目，尽管在某些情况下仍然根据传统技术建造，但总体上是努力实现符合可持续计划逻辑的目标。

当然，我们的理想是发挥木材作为建筑材料的巨大潜力，而不是使用传统的混凝土和钢材，这也正是目前工作的趋势。

因此，工作室项目的发展也属于生态转型的一部分，建筑和城市规划界也在朝着这个方向发展，而我们正在这条道路上有条不紊地前进着。在实践中，作为一家工作室，我们近年来一直在为项目努力研究和开发新的"语汇"，为建筑赋予不同的形态。那些对我们所使用的建筑语言持反对态度的人通常忽略了植物世界，而从根本上来说，这才是最重要的组成部分。在此类设计中，试图使两个世界绝对相互依存，其中"绿色"不仅仅是一个美学要素，而是一种新型城市环境构想方式的一部分，在此构想下，植物世界被整合在一起且已融入城市建筑。

关键在于坚持以这种方式思考，交流和传播。通过这种执着，那些论点逐渐成为我们考量、构思城市、设计建筑的方式的一部分，并慢慢地改变着我们的工作方式。这场革命显然始于我们每个人，但探讨这场革命并分享个人愿景有助于加快宣传和增强意识的进程，随着时间的推移，它有望引起彻底的转变。如果现在还不算晚，也就是未来不再使用化石燃料，我们将拥有消耗极低或无消耗的建筑物，同时伴随着最终植物王国成为一个重要盟友（图4-31）。

图4-31 "绿色宫殿"的屋顶
来源：博埃里建筑设计事务所，比利时安特卫普，2021年。
图片版权：巴特·戈塞林。

4.16　"普拉托都市丛林"

博埃里建筑设计事务所

"普拉托都市丛林"（PUJ）是一个由欧洲城市创新行动（U.I.A.）计划资助，并由普拉托市主导的项目。博埃里建筑设计事务所与Pnat、CNR-IBE、Estra Spa、Legambiente Toscana、GreenApes、Treedom Srl共同参与合作。

"普拉托城市丛林"项目遵循博埃里建筑设计事务所于2018年制订的普拉托市城市林业行动计划的指导方针，在不同规模的空间中出台了一系列城市林业和植物一体化的创举，以从根本上改善城市社会和环境质量。通过实施基于自然的解决方案和确定新的质量、空间和住宅标准，普拉托正在成为可持续和创新设计解决方案高水平实验的焦点。

"普拉托城市丛林"项目以可持续和在社会层面更包容的方式在普拉托的众社区开展工作，开发城市丛林中高密度植被的城市环境，能够增加植物吸收污染物的自然能力，改善微气候条件，增加生物多样性，增加该地区的美学和经济价值，同时为社区重建公共空间，并将郊区转变为城市内活跃的绿色活力中心。

该项目旨在设计城市内的三大主要试点区域并推动项目落地。沿着充满创意的协同设计思路，"普拉托城市丛林"项目通过数字平台、前沿治理模式和参与式协同设计研讨会，鼓励利益相关者和公民的参与，为城市规划提供了一种新的战略方法。

凭借这种理念，城市绿化更具包容性的发展道路赢得了支持。博埃里建筑设计事务所正在开发三个试点项目中的两个：Turchia路上的社会住宅和Consiag-Estra办公楼（图4-32、图4-33）。

欧洲U.I.A.的一项具体要求是将PUJ项目干预手段设计为易实施、可扩展且可复制到全球其他类似案例，从而作为新城市更新模式的第一步。

基于自然的解决方案和绿色改造干预措施的实施，"普拉托城市丛林"项目确定的环境和社会目标包括：

图4-32 "普拉托都市丛林"项目，Turchia路上的社会住宅
来源：博埃里建筑设计事务所，意大利普拉托，2020年。

图4-33 "普拉托都市丛林"项目，Consiag-Estra办公楼（将对现有建筑的外墙和屋顶进行翻新改造）
来源：博埃里建筑设计事务所，意大利普拉托，2020年。

- 改善建筑物的能源利用效率；
- 提高建筑物内的舒适度并尽可能减少城市热岛效应（UHIE）；
- 改善室内外空气质量；
- 提高新城市绿地及改善周围居民和上班族的身心健康；
- 提供新的生物多样性热点地区；
- 增加可渗透表面并实施可持续的水资源管理；
- 创建绿色水平和垂直表面。

一个试点项目将使用由合作伙伴CNR-IBE开发、专门设计的传感器系统对试点项目的实施进行前期和后期监测和评估。

试点项目之一的Consiag-Estra大楼是一栋私人办公楼，位于复杂的市区，可俯瞰普拉托高速公路上巨大的车流（日流量高达5万辆）。博埃里建筑设计事务所为办公楼改造设计了两种绿色外墙解决方案：一种是轻型结构的外墙，由为攀爬植物准备的钢索制成，能够为经常受到烈日照射的南侧立面提供庇荫；另一种是采用钢结构和花盆来容纳乔木和灌木。

干预措施还包括将未使用的屋顶改造成绿色屋顶，使其成为一个生物多样性的"小岛"，可供员工用作社交、小型活动或体育活动的场所。Consiag-Estra通过城市林业干预措施造福企业，帮助增强普拉托市的企业与其员工之间的凝聚力。

博埃里建筑设计事务所为另一个试点项目Turchia路的社会住宅开发的项目创建包括对立面的改造措施、拆除停车场、建设大型绿色入口凉棚，以及在花园内的社交空间。在立面上，该项目预计会安装由细钢索组成的各种结构，便于攀援植物生长，从而改善当地的微气候，降低温度，并降低建筑物的表面温度。攀爬物种针对尽量减少绿色外墙的维护需求而挑选。同时，项目将建一个约100m²盖满藤蔓的新凉棚，并配有木凳，让公共花园的入口更明显。该项目希望能为社交活动创造公共空间，专门用于集体和娱乐活动。停车场将完全拆除，1600m²的沥青将被替换为可渗透的表面。使用先进的喷灌和雨水收集系统最大限度减少用水量也是该项目的主要目标之一（图4-34、图4-35）。

图4-34　　　　　　　　　　　　　　　　　　　图4-35
图4-34、图4-35　立面板块改造干预措施
来源：博埃里建筑设计事务所，2021年。

新的绿色界面将为动植物和公民带来多种社会环境效益并提供生态系统服务（ESS）。通过这种方式，普拉托市的环境和城市质量将得到提升，对可持续发展领域的创新公司更有吸引力，并可为弱势群体提供更高质量的生活环境。

4.17 奇迹森林

博埃里建筑设计事务所

"奇迹森林（Wonderwoods）"项目由博埃里建筑设计事务所和MVSA Architects设计，目标是在荷兰乌得勒支市中心打造一段先进的城市与自然共居体验，并作为新的"健康城区"的一部分。该项目是垂直森林的一个新原型，高达90m，能够为住户——主要住户包括年轻的专业人士、工人和家庭，提供约200套各类公寓。大楼外立面将种植30种约1万株植物，相当于1公顷的森林植被，并形成一个真正的城市生态系统，每年能产生数吨氧气。一楼将作为垂直森林中心，该中心与6楼的花园相连，将成为一个全球城市林业文献和研究中心。该综合体通过向外部开放的底层和与周围城市街区的比例相协调的垂直扩展与城市环境展开交流。

"奇迹森林"项目还提供办公区、健身和瑜伽空间、自行车停车场及公共和休闲空间，希望其成为乌得勒支的新健康中心。

因此，这座建筑展现出了复杂而多面的特性，在当代欧洲建筑景观中呈现独特的新面貌。一方面，它不是一座简单地对所处的环境漠不关心的摩天大楼；而是一座城市大楼，实实在在打造了城市与自然共存的"乌托邦"，这是前所未有的，同时也尊重并强化了Croeselaan街和Jaarbeurs大道之间社区的特点。另一方面，建筑随着高度而变化，根据乌得勒支的天空和其所处的历史城市环境来衡量自身的地位。从纵向看，建筑物被分为4个叠加的"顺序"，明确建筑物主体围绕垂直轴旋转。这逐渐将其与Croeselaan街的路线分开，使其沿着东/西方向延伸。如果在北角，大楼形成了排列在Croeselaan街轴线上的街区系统的"船头"，那么在南侧，它的布局是为了能够在高处与MVSA设计的邻近建筑建立联系（图4-36）。

此外，360棵树和9640株灌木和花卉也表明了可持续的高层建筑是切实可行的，除了大量颗粒物外，还能够吸收二氧化碳。计算显示，得益于树叶的过滤作用，露台上产生的微气候也能显著减少公寓内外部之间的温度变化，并成比例地降低空调能源成本。

图4-36 "奇迹森林"项目
来源:博埃里建筑设计事务所,荷兰乌特勒支,2017年。
视觉呈现:Vero Digital and A2 Studio。

作为保护和维护生物多样性的一种形式，特别是荷兰天空中飞翔的鸟类，"奇迹森林"项目起到了宣传与自然融合重要性的作用。公寓和室内空间的设计使居民能从露台和阳台上的植物处获得最大利益，且保证了最佳采光和对周围城市景观的开阔视野。嵌入立面的小生境将为各种鸟类提供鸟巢。作为一种生机勃勃的建筑形式，"奇迹森林"项目的立面会随着季节及植物的生长而改变颜色和密度。这将通过集中的公寓管理服务来实现，通过一系列传感器来检查和控制浇灌系统，还可以为绿化植物的修剪和维护设计程序。

这座建筑不仅是生物多样性的典范，也集合了多种活动和功能。建筑的底部为一个精心布置的复式住宅系统，能够将西南侧直到五楼的住宅空间和工作室结合起来，为此将增加Croeselaan、Jaarbeurs和Veemarktple街道大量接待、餐饮和商业空间。将垂直森林中心空间嵌入大楼的想法是为了满足适用于类似情况的需要，并使该综合体成为未来城市林业政策的中心。因此，该中心作为一个开放的实验室，可以进一步扩展对乌得勒支项目自身所采用的技术和植物学解决方案的知识，同时也可以接收全球其他地方正在建设中的垂直森林相关进展信息和新闻。

4.18 木材循环

索菲亚·保利

森林及其木材是碳的巨型储存库

树木通过光合作用从大气中吸收二氧化碳，将其固定为有机物中的碳，并将剩余的氧气释放回大气中。

要想了解森林中可以储存多少碳，我们必须考虑许多方面：树木和土壤中包含碳，而碳不仅存在于活体生物中，还存在于死去的生物中，或者更确切地说是木材。如果森林管理得当，采伐的木材将用于生产增值林产品，这些产品将继续储存碳。同时，人们种植更多的树木来保持森林的碳汇效应。人们已广泛并充分认识到森林在减缓气候变化方面的作用，而木制品对减缓气候变化的贡献则鲜为人知。

木材及后续的采伐后，木质林产品（HWP）将碳储存在其纤维中，当然，前提是要保持其处于使用状态。储存的碳在其整个生命周期中持续存在：使用、再利用、回收和恢复，但若在垃圾填埋场被焚烧或腐烂，其储存的二氧化碳会返回大气。这些产品的使用寿命越长，对环境就越有益。将采伐后木质林产品视为碳储存机制的想法相对较新：IPCC在其1996年修订的IPCC《国家温室气体清单指南》（*Guidelines for National Greenhouse Gas Inventories, 1997*）中承认了HWP，但仅在2013年《源自京都议定书的修订补充方法和良好实践指南》（*Revised Supplementary Methods and Good Practice Guidance Arising from the Kyoto Protocol, 2014*）中，IPCC将HWP列为要在土地利用、土地利用变化和林业活动中报告的强制性资源。

木材的替代效应

虽然木材产品的碳储存效应有助于将二氧化碳固定在大气之外，但更大的碳获取来自使用木材替代产生温室气体的密集型材料的替代效应。在适当的情况下使用木材可以节省大量的二氧化碳排放。例如，可以使用木材代替化石燃料来获取能源，但最有效的方法是将木材用作建筑材料，因为钢材和混凝土的碳足迹非常大。木材可用作结构和非结构建筑产品的替代材料，如梁、木框架、墙壁、窗户、门、天花板等。

建筑业是使用自然资源和能源最多的行业之一。木结构建筑市场份额的数据较为分散，但可假设在全球范围内低于10%，尽管区域差异显著（Hildebrant J.等，2017）。木材的市场份额近年来一直在增加，特别是正交胶合木（CLT）和单板层积材增长迅速（Espinoza O. 等，2015）。

有充分证据表明建筑物占全球温室气体（GHG）排放量的近40%，这已是众所周知（联合国环境署、国际能源署，2018）。仅混凝土行业就产生了全球5%的二氧化碳排放量（Leskinen P.等，2018）。由于需要大量的能源、产生的热量和所需的化学过程，每生产1t水泥（混凝土的主要成分）会排放1t二氧化碳。自1950年以来，水泥产量增长了30多倍，自1990年以来几乎增长了4倍（Andrew R., 2018）。它是地球上使用第二广泛的物质，仅次于水（Gagg C., 2014）。

如今借助正交胶合木等新技术，可以用木材代替混凝土和钢材等建筑材料。

平均而言，如果我们用1m³的木材替代1m³的混凝土，将节省1t二氧化碳（平均替代效应为1.2 kgC/kgC，这意味着对于替代非木制品的木制品中每千克碳而言，碳汇平均减排约1.2kg）（Leskinen P.等，2018）。

木结构将从大气中吸收碳并将其储存，以满足新建筑的需求。与传统建筑技术相比，木结构建筑所含灰色能源更少，且产生的温室气体也更少。如果将树木转化为可持续的木制品（如房屋或室内配件），那么二氧化碳的碳汇固定数十年或数百年。木材从大气中去除的二氧化碳多于其加工过程中增加的量，而且通过替代混凝土或钢材等碳密集型材料，它对降低二氧化碳的贡献翻了一番（表4–2）。

此外，现代木材加工业通常使用锯木厂残渣作为能源，通过避免化石排放，有助于形成木材产品的替代效益。

使用木质材料的另一大比较优势在于其建造起来更快、更容易，因此降低了劳动力成本、运输消耗的燃料、现场能源的使用量，以及与现浇混凝土产生粉尘相关的健康风险（HSE）。此外，由于木结构建筑的重量只有混凝土建筑的20%（Smedley T., 2019），可以实现高效的工业预制并具备随之而来的生产力优势。

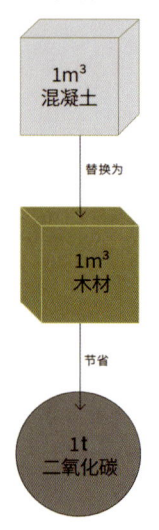

表4–2
用木材代替混凝土

将木材用于建筑是目前为我们提供的最佳和最大的缓解选择。

根据2019年的一项研究（Craig M. T. J.等，2019）估计，木材在减少排放方面的潜力及对工业（建筑、材料、替代塑料）的替代效应远大于能源领域。我们真正应该投资并关注的是使用木质材料，同时以可持续的方式管理森林，尽量确保有更多的树木替代已被采伐的树木。

创新的木结构建筑

凭借结构能力和性能不断改进，高层建筑中结构木材的使用量一直在增长。创新的工程木建筑产品包括多种可能性，如正交胶合木、木料胶合板、钉压叠层木、单板层积材和销钉层积材。所有这些大规模木材解决方案旨在取代多层建筑中的传统混凝土和钢结构。

在这些产品中，人们对正交胶合木（CLT）的研究最多，第一个注册专利可以追溯到1920年的美国。它是一种实心结构板材，由3、5、7或9层实心锯材或结构复合木材黏合在一起并彼此成直角定向（ANSI, 2012）。木料胶合板，通常缩写为"glulam"，是一种用途广泛的结构产品，是世界上最高木结构建筑中使用的结构解决方案：Voll Arkitekter设计于2019年开放的位于挪威布鲁蒙达尔的Mjøstårnet大厦。该建筑高85.5m，利用当地资源建造：所用的2600m³木材均来自当地森林。

该建筑一次组装四层，分五个施工阶段，整体胶合木结构在建筑物旁的地面上完成组装。

另一个例子是奥地利的HoHo Wien，由Rudiger Lainer + Partner Architekten于2020年设计，是一座84m高的木混合高层建筑。该结构由3/4的木材组成，包括CLT墙、CLT或预制混凝土楼板和胶合梁。每一层的木材组件在4天内完成组装。整个建筑使用了约4350m³的木材。与钢筋混凝土结构相比，使用木材可减少约2800t二氧化碳当量。

循环木建筑经济

循环木材建筑经济必须依靠基于木材循环的生产性森林景观，并通过造林计划实现。这一战略将使建筑业向木材工艺倾斜，原材料的供应将长期调节全球各地居住区的规划性增长。

建筑存量和基础设施构成工业经济体中最大的材料库存（Kovacic等，

2019）：为了尽量减少原生性自然资源的使用和对进口的依赖，有必要回收利用这些城市库存。而对生命周期评估，涵盖了从生产到废弃的全过程，包括林业、采伐、运输、加工和制造，以及各种终端处理选项，这意味着有必要提高回收率，但因为关于建筑物材料成分和材料生产过程的信息很匮乏，该任务通常很具有挑战性。

建筑业采用的分布式账本技术或区块链技术可能在增强建筑环境中的资源管理方面具有很大潜力。材料护照是一项每个建筑组成部分都可使用的工具，以设计为中心，建筑行业的专业人士可以用它来设计建筑，从而帮助实现循环经济（BAMB, 2019）。每个建筑元素都必须有自己的材料护照，其中包含自身的建筑信息模型，每次在元素的生命周期中发生变化时都会更新。

材料护照的主要目标是在资源使用和材料记录方面优化建筑设计，将建筑信息模型用作元素和材料特性的知识库，并与其他数据库相结合来评估生态足迹和回收潜力。

将材料护照和建筑信息模型结合起来可以创建一个材料清单，并更好地理解建筑物和建筑存量的物质资产。

我们可以设想借助数字档案查看这一清单，查阅有关当前或未来建筑材料资源可用性的实时数据。

每个区域材料储备网络的系统化也可能是提高循环性的关键：拆解下来的木质建筑组件可以在不同阶段之间作为临时储备，直到再次需要的时候使用。原木可以转化为新的结构构件，然后回收制成家具，最终在循环建筑经济系统中剁碎并加工成刨花板。当木材不能再利用时，会经过堆肥和厌氧发酵过程，一方面产生可用于加工制造的沼气，另一方面产生可安全回归林业土壤的堆肥。这样，来自树木的一切都还给地球并参与新木材的再生。

建筑过程和工业产生的大量废品是一个全球性问题，对整个环境产生了巨大的负面影响（在2016年全球所有废物中，67.6%来自存货：大部分被拆除的建筑物和基础设施），寻找或开采新资源难度越来越大，成本越来越高（PACE, 2021）。因此，有效管理废物就变得至关重要。可采用区块链技术开发一个统一的废物管理系统，使得废品在其整个生命周期内处于监控下，创建一个残留物档案。

通过使用材料护照、区块链和BIM，可以实现一个良性循环，大幅减少碳排放，同时增加森林覆盖率并创造新的经济机会。随着木材进入这一闭环过程，衍生出新的就业岗位和商机。

未来，每个城市都应该提供一个材料清单，并通过一套完整的方法和工具开发，包括材料护照、建筑信息模型、地理信息系统，以及对未来资源流动的建模和预测（图4-37）。

图4-37 树屋
来源：博埃里室内设计事务所，意大利特伦托，2020年。
图片版权：贾科莫·比安奇和阿特·萨拉。

4.19　大日内瓦都会圈联合体

博埃里建筑设计事务所

在"大日内瓦咨询会"之际,博埃里建筑设计事务所和其他7个跨学科专业团队受邀为日内瓦跨国地区的生态转型提出策略和解决方案,预计到2050年将有35万名新居民在该地区生活。他们将需要新的房子、新的学校、新的公共空间、新的基础设施,但该项工作不应浪费农业土地,也不应破坏环境或增加排放。

该方案依赖于将集中的城市领土转变为源自大都市群岛概念的大都市圈联合体。包括日内瓦和安纳西在内的11座核心城市以萨雷布山作为核心,在这里生物多样性可以蓬勃发展。因此,这个新的大都市联合体的核心将不是一座城市,而是一个自然形态,是非家养(羚羊、狼等)和家养物种(牛、羊等)的标准栖息地。万花筒般的日内瓦大都市围绕着萨雷布山延伸,城市和自然区域在城市林业、植树造林和农林业的基础上交替出现。因此,它将成为地球上人与自然新的共存形式的首个代表,这种共存不再基于专制和侵略性的人类中心主义(图4-38)。

在包括尤金尼奥·莫雷洛教授和法比奥·萨尔比塔诺教授在内的专家团队的专业建议下,博埃里建筑设计事务所开发了一个项目,他们致力于推动一项利用循环木材经济的战略,以及基于木材循环的生产性森林景观,以将建筑业的锚头重新定向木材工艺的造林计划。从长远来看,原材料的可用性将调节新聚居区的规划性增长,同时建议在当地重组建筑垃圾的循环和物流工作:收集、分类、再利用、回收、升级再造和再生(3D打印、数位制造实验室)。

为了满足超过35万名新居民的住房需求,"大日内瓦都市圈联合体"项目将需要大量的建筑木材。在跨国层面,其将与瑞士和法国的林业公司签订协议,以确保在项目初期获得所有必要的木材来采取措施。木材加工将集中在区域一级;新的锯木厂将建在大都市区的边缘,以便在采伐作业、制造场地和利用空间之间形成一条短链。同时,也将减少运输所需的时间和精力。

图4-38 "大日内瓦都会圈联合体"项目
来源:博埃里建筑设计事务所,瑞士日内瓦,2019年。

加工后的成品将用于该地区的建筑施工或现有建筑储备的能源改造和扩建。在木结构建筑的使用寿命结束时，拆解下来的木制部件将有望在"大日内瓦都市圈联合体"项目中得到再利用和回收，这得益于数字和物理解决方案的实施。

新"大日内瓦都市圈联合体"项目的地理布局很可能成为新型大都市的典范，准备好迎接地球近在咫尺的挑战（图4-39）。

图4-39 "大日内瓦都会圈联合体"项目
来源：博埃里建筑设计事务所，瑞士日内瓦，2019年。

4.20　阿马特里切Polo del gusto餐饮中心

博埃里建筑设计事务所

阿马特里切市和意大利中部周边村庄于2016年在地震中被摧毁后，迫切需要一个临时聚会场所，以便为休闲活动和餐饮提供专门的空间。在12周内，一个新建食堂迎来了阿马特里切市民，是用意大利北部弗留利地区的木材建造的。鉴于其重量轻、柔韧性好、抗震性能好以及建造时间短，木材成为重建该新城市中心的完美材料。

新的阿马特里切广场，即"Gusto广场，传统与团结"，属于博埃里建筑设计事务所打造的项目。因得益于意大利晚邮报和意大利电视7台（TG La7）通过筹款活动筹集的资金，该项目共筹集了800万欧元，其中500万专门用于建设新的阿马特里切中心。

新广场的设计旨在从其传统和饮食文化开始，让当地居民重拾工作的尊严，特别是那些因地震和重启阿马特里切而失去工作及无处活动的人。该概念基于多功能公共广场的模型，可作为会议和社交交流的场所，同时提供多种服务。新广场设有一所学校、一座食堂和8家餐馆，占地9000m²（图4-40）。

该广场的主体结构——食堂是专门为因地震破坏而无法上学的学生设计的。该建筑占地约490m²，设有150个座位，可俯瞰拉加山脉。

周边的建筑物可容纳8家餐馆。据计算，这些新建筑已重建约100个工作岗位，从而使该地区最重要的经济活动之一恢复活力，并带动该地区的旅游业（这一直是当地重要的经济来源）。

整个项目历时8个月，其意义非凡，表明在紧急关头也能实现高质量的建筑，同时在受自然灾害影响的地方应用创新的技术解决方案（图4-41、图4-42）。

图4-40 "阿马特里切Polo del gusto餐饮中心"项目
来源：博埃里建筑设计事务所，意大利阿马特里切，2016年至2017年。
图片版权：乔瓦尼·纳尔迪。

图4-41

图4-42

图4-41、图4-42　"阿马特里切Polo del gusto餐饮中心"项目
来源：博埃里建筑设计事务所，意大利阿马特里切，2016年至2017年。
图片版权：保罗·罗塞利。

4.21 让我们谈谈森林和城市林业，以重新设计我们生活的世界

斯坦法诺·博埃里，玛丽亚·基亚拉·帕斯托雷

城市化与气候变化

进入"人类世"地质时代[①]（陆地领土、结构和气候变化主要由人类及其活动导致）通常与森林砍伐有关，这是二氧化碳吸收过程失衡的首要因素（Turney C. S., 2018）。通过研究树木生长年轮的变化，可以描述大气中碳14含量的变化，这是环境变化更广泛的一个指标。

城市化无疑是这种变化的一个首要原因。如今，全球54%的人口居住在城市；这一趋势预计会增长，因此研究人员预测到2050年，70%的人将生活在城市，特别是在中国和非洲一些国家（联合国，2014）。

城市地区的突然扩张正在从结构上改变城市与自然之间的整个关系。城市消耗食物、能源和水，产生污染、废物和废水。城市化与自然之间的平衡往往由后者决定，"土地消耗""森林砍伐""生物多样性丧失"只是与城市化相关的部分词汇。城市虽然只占地球表面的3%，但在气候影响方面留下了巨大的足迹；它们消耗75%的自然资源，并产生全球超过70%的二氧化碳排放量（C40, 2018）。

阿贝尔·沃尔曼在研究了与战后"大加速"相关的工业产能和消费方面更广泛的变化之后，于1965年首次提出"城市新陈代谢"的概念，并告诉我们"地球是一个封闭的生态系统……地球无法无限制地吸收文明产生的未处理废物（Wolman A., 1965）"。

几个世纪以来，城市一直在帮助宣传人类最伟大的思想，但我们现在必须马上将城市置于应对——甚至逆转——气候变化政策的最前沿，作为这场环境争端的主要参与者。

从碳到木材

钢铁很可能是20世纪欧洲的主旋律，但我们完全可以想象一个新的欧洲

[①] Jenkyn T. W., "地质学课XLVI：第4章：关于有机物对地壳的影响，《大众教育家》（Popular Educator），4, 139-141, 1854; Crutzen P. J.、E. F. Stoermer, "'人类世'"，《IGBP通讯》（IGBP Newsletter），41, 12, 2000; Lewis S. L., 文学硕士。Maslin, "定义人类世"，《自然》，519, 171-180, 2015; Waters C. N. 等人, "人类世在功能和地层上与全新世不同"，《科学》，351, 137, 2016; Van der Pluijm B., "你好人类世，再见全新世"，《地球的未来》（Earth's Future），2, 566-568, 2014; Waters C. N. 等人, "人类世系列的全球边界层型剖面和点（GSSP）：在哪里以及如何寻找潜在候选人"，《地球科学评论》（Earth-Science Reviews），2017。

和一个新的意大利,它们将从森林中诞生,由木材和它所能激发的非凡经济推动,引发一系列灵感,以及潜力巨大的经济和文化活动。

正如意大利的《自然资本状况的第二次报告》(*Secondo Rapporto sullo Stato del Capitale Naturale*)中所述,"意大利的森林面积约为1100万公顷(根据2005年国家森林和碳储罐清单,2015年更新),占据该国超过30%的表面积。"(Comitato Capitale Naturale, 2018)

相反,意大利的不透水面积不超过10%,在过去50年中发展速度极快,代表"一种结构——与相同数量的城市化表面相比——源于极其广泛的城市随着时间的推移而增长,几乎支离破碎,密度非常低,覆盖了非常大的领土,城市界限清晰,而城市逐渐消失在郊区不同程度的矩阵中。"

另外,由于农村和小型农村中心遭弃、林地和森林自发地重新生长。与其他地方的情况相反,意大利的城市化进程中林地面积也同样增加:在这方面,意大利在全球都是独一无二的,尽管"木材文化"在我们的文化中仍然非常薄弱,并不完整。例如,一个不为人知的事实是:林业并不意味着野蛮生长。自然主义的造林学旨在通过尊重植物的生命周期来保证森林的质量及其生物多样性,同时也是保持森林生产力的必要条件。

林业

将木材视为应对意大利困境的可能答案:一片脆弱的领土由于易损的地震和水文地理条件而处于危机之中。

林业不仅意味着抗击森林的逐渐丧失,在意大利等国家,它还意味着将木材资源重新用于新的开发进程。这意味着要努力加强森林对我们领土的保护力,我们要将所有使用木材的公司联网,尤其是在家具行业,以及建筑预制行业的公司,尽管他们的数量很有限。这一行为意味着将在全国范围内打造一条木材供应链,并且管理整个生产周期,从造林到伐木、从木材的选择到加工、从设计到模块化预制,直至最后的处置和回收阶段。

木材可以适应各种各样的解决方案,它本身没有固有的风格特征,可以替代建筑生产的各种元素和构件,而不会影响或制约其风格:从木砖到在加拿大和欧洲进行的建造垂直木质建筑的实验。将木材与"小屋"或"木屋"联系在一起现在已经是一种过时的思路。此外,木材以其弹性、轻盈和灵活的特点,是适合意大利高地震风险环境的理想材料。

林业首先意味着在城市奏效,在城市表面重新种上植物,在屋顶、广场、人行道和大街上种植树木,新建公园和花园,将城市庭院和空地变成绿洲,四处推广城市花园,加强城市农业,利用树根清理城市和城郊被污染的土壤。

通过林业我们能够在本土和全球范围内使城市与自然的关系重回平衡,是再生的关键要素(图4-43)。

图4-43 自然秩序
来源:爱德华·伯汀斯基,加拿大安大略省格雷县,2020年春。

第5章
千变万化的未来

Kaleidoscopic Futures

5.1 四种未来：环境与政治

斯坦法诺·博埃里

彼得·弗雷泽是一位美国民主社会主义运动的社会学家和活动家，著有《四种未来：资本主义之后的生活》（*Four Futures - Life after capitalism*）一书（Frase P., 2016）。

该书简明扼要，大量内容引人深思，因为其尝试从当前某些基本的恒定事物着手营造四种场景。

弗雷泽提出的未来理念来自对当前形势的拓展。未来不是科幻小说，也不是完全反乌托邦式的脱离现实，而是我们周围已经存在的进程、能量和欲望在本质上的拓展。

弗雷泽谈到的巨大能量与人工智能及技术和工艺惊人的发展有关，根据他的说法，这些技术和工艺正在有效地实现渐进式自动化，尤其是在劳动力市场中，且这一势头不可逆转。

因此，这种自动化势必会影响地球上数百万种"居民"的生活，取代我们今天所知的大多数任务和传统工作形式。想想未来这一势头可能是在最为明显的交通领域，无人机或自动化在私人出行中已经能够部分取代体力劳动，以及人类在社区生活所需功能方面的实体存在。

弗雷泽认为，自动化是一个不可逆的过程，是一种创造可能性和潜力的力量，它本身并不足以决定未来：还有其他可变因素与自动化的动力相互作用。

如果增进自动化的动力是恒定的，那么弗雷泽引用的变量有两个：一个是生态问题，我们称之为气候危机；另一个是政治问题，即各国能知道如何朝着更加民主和平等的方向前进，而不是走向主权或威权主义。

结合人工智能的不断发展与同地缘政治和气候变化相关的变量，预计有四种未来。

第一种未来在某些方面是"田园般的"，大量资源以一种自由的方式推动自动化发展。在该设想下，技术将我们从工作的奴役中解放出来，在某种程度上回归到一个社会。这种未来的方式与丰富的资源有关，得益于自动化将个体从最困难和最累的工作模式及连月生产的奴役中解放出来，释放资源和活力。这是弗雷泽告诉我们的一个假设，但我们需要认识到：即使在一个以如此良性的模式运作的社会中，编程虽不能算是生产资料，但总会有人拥有这些技术手段。在一个由技术和算法统治的社会下，仍然会有人拥有版权和软件权，从而保证了收入。

这是一个非常重要的问题，因为它引出了第二种情况，但存在非常显著的阶级划分：一个绝不平等的社会，建立在编程手段的所有权的基础上。

第三种情况与必要的再平衡有关，一种可以被定义为社会再分配，其前提不是富足，而是商品稀缺、资源稀缺和空间稀缺。这种情况不同于以往，气候变化会强行起作用，大大减少地球上可用的能源数量，并致使政府不得不采取干预措施来维护最弱势的人群。

但还有第四种情况，也是最反乌托邦和最具戏剧性的，这导致在资源稀缺和自动化发达的背景下，人类就可能被视为是多余的。在这一未来模型中，一个小规模的精英界，一个拥有编程和控制自动化手段的小型财富圈，将能够通过保护自己免受气候变化的影响而生存，而不必委身于与一个庞大人口共享资源，而后者就会变得多余。用弗雷泽的话来说，这一设想是接近毁灭性的，既是反乌托邦的，又是戏剧性的。

这本书向我们展示了未来，它源于当前已经存在、正在发展的力量。弗雷泽向我们介绍了一个复杂的未来：未来的动力不是单一的，也不只是核战后或灾难后的未来。书中也试图将现有能量交织在一起，以设想未来可能出现的情景。这本书还着眼于可能已按顺序排列好的未来：在某些阶段，完全回归到拥有手段和财富的少数精英奴役大量人口的形式。这种情况可能会导致斗争和冲突，从而导致社会分裂，最终形成一个以社区为基础的社会。

因此，由于不同形式的冲突，这些不同的未来可能会相继出现。

本书探讨了这四种情景，并表示未来是现有力量的集合，但实际上摆在我们面前的并不是一个简单的未来，而是一系列因素的交织，这些因素目前都在我们的掌控中。

从这个角度及我们从新冠疫情中吸取的教训来看，我认为需要认识到未来不仅仅来自当前情况，还来自我们解读意外现象的能力及作出的反应。

5.2 绿色城市如何帮我们拯救地球

珍·古德博士

珍·莫里斯·古德爵士是一位英国生态学家和保护主义者。1960年7月，她在现在的坦桑尼亚开始了对黑猩猩行为的里程碑式研究。

她在贡贝鸟兽保留区的工作奠定了未来灵长类动物学研究的基础，并重新定义了人类与动物之间的关系。1977年，她成立了珍古德教育与保育协会，继续进行贡贝研究。该协会是全球保护黑猩猩及其栖息地的领军机构，在非洲凭借其以社区为中心、新颖的保护和发展计划而广受认可。1991年，古德博士与一群坦桑尼亚学生创立了根与芽环境教育项目（Roots & Shoots），开发全球环境和人道主义青年项目。2002年，古德博士被任命为联合国和平使者，并于2003年被任命为高级英帝国女勋爵士。

越来越多的人过着与自然世界分离的生活，这是我们今天面临的众多问题之一。部分原因是很多年轻人选择花时间玩电子游戏或在社交媒体上与朋友交流，而不愿花时间到户外，另外越来越多的人主动或被动离开农村地区到城市生活，许多人，尤其是低收入者，生活在钢筋水泥中，因此他们及其孩子与自然相隔绝。但有研究表明，花时间在大自然中可对身心健康产生有益影响，并且在犯罪率高的地区种植花草树木，有助于减少暴力行为。

当然，除此之外，树木也通过过滤灰尘颗粒来净化空气、消减交通噪声、提供遮阴、降低温度，以及吸收大气中的二氧化碳来缓解气候变化，并吸引鸟类和其他野生动物。树根有助于稳定土壤并最大限度地减少洪水造成的危害。公众花园和公园提供了锻炼的场所，在这里人们可以远离城市生活的喧嚣。

我经常看到艺术家在画风景，人们坐在树荫下读书，甚至睡在草坪上。即使是在这样一个经过改造的大自然中也能享受宁静和放松。

随着世界人口的增长，城市也在增长，但政府应该同步出台新的激励措施，将自然世界融入现有城市并纳入新城市的规划中，这一点非常重要。

当然，斯坦法诺·博埃里已创造出最完美的城市建筑，他的住宅公寓犹如森林，高耸入云，融合了数百棵乔木和灌木，吸引了无数种鸟类和昆虫。其中一些建筑被设计为经济适用房，如目前正在荷兰埃因霍温建设的"特鲁多垂直森林"项目，物美价廉，不是只有富人可以住在那里。

人们越来越认识到城市"绿化"的重要性，我们发现道路旁和庭院里长着乔木和灌木，吊篮和窗框里种有鲜花。绿色墙壁和屋顶花园越来越普遍。虽然这通常仅限于城镇中较富裕的地区，但随着人们越来越了解到从长远来看，贫困地区的绿化通过减少犯罪和改善健康可以节省资金，情况正在改观。在坦桑尼亚首都达累斯萨拉姆市议会听取建议在路边植树后，效果很快且非常明显。在热带地区，树木生长迅速，很快气氛就发生了巨大变化——向好的方向发展。没完没了的交通拥堵也不再令人难以忍受，繁茂的树枝遮住了眩光和酷热，走在路边的人们看起来更加轻松，路边摊的小贩在树荫下看起来也很惬意。

城市中，即使只是自然世界的一小部分也会影响一个人的态度。

在因新冠疫情而"停飞"之前，我每年大约300天都在世界各地进行巡回演讲——我的大部分时间都在城市中度过。

当我从酒店的窗户向外看到某种自然的表征时，会感觉到非常大的不同。当我的视野仅限于高层建筑、繁忙的高速公路或建筑工地时，我感到一种束缚感，与我最爱的自然隔绝了，尤其是当我甚至无法打开窗户的时候。就算只有一棵树，其绿叶或多或少地遮住了建筑和来往的车辆，也确实能产生影响，我会重新布置家具，这样当我坐下来工作和早上醒来时就能看到那些树叶。

我最后要提出一项号召：对于地球的未来来说至关重要的是，随着城市的绿化，我们应该努力为孩子提供环境教育。就目前情况而言，让低收入家庭的孩子真正接触自然的经济成本很高，因为大巴车的保险费用高得离谱。

但城市公园更加便利，这提供了一项经济实惠的替代方案。

有些植物修剪程度较高，而且很多都是非本土植物。虽然孩子们看到植物可能会很高兴，但对于多种野生动物来说并不"好客"。但他们在有些公园可以或多或少在天然小道上愉快奔跑，可以了解真实的自然。我曾在世界各地的城市拜访过这些年轻人（主要来自珍古德教育与保育协会的环境教

① 根与芽环境教育项目是JGI为从幼儿园到大学等各个年龄段的年轻人发起的环境和人道主义运动，目前已在68个国家/地区开展。每个小组都选择并致力于使世界变得更适合人类、动物和环境的项目，其中帮助成员了解保护自然世界的重要性是一个关键部分。

育项目，根与芽环境教育项目①）。

当孩子第一次看到将坚果埋起来的松鼠、带着卵囊的蜘蛛、大黄蜂腿上的金色花粉囊，他们眼中透露的兴奋令我十分欣喜。一些公园实际上是原始森林或林地的小型遗迹，保留了一些古树，这是在告诉大家在人类干预前是什么样的情况。

这些地区不仅为城市儿童提供了最好的教室，而且吸引着有条件的高年级学生，他们可以参与公众科学项目以近距离观察该地区的动植物，为生物课规划开展哪些研究项目等。在欧洲，一些小到可以长在校园或废弃建筑工地里的微型树林和森林正在城市内外涌现。这些都是受到了日本著名植物学家宫胁昭博士的启发，堪称生物多样性的奇迹。

我亲眼看到，一旦孩子们亲身体验，他们通常会迷上大自然，希望保护剩余的部分，并努力恢复人类已破坏的部分。正是因为我们不尊重自然世界，并破坏栖息地，使动物被迫与人类更密切地接触，这导致了越来越多的病毒或细菌从动物身上传播给人类并为新的人类疾病创造条件。不尊重自然也导致了更可怕的后果——气候危机。

这就是为什么让孩子重新建立与自然世界的联系，教会他们尊重自然世界并理解人类也是自然的一部分，我们的生存也依赖自然非常重要的原因。也要让他们理解为什么让自然融入城市是为子孙后代拯救地球的关键部分（图5-1、图5-2、图5-3）。

图5-1

图 5-2

Green Obsession: Trees Towards Cities, Humans Towards Forests | 245

图5-3
图5-1、5-2、5-3 《我们是否愿意运用智能》垂直拼贴
来源：阿德里安·杜博斯特。
进一步意识到人类的脆弱性：我们在利用技术统治自然的野心方面很脆弱，我们在作出预测的智能方面也很脆弱。

5.3 特鲁多垂直森林

弗莱姆·科莱特·因弗尼兹

荷兰埃因霍温的"特鲁多垂直森林"项目是"Strijp-S"城市更新计划的一部分,这是飞利浦公司创建所在地再利用和新开发的项目。自2000年以来,该地区已被重新用作创意十足的年轻公司园区,并重新规划为住宅区。对负责更新该地区的公司来说,保持该园区的工业氛围,将创意产业与活跃的功能相结合是一大主要目标。

在此背景下,"特鲁多垂直森林"项目代表了一个实验性的经济适用房新理念,遵循垂直森林原则。该项目旨在通过其生活质量标准较高的19层廉租公寓系统为低收入用户,特别是年轻夫妇提供住所。廉租系统允许通过一系列访谈确定哪些人愿意加入这个社区,对自然本身及保护自然感兴趣。维护工作委托一家私人公司负责,同时还为特鲁多的居民开设了多门课程,让他们学习如何平等地照料植物和乔木。

特鲁多大厦首次将垂直森林概念应用于经济适用房。它的设计遵循价值工程原则,为经济适用房设定新的生活标准,户外空间及乔木和灌木最终被视为当代城市规划监管体系中的基本资产。根据预制和价值工程原则,建筑成本已经降低,这意味着可通过在设计过程中精心挑选材料来大大降低成本,从而实现相同的美观效果。此外,悬臂式露台和立面经过专门设计,通过对其组件进行模块化处理来节省成本。凭借运用预制工艺、采取合理的立面技术解决方案及随之而来的资源优化,使特鲁多站在了经济适用房新生活标准的最前沿。乔木、灌木和随之而来的生物多样性首次被视为经济适用房的基本资产,每间公寓至少拥有4m²的室外空间和一棵树(图5-4、图5-5、图5-6、图5-7)。

"特鲁多垂直森林"项目是一座75m高的摩天大楼,其外立面种植着125棵树、5200株灌木和花草,通过促进植物、动物、人类和建筑的共存和相互依靠来改善城市生物多样性。它正在帮助打造一个新的城市生态系统,各种植物可以为各种鸟类和传粉昆虫创造新的栖息地,从而不断吸引着它们

图5-4 "特鲁多垂直森林"项目
来源：博埃里建筑设计事务所，荷兰埃因霍温，2021。
图片版权：列维·特罗梅伦和眨眼的鱼。

图5-5 "特鲁多垂直森林"项目
来源:博埃里建筑设计事务所,荷兰埃因霍温,2021。
图片版权:列维·特罗梅伦和眨眼的鱼。

图5-6

图5-7

图5-6、5-7 "特鲁多垂直森林"项目
来源:博埃里建筑设计事务所,荷兰埃因霍温,2021。
图片版权:列维·特罗梅伦和眨眼的鱼。

的到来，成为动植物自发重新回到城市的象征。树木提供了许多生态系统服务，可用于提高城市的韧性：一旦长大，遍布大楼各层的大量植被将大大降低其立面的温度，从而节省大量能源。建筑物的绿色立面不仅弥补了混凝土和钢材的单调，而且还有效地缓解了城市热岛效应。其水系统也是循环的：雨水被收集并储存在建筑下方的水箱中，并用于浇灌植物。

"特鲁多垂直森林"的目标是通过打造美观的建筑来对市民心理产生实实在在的影响。如前所述，结合自然来设计也意味着为昆虫、鸟类和小动物创造有吸引力的栖息地，项目的目标之一就是增加其他生物的存在。该项目不仅致力于改变城市景观，还会考虑每间公寓对花草树木的需求，从而纳入经济适用房的生活标准。

5.4　树木栖身的权利

西蒙·马尔凯蒂

一段时间以来，随着法国《树木权利宣言》（*Déclaration de droit de l'arbre*）的出台，树木的权利、保护及对古树的安全措施得到了充分认可。该文件于2019年4月5日提交给国民议会（法国两院制议会下议院），希望能得到普及，从而为新的立法铺平道路，承认树木具有在城市景观中栖身的权利。该宣言的科学假设是，树木是生态平衡和与之相关的生物多样性的基础。树木的世界是独一无二且不可或缺的，即使在立法层面也应得到承认和保护，同时考虑树木具有对其地上部分实体（树枝、树干和树叶）完整性的全部权利，最重要的还是地下（树根）完整性，这些利益对其健康和所有依赖它的物种来说都是必不可少的（ARBRES，2019）。

该宣言代表了迈向承认树木权利的第一步，但背后的目的并不是首次出现。

这属于一个较为漫长的过程，始于人类开始意识到基本人权与我们的环境及其他物种的生活密切相关（Selva Juridica，2014）。这种声明的最终目标是强调需要填补的立法空白，必须克服现代宪政主义，用法律语言把人类从将自然客观化为"财产"这一认知中解放出来。现代法律及其语言，加上其语义鸿沟，在加强对人和土地的统治和控制方面发挥了巨大作用。现代殖民主义的确立和立法得益于人类作为"法律主体"在法律上的"双标"，而自然（土地和随之而来的生物多样性）被认为是人类的拥有物，这意味着它没有法律权利。从1960年和1970年开始，为了改变现状并最终让景观、森林和树木成为诉讼的当事人，人们分别尝试过几次诉诸法庭。1971年克里斯托弗·斯通的里程碑式宣言，即《树应该有诉讼资格吗——迈向自然物的法律权利》（*Should Trees Have Standing? Toward Legal Rights for Natural Objects*，Stone D. C., 1972）是这一新理念的先驱，背景是美国矿物国王山谷中的一个山谷由于开发项目而面临土壤退化的风险，该山谷被假定为一个法律实体，反对自己被开发。该案因其断言而成为典范，重新激发了对寻求新语言形式和新型合法的万物有灵论的兴趣（Selva Juridica, 2014）。亚马孙森林的原住民和环保主义，作为一种广泛的哲学，为在南美洲和世界其他地区宣传保护森林和树木以及组织各种科普运动作出了巨大贡献。随着对正义在伦理和政治上的讨论以及对环境和自然传统观念的批评，已经实现了几项目标。

比如说厄瓜多尔宪法，其产生的原因是环境科学、激进主义及倡导等观念和知识的广泛交融，它承认了一系列不可剥夺的权利，使自然在国家法律基础中享有突出地位，并在法律上承认厄瓜多尔地理边界内存在"不同的自然世界"（森林法，Selva Juridica, 2014）。这意味着从立法的角度看，我们开始认识到存在一些未知的世界，但仍可将其视为具有司法权的实体或个体。

随着树木权利宣言的宣布，每个国家和城市都将承担起保护自然遗产的责任，但最重要的是要承认树木是具有生命权的物理实体。这在城市中尤其需要，因为灰色基础设施通常多于"绿色基础设施"。

因此，我们需要制定具有跨文化特征的法律，将我们所属的自然世界视为一类种间种植的农业生态领域（Coccia E., 2019），并承认所有生物物种都是整个地球系统的一部分，且每一位成员都在平衡中发挥作用。我们还必须承认每个物种都试图干预其他物种在生物和遗传方面的命运，但不一定以负面的方式，并且它们本身会生成"城市"和"结构"（Coccia E., 2019）。树木在创造此类非人类世界中发挥着巨大作用，这种作用发生在土壤中的根与根之间，以及在枝叶之间。

此外，必须承认支配权和财产权会使人陷入消失的境地。如果支配权和财产权与寄生相结合，则寄生虫会通过掠夺宿主的身体而将宿主判处死刑，而不会意识到自己会消失（Serres M., 1990）。

米歇尔·塞雷斯（Michel Serres）在他的《自然契约》（*The Natural Contract*，Serres M., 1990）一书中提出了一种共生契约，在该契约下共生体承认宿主的权利，在不破坏宿主的情况下与宿主接触，会建立一种共生关系，相互支持和认可。

值得一提的是，在2019年第二十二届米兰三年展"破碎的自然：设计承载人类生存"（由保拉·安特那利①策展）之际，斯坦法诺·曼库索的《植物国度》（*The Nation of Plants*）一书中对此作出了强有力的陈述（Mancuso

---

① 保拉·安特那利是纽约现代艺术博物馆建筑与设计部的资深策展人，也是研究与发展部门的主任。

S., 2021）。本书记录了未来就此问题立法的进展。

将这些概念融入日常生活可能会从根本上改变我们与植物王国的交往方式。珍·古德博士也多次站在树木的一边，特别是在达沃斯举行的"三万亿棵树运动"的启动会议期间，该活动是2020年世界经济论坛的一部分。她的建议很简单，但极其有建设性：给每棵树取一个名字，从而赋予它们一个身份，并视为不同的个体。该想法看似平庸，却暗示着一种非常隐晦的文化变革。该变革来自她的一项提议引发的范围更广的反思，即她会给自己研究和分析的黑猩猩取名字，而不是用数字编号，这一事件在20世纪60年代在科学界引起了极大轰动。给树木命名并认可其个体身份只是更深层次变革的冰山一角，但它是向前迈出的一小步，朝向一个截然不同的世界愿景，在这里花草树木的静态性质不再是死亡的代名词，而是认可不同于人类的进化过程，并且同样珍贵。

5.5 迈向城市与自然的新联盟

玛丽亚·基亚拉·帕斯托雷

不久前，感谢两位来自不同学科的同事，佛罗伦萨大学树木栽培学教授弗朗西斯科·费里尼和米兰理工大学城市与区域规划教授保罗·皮莱里，我偶然看到了《需要一棵树来拯救城市》（*Ci vuole un Albero per salvare la Città*）一书，译者是弗朗西斯·阿莱（*Du bon usage des arbres：Un plaidoyer à l'attention des élus et des émarques*, Hallé F., 2018）。

我喜欢以这个听起来很不错的名义来凸显这本书提出的一些观点。我想强调一个事实，该书的推荐人来自两个不同的学科，但这本关于树的书却是本次对话的共同基础。

阿莱本人发表本书时主要面对的是政治家和绿化区的管理者。这是因为树木不属于单个或几个领域的工作或研究，而是渗透到了所有学科领域。在我们目前开展的城市林业研究中，这项共同的跨学科工作是我想强调的首要信息之一。2018年，由世界粮农组织、SISEF、曼托瓦市政厅和米兰理工大学组织在曼托瓦举办的第一届世界城市森林论坛上，800多人齐聚一堂讨论全球的城市林业，这一领域引起了来自各学科的公共和私人组织、公民和协会的极大兴趣，这是该主题提出的最相关的要素之一，即为第一个要素。植物王国汇集了各大科学学科，只有各知识领域携手才能帮助我们理解这个复杂的世界，以及以最佳方式与之建立联系。

第二个要素与书中的一条信息有关，即人与树之间的联盟。在第58页，阿莱说："树和人能脱离彼此而存活吗？这种不对称只对我们不利，因为树在任何方面都不需要我们，而它对我们来说却至关重要"（Hallé F., 2018）。所有人或多或少都会受到这层关系的影响，无论是友好的关系还是与自然对立，但人们经常忽视这一现实。也就是说，在没有人类的情况下，植物不仅会继续生存，而且还会激增。另外，遗弃之地的卫星图像，无论是正常停止使用，还是在切尔诺贝利等突发事件或灾难之后，都显示出这里无人居住，但在绿地和生物多样性方面却非常丰富，场地无疑被植物重新利用了，并在此不受限地繁殖。人与树的关系完全转变为单方面满足人类建立联盟的需要，以某种方式保证人类的生存。事实上，树木早在人类出现之前就已在地球上繁衍，在美国纽约吉尔博发现的最古老的树状植物化石可追溯至3.85亿年前，即使在人类最终从地球上消失之后，它们也很可能会适应新情况而继续存在，似乎人类并没有考虑到这种失衡。

但如果我们需要树木，尤其是在城市环境中，那么这一层面阻碍因素有哪些？我将尝试列出3个可能影响自然与城市关系的因素，也希望可以克服其中一些阻碍。

第1个因素是树木需要空间。树木的专用空间以及一般的绿色空间面对着众多需求的争夺，包括住房、商业、制造或农业需求等。此外，在城市环境中，树木与基础设施（当然是指出行方面，无论是公路、人行道、自行车道、铁路、地铁，还有在某些情况下阻止树木种植在停车场和专门的体育场所周边的辅助服务区）也在争夺空间。就这一初始要素而言，重要的是从行政角度观察为增加植物空间创造机会有多么复杂，因为这与不同部门以及不同组织的职责相冲突。实现协调并将城市林业视为必然会影响其他各领域的跨学科领域是一项挑战，要通过媒介即树木来应对。因此，树木不再被仅视为家具的原料，而是所有基础设施的组成部分。树木空间还有另一个方面，同样来自阿莱的建议，涉及成年树生长和健康所需的物理空间。树冠和树根，或者"在正确的地方种植正确的树"（Halle F., 2018），这些都是种树时需要计算的要素，以拥有可以生长很长一段时间的完整树木，然后带来我们希望得到的那些好处。

第2个因素是树木需要时间。随着时间的推移，树木会生长，而它们的效益也会增加。树木的效益通常可以间接衡量，而许多其他基础设施则因为具有更直接的影响，而被认为是"关键的"和"不可或缺的"。实际上，与任何其他城市基础设施相比，就初始投资而言，树木的成本（即使是那些更老、更大的树木）要低得多。不理解树木的价值导致未分配大量公共资金用于城市林业的种植、维护和发展。在这个时代，我们总想在短时间内看到努力的结果、投入的资金以及花在具体行动上的时间。"……谈到树木，我们需要拒绝犯目光短浅、着急忙慌的错误，并接受在树木平和的节奏下生活。在这一领域，机会主义只会催生无效的结局，有时甚至是荒谬的。相反，一个在社区内种植小树、给与树木生长时间的城市具备着正面形象，体现了社区对未来的信心"（Halle F., 2018）。

第3个因素是树木是生命体。即使我们找到了树木的空间，以及确保种植树木和生长所需的资金，我们仍然要考虑到跟树木有关的一些担忧。树木会倒下，树叶会弄脏并堵塞排水沟和管道，树根可能抬起人行道并阻碍行人通行，树根周围未铺砌的区域会变得泥泞，树木会阻挡商业机构的视野。树木会吸引昆虫和动物，其传播的花粉是潜在的过敏原，有些树种的叶子可能有毒。我们害怕与其他生物共享"我们的"空间，那么可以做些什么呢？在某些情况下，我们可以仔细挑选物种。此外，我们必须开展深入的教育活动，宣传树木在城市中的重要性，特别是在不同领域，一棵树或一片树木可以为社会带来哪些益处。最后，我们需要告诉人们在那些树木很少或根本没有树木的地方会发生什么。只有通过城市与自然世界的相互联系，城市才有生存的机会。

5.6 塑造（重塑）韧性城市

哈里尼·纳根德拉（Harini Nagendra）

哈里尼·纳根德拉教授是印度班加罗尔的阿齐姆普·莱姆吉大学的一名研究中心主任，领导该大学的气候变化和可持续发展中心。她还是《全球环境变化》（*Global Environmental Change*）杂志的联合编辑。

在过去的25年里，哈里尼从研究景观生态学和寻求社会正义两种角度出发，一直处于南亚森林和城市研究保护的前沿。她因自己的跨学科研究和实践获得了许多国际奖项，还写了两本书：《城市中的自然：班加罗尔的过去、现在和未来》（*Nature in the City: Bengaluru in the Past, Present and Future*）和《城市与冠盖：印度城市中的树木》（*Cities and Canopies: Trees of Indian Cities*）。

南半球的城市正处于快速扩张过程中最具创造性的阶段。有模型预测，到2050年，世界城市人口将增加25亿（UNDESA，2019），其中22.5亿人是亚非人口，即每10人中有9人来自亚非大陆。南半球将主导未来的城市转型。这意味着一个城市创意繁荣发展的时代，也意味着要求人们应对污染、饥饿、不平等和健康不良等系统性挑战的迫切呼吁。

那些即将在未来几十年里被城市覆盖的区域如今还有大半尚未建成——这为建筑空间的设计提供了巨大的机会，使其更加可持续、公平和健康（Elmqvist等，2018）。与此同时，如果没有认识到城市都是耦合的社会生态系统这一事实，实体建筑空间就无法实现之前承诺的可持续性效益，因此，任何城市的建筑和景观设计都必须与其生态和地理环境、文化和社会经济背景保持同步。

"城市中的自然"（Nagendra，2016）是一种社会、文化和生态层面的"自然"状态。正是由于人们缺乏对"城市的自然"重要性的这一基本理念的充分认识，我们周围出现了许多"病态"城市，比如孟买，在红树林森林上修建新机场，而红树林森林是它与海平面上升之间的最后一个缓冲区

（Sen and Nagendr, 2019）；再如欧洲的许多城市，被愈发猛烈的高温热浪"冲刷"，这些城市的低收入社区缺少树木和绿地，又让高温状况更加严重。

毫无疑问，研究现已证明，从湖泊、草原、湿地和城市森林等大型生态系统，到包括公寓阳台上的花盆、路边的一棵树和一个小池塘在内的袖珍生态系统，它们都为城市居民提供了无数好处。城市生态系统可以清洁被污染的水和空气，为人类和各种生物提供树荫、食物、饲料和鱼类，是鸟类、蝴蝶和城市野生动物的栖息地，是人类与自然进行创造性交流和缓解精神压力的场所，城市绿地和水体所提供的生态系统服务的重要性再怎么强调都不为过。

自然对城市结构至关重要，然而公众对此的认识仍然有限，这方面的知识大多并未从学术期刊向外扩散。作为这种认识的敏锐指示器，大多数描写城市的好书（世界各地的城市有很多这类书）都倾向于忽略自然。当然也有例外，如埃里克·桑德森描述纽约生态史的出色作品《曼纳哈塔：纽约市自然史》（*Mannahatta: A Natural History of New York City*）——但是总的来说，关于城市的开创性著作以及对城市发展动力的描述都把自然简化为一个脚注。当然，反过来也一样，大多数关于生态和自然的优秀作品也一直将重点放在远离人群的"荒野"这种带有神秘色彩的概念上。

在辩证的过程中对自然和文化如何紧密交织的理解不够深刻，也许是为什么如今世界各地的城市都有人提出更多应用于城市可持续发展的基于自然的解决方案，后者却受到批评，批评理由包括这些方案使用了受生态工程启发的方法、过度关注审美和娱乐方面，并经常导致催生的阶级分化的后果。

比如说，我们最近在海德拉巴（一座炎热的半干旱印度城市）开展工作时发现，由于地铁建设等城市发展项目，街头商贩被迫搬迁。因为地铁建设，行车道上的树木被砍伐，他们失去了"荫凉的权利"，无法继续在白天较舒适地进行户外销售——现在，因为失去了公共树木，他们中的许多人遭受着头痛和其他困难的折磨（Basu & Nagendra, 2020）。然而，街道树木的城市设计很少或从来没有将街头商贩特有的期许与需求纳入设计中，而街头商贩是所有城市的文化和经济重要组成部分（图5-8）。

同样，在世界各地的城市中，采集野生植物作为食物等也是一个普遍

图5-8 海得拉巴一座清真寺中的城市鸽子饲养区
来源:哈里尼·纳根德拉。

存在但被忽视的现象。在美国雪城(Syracuse),纽约州移民以在附近的空地上觅食为生。在德国柏林,人们从公园收割植物来烹饪、泡茶,制作医药和宠物食品。在南非开普敦,低收入居民采集了250多种植物,用作木柴、药物和食物。不过,城市里的大多数公共场所都明令禁止这种觅食行为。而如果没有正式禁止这种行为,顾及公园和湖泊等公共空间的审美和娱乐重要性,人们也不会允许这些地点被开发出其他用途,如觅食、放牧或收集柴火等(Shackleton, 2017)。

城市设计在这里扮演着重要的角色。如果公共空间的设计不仅明确地允许且实质上鼓励人们用于觅食,那么公共空间的外观和功能将会是什么样的呢?人们应该制定什么样的规则来限制过度采伐?建筑师、规划师和当地居民协会如何鼓励"共享"过程,让来自不同社会、文化和经济背景的当地居民聚集在一起,分享知识,在恢复自然状态的公共土地上合作觅食?在这里，我们可以从越来越多的城市园艺实验中获得一些灵感，这些实验包括废弃的地块、铺砌区、屋顶和其他未利用的城市空间。阿根廷的罗萨里奥市有800多个社区花园，这些花园养活了4万人。在2002年的经济危机中，社区园艺起到了至关重要的作用，它帮助那些饥饿的家庭维持生存。美国底特律也有1300多个花园，包括大量的社区花园和学校花园（Altieri & Nicholls, 2021）。

这些花园对城市的可持续发展有很高的溢出效益。当蜜蜂和其他传粉者在城市中迅速消失的时候，它们帮助了这些传粉生物延续下去。在土地间劳作也能让儿童和成人对自然产生更深厚的喜爱，改善他们的身心健康，并促进社会资本的形成。在这里，动态景观设计的可能性也是巨大的。有了社区的努力和长远眼光，社区花园已经在很大程度上有机地成长起来。但是，如果城市设计能够积极地容纳这些空间，后者的力量就可以得到极大的扩展。例如，可以将小块土地在空间上相互连接，形成几百米之内的地块拼图，让传粉者在地块之间自由移动。这样的空间设计可以提高果蔬的整体产量，同时加强生态系统的结构和功能。

特别是在热带环境和易受热浪影响的城市，人们还可以通过打造屋顶社区园艺共建一个利益共同体。这是一个双赢的局面，有助于冷却屋顶并减轻小气候的影响，还会促进生物多样性、为饥饿者带来食物。印度金奈市正试图通过对屋顶园艺的重视来鼓励城市园艺，在此过程中让居民福利协会和迎合低收入社区的公立学校参与进来，作为提高城市应对气候变化能力的努力的一部分。该倡议被称为"成长中的韧性花园：韧性金奈的2030愿景"。类似地，巴黎也尝试在学校里建立菜园，让菜园起到冷却岛的作用，帮助孩子们抵御热浪，让学校在夏天也能维持正常的教学活动。

一个社区花园、一棵树木、一个花盆、一个排水箱、一堵爬藤墙的精确位置和布置安排，都会影响这种微型生态系统提供调节生态系统服务的能力，如减少热量、吸收空气污染物或吸引传粉者。要成功将这种共同利益最大化，关键是要仔细设计生态系统和景观，了解不同地方背景的社会需求。

这样的设计实验需要的不仅仅是市政当局或景观设计师，当地社区也可以致力于社会生态设计创新，以适应自身的环境和需求。班加罗尔的一个社区修复湖就是这种创新的绝佳案例，当地的凯康德拉哈利湖曾是一个生机勃勃的湖泊，但是到了2006年，它已经成为了一个日渐干涸的污水池。负责维护该湖的当地社区信托基金和市政当局进行了创新合作，让凯康德拉哈利湖的生态环境于2007年得到了恢复。凯康德拉哈利湖满足了大量各行各业居民的需要。湖泊附近有一处开放区域，是法律上属于凯康德拉哈利湖的土地的一部分，现在它是那些在湖边的低收入学校上学的孩子们的操场，让他们在工作日和上学时间都有活动的场地。在学校不上课的时候，这片操场用于社区活动，如观看自然电影或举办一年一度的湖泊节。放牧这一几个世纪以来一直在湖泊区域进行的传统活动，在市政府恢复湖泊环境后被禁止了。然而，由于认识到当地牧民的长期需求，湖泊信托基金鼓励他们从湖床上免费取草喂牛。这个设计帮助湖泊清除了因污水而生长的多余水草（尽管进行了环境恢复，仍然有污水持续涌入湖中），在防止湖泊植被过量的同时促进了当地重要的文化民生发展，还让附近的居民有食草奶牛的有机牛奶可以喝（Nagendra H., 2016）。

人们必须把这些实验加以对照，才能了解在全球范围内促进社区所有权感的条件，并更好地理解设计在城市自然恢复中的作用，这一理念对城市韧性至关重要。然而在全球各城市里，这些想法在实践中基本上被忽视了。例如，代表着印度商业和经济中心的孟买有许多核心金融地区到了2050年可能会被水淹没。然而孟买并没有采取防灾措施，而是正在建设第二个机场。第二个机场在海岸上，距离第一个机场仅30英里，破坏了能缓冲洪水的红树林洪积平原和泥滩。世界各地有数百座这样的城市，以牺牲长期韧性为代价，专注于短期经济增长。人们需要为城市规划制定更适当的框架，纳入"基于自然的解决方案"的能力，以提高城市对气候变化长期影响的抵御能力，从洪水和热浪等急性变化（可能需要采取人为植树造林、复兴被掩埋的河川等干预措施）；对长期干旱和气候迁移等慢性变化的发生（可以通过倡导社区园艺、将可用于觅食的废弃空间重新野生化、为候鸟提供营养恢复力等干预措施加以帮助）（图5-9）。

最后，虽然本章的大部分内容都在微观尺度上讨论了城市设计对基于自然的城市韧性的作用，但我们也需要在城市层面和区域尺度上进行城市设计。人类设计制造的城市系统对重塑气候会产生区域性影响，我们对此有了越来越多的了解。城市热岛形成的超热区域会改变当地的降雨模式，增加风暴的强度和产生洪涝的可能性。与此同时，在印度等一些地区，城市空气污染也会阻止或减缓雨云集结，从而减少降雨。

图5-9 高温下的小树
来源:哈里尼·纳根德拉。

因此，城市自身会产生局部效应，以创造经典的"棘手"问题的方式助长全球变暖。这些问题极其难以预测或控制，2019年澳大利亚和2020年加州的森林大火就是典型的例子。当然，城市很难减轻其中一些影响，因为由于气候变化造成的全球影响，火灾的发生概率和强度都有所增加。但与此同时，澳大利亚和美国的许多城市都建立在火灾易发地区，并向森林扩张，这表示人们本可以通过更合适的城市设计和规划来更好地避免这些风险。人们仍然可以通过在城市周围建立水体带和较不易燃的植被来缓解这些风险。同样，当沿海城市因海平面上升而面临越来越大的洪水威胁时，他们应该考虑的不是建保护墙，而是在原有位置重建红树林和沿海湿地，这可能会是更有成本效益的设计解决方案。

幸运的是，尽管许多国家政府已经开始退出国际气候变化减缓活动和条约，但城市们已经接受了挑战，并开始引领发展气候适应能力的路径。其中最突出的是ICLEI（促进可持续发展的地方政府），这是一个包括超过1750个地方政府和区域政府（其中许多是自治市政府）的全球网络，设法影响以自然为基础的低碳向可持续性转型，并满足应对气候变化的韧性要求和公平需求。另一个重要的组织是C40城市气候领导小组，该组织由来自世界各地、遍布南北半球的100多个城市组成。在疫情导致的封锁后，这些城市则开始着手试验以一些更可持续的方式振兴经济，如放弃机动交通，转向设计更利于自行车和步行出行的城市。

设计在这些倡议中也扮演着重要的角色。精心设计的城市有助于创造共同效益，比如沿人行道种植树木提供树荫，让人们更愿意在炎热的天气里出行。拆除混凝土结构，种植当地植被，修复城市小溪、运河和雨水渠，这样人们可以在自然环境中，甚至是高层建筑的中间步行和骑自行车。国际联盟在激励这种最优做法和促进城市间的交叉学习方面发挥重要作用，而交叉学习也不局限于通常的北-北和北-南方向，还包括南-北方向的知识转移，从而实现多方向的知识传递。

5.7　自然建造：迈向另一种"绿色建筑"

李翔宁

李翔宁博士，同济大学建筑与城市规划学院教授，2020—2024年担任该学院院长。他发表了大量关于中国当代建筑和城市主义的文章，并在2016年担任哈佛大学客座教授，教授该主题的课程。

李翔宁教授是 *Architecture China* 的主编，并担任《亚洲建筑》、*The Plan*、*Le Visiteur* 等学术期刊的编委。李翔宁教授曾任第16届威尼斯国际建筑双年展中国馆策展人，2015年度和2017年度上海城市空间艺术季策展人。

在2015年的行为艺术项目"尘埃计划"中，中国民间艺术家坚果兄弟带着一台吸尘器走遍了北京的许多公共场所，对着雾蒙蒙的天空吸取灰尘。100天后，他将收集到的一团灰色东西做成砖头，放在了北京一条胡同的墙上。他的艺术项目迅速走红，引发了人们关于城市建设对自然环境的破坏的新一轮讨论。

快速城市化带来的生态问题激发了中国当代建筑师和艺术家的创作灵感，让他们创造出了众多作品。20世纪90年代末，艺术家王南溟在一场沙尘暴中，用一块涂了一层胶水的亚麻布捕捉空气中的颗粒，创作出了一幅概念艺术作品"沙尘暴"。当2007年太湖发生大规模蓝藻暴发时，王南溟将白色的丝绸和薄纱浸泡在湖中，湖水慢慢地污染了丝绸和纱布，把它们染成了绿色。他称这幅作品为"太湖水"。在2009年的"拓印干旱"项目中，他转而研究中国北方严重的干旱，这种干旱导致土地干裂。他采用拓印的方式，将干旱的痕迹留在纸上。这些作品以有形的、肉眼看得见的方式展现了气候变化和生态破坏的现状。

这些作品作为具有象征意义的批判艺术，反映了当代中国所面临的生态危机。

当代艺术家翁奋在他的"骑墙"系列作品中探讨了他对自然与建筑关系的理解。画面中央的年轻女孩们望向欢欣而繁荣的城市，背对着怀旧的、田园牧歌式的自然环境，这一场景与人类的困境类似。这一系列作品邀请观众们思考一个"绝对"的未来这一选择。艺术家杨泳梁创作的"蜃市·山水"系列中，有一幅作品看起来像是中国山水画，但只要仔细观察就会发现，画中的是一个由人造结构组成的钢铁森林。这些工业时代的物体模仿着青山绿水，它们形成的景观已经成为我们时代的"自然"。

这种因建筑与自然的矛盾而产生的不安和自我批判，代表了主流社会的一种共识。

绿色建筑：政策指导与经济考虑因素

中国政府已经公布了一系列针对环境问题的公共建筑政策，希望尽可能减少城市建设对自然和生态环境的负面影响。其中，最具指导性的政策是《绿色建筑评价标准》（简称《绿色标准》）的出台和实施。绿色建筑评价体系是中国第一个绿色建筑国家标准，于2006年首次提出，并在2014年和2019年经历了两轮修订。目前，它是规范和指导中国绿色建筑发展的基本技术指标。这项政策提供的是奖惩并施（胡萝卜加大棒）的方法。"胡萝卜"指的是利用财政支持来区分建筑等级：等级越高，补贴越多[1]。而至于"大棒"，则要求绿色建筑在新建筑和现有建筑中占据更高的比例[2]。

与《绿色标准》相比，国际绿色认证在中国仍占有相当大的市场份额[3]，尽管这种需求往往来自经济考量。对于许多建筑开发商来说，像LEED和WELL这样的国际认证标志着更高水平的技术认可，也意味着更高的利润。在中国以外，获得LEED认证的开发商或业主通常可以获得税收抵免，收取高额租金，并以这项认证营造自家建筑的环保形象[4]。虽然中国没有这样的规定，但每年仍有无数的房地产开发商不遗余力地争夺LEED认证。一项研究表明，在中国的一线城市（北京、上海、广州、深圳和成都），通过LEED认证的A级写字楼的租金比平均租金高出10%至30%，这些写字楼也能更好地经受住商业房地产市场的下行考验[5]。

低碳和环保无疑将成为未来的主流，但绿色建筑的支持者和监督建筑设计的建筑师之间仍然存在着意识形态上的分歧。一方面，前者往往致力于使技术标准成为认证系统的决定因素，但建筑师因此不得不牺牲在建筑形式设计上的自由。另一方面，就投资和利润而言，尽管有政府和《绿色标准》的财政激励，大多数绿色建筑仍然属于高投入、回报周期长的项目。

[1] 2012年，中国财政部与住房和城乡建设部联合发布了《关于加快推动我国绿色建筑发展的实施意见》，提出了按照绿色建筑等级给予不同的资金支持的政策。每座二星级绿色建筑按建筑面积给予每平方米45元的奖励；每座三星级绿色建筑按建筑面积给予每平方米80元的奖励；每座绿色生态城市可获得5000万元的固定补贴。2015年，住建部发布并实施了新版绿色建筑评价标准，以节地与室外环境、节能与能源利用、节水与水资源利用、节材与材料资源利用、室内环境质量和运行管理六类指标对建筑项目进行评价。绿色建筑的基本评级从高到低分别为三星、二星和一星。

绿色认证：益处与弊端

在其初期阶段，绿色建筑通常需要比普通建筑投入更多的增量成本，这是一项一次性投资，报酬来自未来节省的能源成本。但中国的土地公有制意味着政府在授予一定期限的土地使用权的同时，还拥有土地所有权的最终决定权。如果土地上的建筑被拆除，规划变更，或有任何其他重大的经济或社会影响发生，那么这些因素可能会对建筑的用途甚至所有权造成影响或改动。因此，在初期投资和预期的长期利润之间存在着很多不确定性，或者说，这种不确定性削弱甚至破坏了这二者之间的关系。

2010年，弗兰克·盖里曾提出，人们可能一辈子都无法付清绿色建筑的必要增量成本[6]。因此，一些房地产开发商倾向于把更多的精力放在LEED和其他绿色认证上，以此提升品牌价值，而不是通过绿色施工来节省能源成本。这样，他们就可以在更短的时间内以更高的经济回报跟进他们的初始投资。正如盖里所说，获得LEED认证就像戴上了"国旗的胸针"。那么，对于唯一目的就是追求利润的房地产开发商来说，绿色建筑是不是真的只有抬高身价这么一点点作用呢？

此外，目前世界各国对绿色建筑的评估标准各不相同，比如中国的《绿色标准》、美国的LEED标准、英国的BREEAM标准、德国的DGNB标准。中国的建筑项目在申请国际认证时，往往会遭遇技术和环境两方面不兼容的情况；这两种情况在最坏的情况下可能导致节能效果不佳。例如，欧洲

---

② 根据中国在2014年通过的《国家新型城镇化规划（2014—2020）》，到了2020年，城镇绿色建筑必须占所有新建建筑的50%，高于2012年规定的2%。2017年5月，住建部发布了《建筑业发展"十三五"规划》，要求城镇新建民用建筑全部达到节能标准要求；城镇绿色建筑占新建建筑的50%；新开工全装修成品住宅面积达到30%；绿色建材应用比例40%；装配式建筑面积占新建建筑面积比例达到15%。2020年以前，所有前述标准必须达成。

③ 以LEED认证为例。在北京21世纪议程研究中心办公楼于2005年获得中国首个LEED认证后，LEED认证在中国开始了它迅速而长期的发展。从2005年到2016年，中国建筑在LEED认证领域中以77%的年复合增长率增长。截至2017年8月，54个城市中共计4800多万平方米的建筑获得了LEED认证。自2010年以来，中国一直是美国以外最大的LEED市场，占全球LEED市场的9%，（除美国以外的）国际市场的32%（前述数据不包括LEED认证的室内设计和建筑）。参见约瑟夫·克里亚的《2017中国绿色建筑报告：从绿色到健康》，世邦魏理仕，2017年11月11日。

④ 根据某建筑咨询公司提供的资料，申请LEEDNC（LEED新建筑）认证的北京项目需支付以下费用：向咨询公司支付40万～60万元，甚至60万元以上的设计方案和施工方案评审咨询费用；超过15000～45000美元的LEED认证费用；0.04～0.045美元/平方英尺的设计评审费用；每平方英尺0.01～0.015美元的建筑审查费用。参见《LEED认证：一种夸张的环保噱头——中国绿色建筑背后的利润追求》，*Discovery in Feature* 第25期。参见约瑟夫·克里亚的《2017中国绿色建筑报告：从绿色到健康》，世邦魏理仕（CBRE），2017年11月11日。

⑤ 参见约瑟夫·克里亚的《2017中国绿色建筑报告：从绿色到健康》，CBRE，2017年11月11日。

⑥ 参见弗兰克·盖里的《LEED上的建筑》，彭博《商业周刊》，2010年4月。

将室内供暖温度设定在21～24℃，比北京设定的18℃多消耗15%的能源。中国北方许多地区的供暖也依赖于燃煤发电的余热，但是使用集中供热网络可以提高效率。

在此基础上，中国住宅和公共建筑的能源消耗与发达国家相比还有一定差距。中国平均热水消耗量仅为美国的1/5，日本的1/4。然而，在新能源产业的国际分工方面，中国仍暂时处于加工端。正因为如此，在生产建筑材料和物流过程中不断排放二氧化碳和其他污染物，但这些生产过程所必需的能源和污染却被排除在建筑节能和环境保护的整个生命周期之外。同样，在确定碳足迹时，LEED认证通常不会考虑中国运输建筑材料的能耗。

自然建造：绿色建筑的其他价值维度

技术考虑因素的出现（如绿色认证），以及对自然与建筑之间价值关系的重新认识，导致了中国形成另一种共识：一种生态战略和价值取向，旨在降低技术要求和建筑成本。自古以来，中国传统对能源的理解只通过模糊的风水术语来体现，风水决定了建筑的方向、自然通风等。回顾起来，这些规则在减少病菌传播和创造更健康的家居环境方面证明确实是有益的。

还有一些类型的建筑与自然融为一体，如中国北方黄土高原上常见的窑洞。

虽然当时的人们无法精确地测量能源消耗，但他们用窑洞制造出了自己冬暖夏凉的微气候。窑洞这样的建筑结构与我们今天所倡导的可持续性理念高度一致，成为了被动式建筑的一种范例。

在2015年第四届中国建筑传媒大奖评选期间，王澍提出了"自然建造"的理念，2019年的"自然建造：中国建筑大奖"进一步推动了这一理念的发展。它鼓励中国当代建筑师重新思考并建立与自然的关系，用这种方法来反思过去二三十年中国快速城市化带来的弊端。这里的"自然"并不是指对能源消耗进行精确、定量的分析，相反，它是一种对基于事实逻辑的不可避免准则的哲学尊重，从而成为建筑伦理的体现。

因此，作为一种理性的建造方法，"自然建造"的理念强烈地质疑和批判了任何一种国家体制下的社会化大规模生产。考虑到绿色认证的普及，如果我们能将传统知识与现代社会的先进技术和理念相结合，创造出一种超越城市、建筑和景观的设计价值体系，这也许会成为一条前进的道路。这或许预示着一个新的探索之旅，探索节能、可持续建筑与自然环境和人工建筑如何共同营造一个良性互动的未来。

总结

2015年6月，中国向联合国提交了国家自主贡献预案（Intended Nationally Determined Contribution, INDC），承诺在2030年左右达到碳排放峰值，并争取提前[1]。这一举措表明了两件事：第一，中国的碳排放量仍在上升期；第二，中国将在未来十年加倍努力，出台一系列政策法规，在全国范围内推动生态保护和可持续发展。在2020年9月22日第75届联合国大会一般性辩论中，中国国家主席习近平宣布，中国争取2060年前实现碳中和[2]。中国是世界上最大的能源生产国和消费国，每年碳排放总量达160亿吨，其中化石燃料约占初级混合能源结构的85%。中国在碳中和方面的决心开启了迎接重大机遇和挑战的大门，同时也成为应对气候变化的一个重要变量和全球焦点。

为了在2030年和2060年实现既定目标，中国未来的城市建设需要重点解决两个问题：一是相关政策法规的出台和实施，二是建设技术和排放控制技术的落实。中国从增加碳排放平稳过渡到阶段性减排并积极融入全球节能减排进程的方式对世界可持续发展具有重要意义。我们期待当代的中国建筑师能够找到我们的世界和未来可持续发展下去的解决方案。

[1] 绿色排名研究小组编制的绿色地产指数。《2018中国地产绿色指数报告》，新华社网，2018年7月4日。

[2] "碳中和"是指在排放二氧化碳和减少碳排放（通常通过抵消碳）或完全消除碳排放（后碳经济）之间取得平衡，以实现净零排放和无碳足迹。

5.8 南京垂直森林

博埃里建筑事务所

"南京垂直森林"项目是建筑师斯坦法诺·博埃里在亚洲的首个项目，位于中国南京浦口区，这个地区被选为江苏南京南部现代化进程和长江地区发展的领头羊。该项目专注于绿化和城市林业问题，寻求创新解决方案，以减少影响中国以及世界其他地区数百万人生活的严重污染问题。两栋楼的特点像"米兰垂直森林"一样，外墙由错落有致的阳台和植物容器组成，种植有600棵大型树木、200棵中型的树木和2500多棵灌木和蔓生植物，占地4500m²。在这个项目中，人们会种植27种本地树种，这将有助于恢复当地的生物多样性，储存二氧化碳和吸收有害污染物。第一栋楼有200m高，第8层到第35层都作办公用途，包括一座博物馆，一所绿色建筑学校和一个私人屋顶俱乐部。第二栋楼高108m，是由凯悦集团管理的酒店，具有多重娱乐和教育功能，包括多品牌商店、餐厅、会议厅、食品商场和几处展览空间。从酒店和绿色建筑学校俯瞰，底层的人行通道尤其引人注意，这条通道直接连接城市空间和五楼的花园区域。

建筑本身可以作为其与自然之间的连接机制并作为对建筑环境的反思过程，怀着这样的希望，在中国的项目与"米兰垂直森林"一样，通过在楼体立面上种植植被展示了另一种建筑与自然之间的共生关系。在一个高污染、细颗粒物问题严重的城市，将城市林业概念应用于建筑，似乎是创造可持续和面向未来的城市解决方案之一（图5-10、图5-11）。

Green Obsession: Trees Towards Cities, Humans Towards Forests 271

图5-10 "南京垂直森林"项目
来源：博埃里建筑事务所，中国南京，2021。
图片版权：Rawvision工作室。

图5-11 "南京垂直森林"项目苗圃一景
来源：博埃里建筑事务所，中国南京，2021。
图片版权：Rawvision工作室。

5.9　黄冈居然之家垂直森林

博埃里建筑事务所

"黄冈居然之家垂直森林"项目位于湖北省黄冈市，占地4.5公顷，设计它的目的在于打造一个集住宅、酒店和大型商业空间于一体的新型绿色综合体。通过这一建筑群计划为城市创造一个完全创新的绿色空间，满足包括房客和临时访客，居民和游客等不同个体的日常需求。

该建筑项目包括五栋大楼，其中两栋是设计成垂直森林的住宅，这样的建筑增加了绿地的密度，并扩大了城市的生物多样性。各楼层的悬臂结构打破了建筑的规律性，形成了一段连续且不停变化的乐章，从当地物种中挑选种植的乔木和灌木更加突出了该设计的特点。开放式和封闭式阳台相结合，通过在自然和人类生活环境之间产生过渡空间，为不同居民群体的生活体验提供了最佳方案。

这样的设计还能让人们可以欣赏到绿树成荫的建筑立面，增强了绿化的感官体验，并将植物景观与建筑维度融合在一起。错落有致的阳台没有限制植物的生长高度，树叶完美地融入立面设计。因此，楼中的居民有机会从不同的角度体验城市空间，同时充分享受被自然环绕的舒适。

"黄冈居然之家垂直森林"项目设法将内部市场的需求与传统住宅相结合，并用先进的技术从根本上改变了未来可持续城市的景观和人们在其中生活的期望（图5-12、图5-13）。

图5-12 "黄冈居然之家垂直森林"项目
来源：博埃里建筑事务所，中国南京，2021。
图片版权：Rawvision工作室。

图5-13 将要被种植在黄冈居然之家垂直森林上的树木
来源：博埃里建筑事务所，中国黄冈，2021。
图片版权：Rawvision工作室。

5.10 公园的观念：纽约的绿地和社会不平等现象
与纽约市公园前专员米切尔·西尔弗和斯坦法诺·博埃里的对话

米切尔·J. 西尔弗在2014年时担任纽约市公园和娱乐部门的前专员，也是刚刚卸任的美国规划协会前主席。他是一名备受赞誉的规划师，拥有超过30年的从业经验，并因其在规划行业的领导地位而受到国际认可。作为公园事务前专员，米切尔·西尔弗负责管理、规划和运营近3万英亩的公园用地，其中包括公园、游乐场、海滩、码头、娱乐中心、荒野地区和其他资产。

纽约市需要绿地。为了不断增长的人口的健康和福利，并解决污染和气候变化的问题，美国这一最大的城市已经投入巨资用于扩大和改善其公园系统。但绿地也会带来社会不平等的问题。许多人担心新的公园、游乐场和社区花园将刺激加剧阶级分化，让低收入有色人种买不起房子，而备受瞩目的绿地也可能让长居在纽约的人们可望而不可即。

自2014年上任以来，公园前专员米切尔·西尔弗一直在平衡这些担忧。作为土生土长的纽约人，西尔弗从事城市规划已经超过30年。如今，他正试图通过一系列的新举措修复城市社会弱势群体社区的公园，扩大树冠面积覆盖到未得到充分利用的地块，并让绿地更受所在社区的欢迎。应《讽刺》（*Lampoon*）杂志的邀请（对话发表于《讽刺》第22期），西尔弗同意与该杂志的客座编辑、建筑师斯坦法诺·博埃里坐下来讨论纽约和全球范围内城市公园和森林的现在和未来。

一个单调的下午，他们在西尔弗位于军械库的办公室见面。军械库是中央公园东南侧一座带塔楼的砖砌建筑。办公室的窗外，雾蒙蒙的城市天际线清晰可见。室内的一面墙上挂着一张铅笔绘制的公园示意图。西尔弗告诉博埃里，有传言说，他们坐的会议室曾是罗伯特·摩西的办公室。摩西是纽约市著名的"建筑大师"，在20世纪中期担任公园专员长达26年之久。他们在对话中设想了城市造林的新模式，可以解决气候变化问题和21世纪城市的其他紧迫的社会需求问题。为了让内容更清晰易懂，本文对他们的对话进行了压缩和编辑。

迈克尔·弗雷德里希　我想先从自我介绍开始，简单谈一谈你们每个人对公园、花园和城市造林的贡献。西尔弗局长，你是2014年上任的。

米切尔·西尔弗　在过去的6年里，我们已经完成了700多个项目。我相信这可能是自罗伯特·摩西以后的专员完成得最多的项目数量了。幸运的是，我们拥有大量的资本预算，也创造了尽可能多的基本建设项目，包括从操场到公园的修复，再到增加城市的树冠覆盖面积。具体来说，我们已经解决了公园公平提案。计划改造的67个公园里我们已经改造了47个。新提案"无边界公园"让公园彻底开放，方便公众进入。我们有锚公园计划，让老公园重焕新生。我们一直在关注树冠覆盖情况，提前两年完成了百万植树运动。现在，我们每年种植的树木超过2万棵，包括行道树和公园里的树。我们正在推行一种更好的方法，让城市变得更有韧性。从洛克威到科尼岛再到东河公园，我们计划在未来建立一个全新的公园系统，来应对气候变化以及海平面上升。在这700个项目中，有很多伟大的故事，我可以更详细地讲一讲，这些是我最引以为傲的事情（图5-14）。

迈克尔·弗雷德里希　博埃里先生，你被誉为城市造林和城市环境中扩大树冠覆盖的倡导者，尤其是，你牵头了"米兰垂直森林"的建造工作，垂直森林是一种在高层进行高密度造林的方法。

斯坦法诺·博埃里　你的定义很准确，垂直城市造林政策是一种在面积很小的地表上密集种植植物和树木的方法。在米兰的时候，我们在2000m²的地方种植了21000株植物。

这是在受到污染的城市中心部分的一片面积很小的地表环境，说明了这种造林方法的优点所在。如果引入这种超级密集的生态系统，作为一种"嫁接"，其中包括800棵高6～9m的树木、4500棵灌木，总共有15000多株植物和100多种不同的物种，那么你就会有一定范围的优势，如吸收碳污染的粉尘、吸收二氧化碳并产生氧气。与此同时，6年后，会有超过20种不同的鸟类在摩天大楼上筑巢，这丰富了生物多样性。另一个优点是能节约在夏

图5-14 纽约州北部和长岛
来源：约翰·斯皮罗（John Spyrou），2019。

季用于制冷的能源。在我们发展城市造林的几种工具里，垂直造林不能说是最主要或头等重要的那个，但它肯定是有用的那个。

迈克尔·弗雷德里希　理想情况下，我们在这里想象垂直森林，周围都是摩天大楼。对纽约市来说，这个造林构想现实吗？

斯坦法诺·博埃里　如果我们谈论的是有没有机会在曼哈顿这样的高密度城市环境中增加树木数量，那为什么不现实？我们正在认真地解决这个问题，也在尽最大努力让每个人都买得起这些建筑的房子。"米兰垂直森林"雏形的建造成本和维护成本都非常昂贵。

但现在我们可以完全用另一种方式来做同样的事情。就公平而言，如今这些类型的建筑是我们应对气候变化和全球变暖可能会用到的工具之一。

米切尔·西尔弗　在纽约我们愿意接受各种想法。当然，我们先要保证做好水平森林的工作，这是城市的首要任务。但纽约也是一个相信市场力量的城市，如果有一个私营开发商想要建造一个包含这些绿色元素的垂直建筑，如果经济条件允许，没有任何区域规划阻止这种事情的发生。现在，我们必须考虑不同的气候条件。

比如新加坡，那里全年植物生长繁茂。纽约的气候有点不同。现在，我们正在大力推行在所有条件合适的地方修建绿色屋顶。我们理解它的价值。我对这个想法很感兴趣，所以博埃里先生和他所做的工作给我留下了深刻印象。它对纽约来说不能说是个构想，但随着我们变得更加密集和气候变化变得更为真实，这将是一个需要讨论的话题。

迈克尔·弗雷德里希　你已经谈到了公园和树冠给城市环境带来的一系列好处，尤其是，你提到了减少颗粒污染、增加动物栖息地、制造微气候。

米切尔·西尔弗　我还要补充一点，它们还有益于身心健康。我们在一项又一项研究中发现，人们仅仅是待在绿地中就能减少压力，减少焦虑，在某些情况下甚至还能减少犯罪。在我看来，一个宜居的城市离不开优质的公园和公共空间系统。这就是为什么我们把绿色空间推广到街道、广场、人行道这样的公共场所，因为每个人都能从树荫、凉爽的建筑、优质空气、优质水源、吸收二氧化碳、释放更多氧气、拥有享受有植物的生活的所有物种的生物多样性中受益。正如你在研究中所看到的，解决气候变化的方法是种植更多的树木和改善绿地。如果我能在纽约开辟更多的绿地，而且我有这个任务，我就会去做，无论是水平的、垂直的，还是其他形式的绿地。

迈克尔·弗雷德里希 你提到研究发现，在某些情况下，绿地可以减少犯罪。

米切尔·西尔弗 改善被忽视的公园和公共空间向社区展示了地方政府的关心。当您通过高质量设计尊重社区时，社区也会回报您的尊重。根据我们的记录，新改造的公园和游乐场都没有受人破坏。公园犯罪占纽约市所有犯罪的1%。用项目来激活公园往往会吸引更多人来公园活动，这也能证明犯罪减少了。良好的用途往往会取代不良用途。同时，"无边界公园"遵循了通过环境设计来预防犯罪的策略。人们拆除或降低了围栏，清除视觉障碍，这样公园就更安全了。视线没有了阻碍，公众就有了安全感，能够躲藏或犯罪的地点也减少了。作为公园的负责人，我们也在与更多的社区团体合作。这让更多住在周边、乐于助人的人重新使用公共空间，保证总有人能看到和听到公园和游乐场发生的事情。

斯坦法诺·博埃里 西尔弗专员做的事情就是一个重要的例子。在米兰，我们发起了一项运动，在未来10年里种植300万棵树，和西尔弗专员目标相同。

迈克尔·弗雷德里希 既然你提到了这件事，我想谈谈社会影响。纽约和美国其他城市的差距可能很大。高收入社区的公园经常得到不成比例的资金和关注，而弱势群体社区的公园则被人忽视。

米切尔·西尔弗 必须得承认，这一点在过去一直是个存在的问题。我们采用从数据优势做了一项分析，回顾过去的20年，看看我们是否在整个城市中进行了公平的投资。每个城市都会有一个投资改善计划,也就是你会拿到一笔投资款,你再就此拿出一套改善计划来。我们就查看这些资金,然后分析:我们是否公平地分配了这些钱?答案是否定的。那下一步该怎么做?就我们而言,情况是至少有200个公园没有被投资到。如果想让公园获得公平待遇,那就得花心思查一下这些钱都花到哪儿去了。但除了资金方面的公平外,还有公园维护方面的公平。你得确保打理公园的员工,以公平的方式打理所有的公园。在我到这儿之后,我们就确定出重点区域——体育活动区、野餐区——我们决定改变员工打理公园的每周时间表,整个时间表重新安排,再也不是每周5天而是每周7天的清洁和维护。其中有很多地方都被重新审视。

迈克尔·弗雷德里希　博埃里先生,在米兰城市绿化实际工作中,你是用什么方式来维持公平的呢?

斯坦法诺·博埃里　我们现在参与了米兰城市绿化方面的很多活动。我们还曾经在比如中国的柳州、南京,参与了打造城市周围环城绿化的活动。我们还在完全不同的气候地区,比如在埃及开罗,提出增加中心城市绿化环境的活动,以及在欧洲其他地区和墨西哥坎昆,这些气候条件不一样的地区也都参与过相关工作。并且每次我们都会考虑照顾到公平的必要性。全球变暖最明显的后果之一就是城市环境中的热效应。如果认为我们所做的这些改善只会影响城市中的一部分,那是大错特错的。

迈克尔·弗雷德里希　21世纪有些特定类型的公园,我现在想到的是,其中有一些建造在废弃基础设施上的公园,比如多米诺公园、高线公园、布鲁克林大桥公园,它们对某些群体而言存在社会价值,但显然对其他人而言,则令他们疏而远之。

斯坦法诺·博埃里　你的意思是公园被阶层化了。

迈克尔·弗雷德里希　是的,但是在我们要讨论阶层化之前,就如何使用公园,以及谁会使用公园方面,我很好奇,公园里需要什么类型的项目、活动和设计，才能确保对每个人都有用，对每个人都有吸引力呢。

米切尔·西尔弗　我们就以高线公园为例。高线公园是一个线性式的公园。没有人会去那里做体育活动，没人会去那里野餐，虽然也可以在那儿吃东西。从根本上说，它是一个让你可以在高架走道上行走的3D花园。因为这个特质，高线公园会吸引特定的用户。所以，从我们的角度来看，公园中有什么项目很重要。我倒是很赞赏高线公园，还有其他公园，比如布鲁克林大桥公园，因为那儿的篮球场非常具有争议性，但是那边的人希望能让桥墩为广大用户提供多样化的体验就保留了篮球场。而高线公园现在有很多文化项目，从艺术到美食，从音乐到舞蹈。公园方与周围的社区密切合作，从而找到对生活在周围的人都有吸引力的项目元素。我认为他们最初为公园的设计付出了非常多的努力。有必要提一下，我在那儿的董事会任职，他们在管理策划方面做得很好。

非裔美国艺术家西蒙妮·利的雕塑"砖房"，是我最喜欢的纽约市雕塑之一。这座雕塑广受好评，是人们必到的拍照景点，总有活动在它的附近举办。这也是公园方改变未来关注点的方式，为更为广泛的受众，带来具有吸引力的产品。而高线公园只是一个个例。你可以从公园到公园的不同中，看到这种改变（图5-15）。

迈克尔·弗雷德里希　博埃里先生，刚刚你提到阶层化这一顾虑。有部分备受瞩目的绿色项目，最终吸引了大量房地产资金，推高了附近的房地产价格，从而迫使长期居住的居民不得不离开。例如，纽约经济发展公司的一份报告显示，高线公园在切尔西区和肉库区就造成了这样的影响。我还读到相关报道，垂直森林由于维护和结构方面的问题，给租户的承受力带来了挑战。您如何在扩大绿色空间的同时，也能保持人们负担得起住房呢？

斯坦法诺·博埃里　我们目前正在荷兰建设社会福利住房垂直森林，对此我们非常自豪，我们还在世界不同地区复制这种模式，例如中国。我觉得是可以实现既增加这类绿色建筑的数量，同时又能让大家都负担得起的。这是这个问题答案的一部分，另一部分又得说到我们之前讨论的，在这个事件的过程中，有必要有一个公共愿景和方向。我觉得在这一绿色发展中，有必要开发一定比例的社会福利住房，就比如在纽约高线公园周围，以及在米兰

图5-15 米切尔·西尔弗与斯坦法诺·博埃里的对谈
来源：约翰·斯皮罗为Lampoon杂志所摄，2020年11月。

中央公园周围那些我们建造了垂直森林的地方，就是这么做的。这是一个政治性问题。这不是仅仅依靠私人投资能发展出来的结果，必须是政策性的。

米切尔·西尔弗 从我们的角度来看，高线公园是个例外，而非常规的。在纽约市有2000个公园，我们改造的大多数公园不会导向阶层化。但是这种顾虑也是存在的。我发现改善绿色空间后还存在一些情况，比如改造市区的滨水区，可能会导致阶层化，但绝大多数公园经过改善后不会发生这种情况。我们每逢参加社区会议就会被问到这个问题，于是我们说："好吧，我们有两种选择，一种选择是我们着手改善所谓的阶层分化，另一种选择是我们什么都不做，这会被说我们忽略这片区域。"我们眼前看到的是一个超过25年没有好好被投资过的空间，我们宁愿选择去改进它，而不是拒绝为下一代儿童、为家庭和老年人们带来一个优质的空间。这座城市还要处理其他一些问题，才能方便为大家提供更负担得起的住房，为租户提供更多的权利。我们得将这些问题区分出来看，不要在想要改善社区的时候，就拿公共空间作为要挟。总是经常被提出这个质疑，被问得多了，我们可以就此表态：请告诉我们，改善区区占地两英亩的社区公园，哪里导致了阶层分化？那是神话而非现实（图5-16）。

图5-16 纽约州北部和长岛
来源：约翰·斯皮罗，2019。

迈克尔·弗雷德里希　有个例子：在皇后区的猎人角，我知道发生过人们对滨水公园的担忧，我记得在公园开发过程中有社区组团积极抵制开发。差不多也是在那个时期，我开始听到"绿色刚刚好就行"运动，他们的想法是，可以绿化，但不要太绿化，不要设计成会吸引来高档房地产的高度绿化。

米切尔·西尔弗　我依然相信大家都希望拥有尽可能多的开放空间。我们是一个拥有860万人口的城市。我们的公园面积有30000英亩。拥有这些绝对美丽的公共瑰宝，并将这块最好的土地向公众开放，不仅能够创造价值，而且还为居住在那里的人们创造宜居性。猎人角南滨公园方案的美妙之处在于，该项目里建造了很多社会福利住房。于是，市场价格的住房和社会福利住房完美组合，所有人都可以进入这个面向东河的世界级公园，都可以欣赏曼哈顿东区的景色。我觉得人人都应当欣赏到这样的美景。我不太支持"绿色刚刚好就行"运动。我希望绿色空间最大化，并且为当代人以及我们的后代留住这些绿色空间。

迈克尔·弗雷德里希　建造新的公园，以及维护已有的公园，不仅需要公共税收，还需要私人投资。这笔投资往往都是以公私合作的方式。与此同时，博埃里先生，您正在建设的项目就需要私人房地产开发。依靠私人资金资助这些对生态和社会有益的项目有什么好处和坏处呢？

米切尔·西尔弗　世界各地有过各种实验，在保持公众是公园所有者的必要性，与私人资金参与维护公园的必要性之间，找寻适当的平衡。如今，公私合作伙伴关系是建设公园的绝佳选择。我不认为有任何不利之处。例如，布鲁克林大桥公园就是一个总体规划。原本土地全部归城市所有。为了让这一公园规划得以实现，于是将其中的一部分土地用作房地产开发，另一部分留作公园。将房地产开发租赁或出售的资金，用来长期建造以及维护公园。这一模式行之有效。我看到的未开发资源之一，是纽约市40%的土地，都在公共领域。其中14%是公园，26%是街道和人行道，而我们一直在忽略我们所拥有的这26%的公共领域。在我看来，街道和人行道是可以为公众提供更多绿化，更多庇荫的绝佳地方。我当然支持公私合作，比如多米诺公园就是一个好例子，还有哈德逊河公园、总督岛公园，当然建造优秀的公园还有其他很多种方式。

迈克尔·弗雷德里希　你说让私人资金参与公园的建设和维护，不会有任何不利之处。但是一些评论人员指出，私人捐助者和开发商倾向于在已经蓬勃发展的地区投资城市公园，从而导致绿色空间资源分配不均——例如，他们更倾向于投资布莱恩特公园和高线公园，比较少投资范科特兰公园和麦当劳公园。

米切尔·西尔弗　我说没有不利之处指的是在建造新的公园（如布鲁克林大桥公园、高线公园、多米诺公园等）时的公私合作伙伴关系。没有坏处是因为，这些公园对所有人开放，并且通过公园项目，达到公平性和多样性的价值。此外，我们欢迎私人资金和公共资金来投资我们的公园。我们的目标是打造一个公平的公园系统，在维护和运营上的资金是公平的。从2014财年至2020财年，纽约市公园的预算从3.2亿美元增加到了5.8亿美元，用来改进公园系统，确保所有纽约人都能使用安全和干净的公园。我们还在6年内完成700多个基建项目，用来完善整体的公园系统。此外，有3.18亿美元用于社区公园倡议，1.5亿美元用于铁锚公园倡议。

斯坦法诺·博埃里　我认为如果没有私人资金，就不可能开发和实现如此大的项目活动。我们在米兰采取的方式是，募集私人资金，并且尝试不同的形式，有时候是让其作为赞助商，有时候我们只是收钱投资于绿化环境。但是这种合作关系中还需要公共部门的领导和指引。我们需要市政府来负责整个绿化过程，我们需要远见。如果没有愿景，所有这些零散的贡献将会是一盘散沙。

迈克尔·弗雷德里希　什么是做成一个公园的理想方式？有哪些成功案例让你们充满动力，且为未来的公园规划指明了方向呢？

斯坦法诺·博埃里　我觉得，我们得设想到，将来我们可以实现这样一种复合建构，即本身为建高层建筑，用木料和木材、绿色环保，以及大家能承受的价格,这四大特征同时全部实现。建高层建筑,是因为我们无法避免未来城市的人口稠密度。用木料和木材在未来将会变得越来越重要,因为要减少二氧化碳。绿色环保,使建筑更具有可持续性。此外,项目的费用应该是大家都能承受的价格。不管这种项目在世界的哪一个地方。我们得把所有的激情都投入这样的项目中。我们知道如何根据特定的气候条件来构建出特定的模式。在地拉那发生地震后,我们现在正为阿尔巴尼亚设计一个新的区,其中有15座木材建造的高层建筑,用于作为社会福利住房中的垂直森林。这只是我举的其中一个例子。我们也在法国和荷兰建造社会福利住房垂直森林。如果我们以恰当的方式使用房屋预制组件,那我们就知道如何降低维护的成本。

米切尔·西尔弗　我觉得,令人振奋的案例,是那种我称之为"表现欠佳的沥青和混凝土"之类的项目。类似的例子譬如"探索绿色公园",它原本是休斯敦市中心的两个废弃停车场,被征用后铺上了沥青,使其成为了能改变周边地区的最绝佳的公共空间之一。还有一个例子是"休斯顿河湾绿道公园"。我很喜欢是因为它利用基础设施进行改造,既是公园又是公共空间,一举两得。我们希望,能确保弹性项目也能提供一份公共利益。我比较感兴趣的一个功能不良的沥青公园,位于纽约市麦迪逊广场附近。珍妮特·萨迪克-卡恩看到这种表现不佳的沥青,只是画了几条线,放了一些长凳和花盆,于是如今变成了Eataly超市旁一个出色的公共空间。最棒的是,我们公众拥有它,我们不需要去获取它。对我而言,共有的土地,是全世界可以利用的最好的机会之一。我们让给汽车太多空间了,留给人类的空间却不够。我们只要改换一下思路,去创新,赋予新的项目,使其更加绿色环保。这一点可以为纽约市,以及全世界其他地方,指明一个转变的方向。

5.11 关于生态系统服务、无障碍城市和环境正义在城市规划中关于包容性的新方法

斯坦法诺·博埃里与塞西尔·科尼纳迪克的对谈

塞西尔·科尼纳迪克是加拿大温哥华的不列颠哥伦比亚大学城市林业学教授。其研究方向为城市林业的治理和政策，以及人与自然的关系。此外，他还是《城市林业与城市绿化》（*Urban Forestry & Urban Greenings*）学刊的杰出作者和名誉编辑，他自2002年创刊以来一直担任编辑。目前塞西尔·科尼纳迪克担任城市林业领导硕士项目主任。

由西蒙·马尔凯蒂主持这次对谈，时间为2020年6月。

西蒙·马尔凯蒂 生态系统服务和景观规划，一边是建筑、景观建筑和设计，一边是生态、社会生态方法和生物多样性。如果我们能够更好地融合这些领域的话，那么现在就是大好时机。我们可以见证以全然不一样的方式来构思和规划城市了。那要如何将上述领域整合到不同的城市居住区（高人口稠密度区或低人口稠密度区）呢，以及生态系统服务在其中的作用是什么？

塞西尔·科尼纳迪克 在我的职业生涯中，始终在研究城市森林、生态学和城市规划之间的连接方式，而且也会考虑到环境心理学方面，以及整体社会文化方面。我一直努力在各方面之间架起连接的桥梁。生态系统服务这个概念非常实用，因为它有助于把大自然给予城市的好处给我们包揽在一个概念中。我们总是谈论大自然的好处，但在过去这种好处总是一个相当模糊的概念，并且只会出现在规划和决策中的晚期。因此，有了生态系统服务这一概念后，其实已经将这个话题提升到了政治议程和规划议程层面，因为，比如说，大家因此就可以谈及大自然带给城市的服务这一理念。我觉得开始讨论这个概念，就是一个非常重要的范式化的转变。当

鲁道夫·德·格鲁特[1]和罗伯特·科斯坦萨[2]开始讨论这个问题时,也就是讨论重视生态系统服务时,虽然那会儿遇到了很大的阻力,但我觉得也有不少人已经意识到,这其实是个非常不错的理念。

斯坦法诺·博埃里 我们现在在欧洲处于新冠疫情后的状态,作为建筑师和城市规划师,我们正在考虑将城市生活分散到村庄中。法国、英国、德国、西班牙和意大利有很多废弃或半废弃的历史村庄。我觉得我们现在可以认真地设想一下重新居住在村庄中,或许可以设计出一种新的流行趋势,实际上这种趋势在意大利、法国和欧洲其他地区正在自发性地产生。当我们谈论自然生态系统服务时,我们必须记住一点(通常城市和城市居民考虑不到这一点),那就是村庄及其周围的自然环境每天为我们的生活带来的客观贡献:给我们清新的空气,干净的水、物产和食物,给予我们森林及其连接区域带来的好处。我认为,现在必须得重新考虑城市生活的情况,不仅要考虑到传统的城市居住区(因为要改善城市生活质量得处理很多事情),而且要考虑可行的替代方案和生活场景,例如,很多家庭已经在梦想将他们的生活搬到乡村去。我们得考虑有没有可能在城市与乡村之间,在城市与乡村的山脉、山谷和那些保留至今的美好的自然资源之间,开创一种交易。城市应该承认乡村在提供生态系统服务方面作出的贡献,而村庄应借助新型循环经济,特别是与森林及其整个生存链相关的服务,确保支持新来者。这与林业有密切的关系:我们也必须重新设想人类和森林之间的交易。必须承认的是,我们都十分依赖于森林和森林的生态价值。我们也很清楚,森林需要人类的存在来维护它们,避免大规模的山火,以及避免其他各种生态灾难,造成对环境、生物多样性,以及我们自身,乃至更多方面的伤害。

塞西尔·科尼纳迪克 是的。我认为斯坦法诺你提出了一个非常重要的观点。现在对于城市的变化,概念不尽相同,所以其实乡村在全球化和人口流动这一整体概念上越来越有吸引力。由于当前的新冠疫情,我们看到越来越多的人离开城市,长期居住到岛上或乡村里,因为大家可以居家工作,而且实际上可以在那些地方生活更长的时间。在中国,有个叫作"美丽中国"的倡议,就是立足于五个主要议题:生态环境、绿色发展、社会和谐、完善体系和文化传承。所以我觉得,或许这是当下真实的趋势,重新看待乡

[1] 鲁道夫·德·格鲁特(Rudolf De Groot)是荷兰瓦赫宁根大学综合生态系统评估与管理系和环境系统分析小组的副教授。他是一名景观生态学家,他将生态系统服务作为使用工具,进行可持续环境规划、管理和决策,在这方面已有超过35年的经验。

[2] 罗伯特·科斯坦萨(Robert Costanza)是美国/澳大利亚生态经济学家,澳大利亚国立大学公共政策系教授兼副校长。科斯坦萨教授的跨学科研究,整合了对人类的研究和对自然的研究,在多个时间和空间尺度上,从分支流域到全球系统,解决相关研究问题、政策问题和管理问题。他是国际生态经济学学会的联合创始人和前任主席,并且是该学会期刊《生态经济学》的创刊主编。(资料来源于网络: https://www.robertcostanza.com/)

村和历史村庄，以及那些成为新"城市"的地方。

斯坦法诺·博埃里 是的，我们也不应将这种趋势视为怀旧。这并不是要回到农牧业时代，否则我们就等于把这种观念推向必然的失败。在意大利，我们正在研究城市和乡村之间的一种合同制模式，法国也有类似的发展，叫作"互惠契约"。

西蒙·马尔凯蒂 人们质疑人类对自然的态度。从外太空拍摄到的地球照片，标志着我们对自然以及我们与自然关系的看法发生了改变。这使我们第一次意识到，作为一个物种，保护环境意味着保护人类自己。环境哲学也在那段时期开始传播开来。尽管如此，对于如何对待野生自然的态度，存在两难问题，如今依然会引起大多数人的质疑和抵制。有什么解决方法呢？

斯坦法诺·博埃里 当我们研究森林与人类、野生自然与人类之间的关系时，我们会涉及一个非常微妙的问题，我很想知道塞西尔你对这个话题持有什么立场。森林需要人类的存在，保持森林的健康和维护森林。但如果新冠疫情在某种程度上与生物多样性的丧失和森林砍伐有关，主要都是我们人类造成的。这无疑是一个非常微妙而且很有争议的讨论话题。

塞西尔·科尼纳迪克 对我而言，这是个很重要的问题。而且我一直大力倡导在城市中保持野生自然，我反对到处都是过度设计和过度规划，我希望让植物和树木自然生长，保留一定程度的不可预测性。只要我们来过，便会与森林建立特殊的关系。而且至今这种关系已经发展演变，但在我们的基因中，以及在我们的进化过程中，仍然存在着某种东西在告诉我们对树木与森林的爱恨关系。我认为我们需要探索这种关系，哪怕在城市中也要继续探索这种关系。探索的唯一方式，就是在城市中拥有野生树木、野生森林。比如说，可以跟当地的社区共同塑造。我很喜欢生物—文化多样性这个概念。意思是我们不仅讨论生物多样性，而且还在其中加入了文化的维度。我想柏林的英戈·科瓦里克①在"野生自然"方面已经完成了一些非常有意思的研究。他认为，重新思考城市与自然之间的关系，是保护自然中一个关键性的挑战。自然界有一个人造的问题：我们作为人

① 英戈·科瓦里克（Ingo Kowarik）柏林工业大学教授。他是一名生态学家，兴趣领域是了解生物多样性模式和潜在机制，特别是关注城市和生物入侵。他的研究领域还包括人与自然的交集，以及研究如何将生物多样性整合到城市环境中的方法。

类，想让自然是某种样子，但是当然了，它变成了自然和所谓"新自然"的混合体，其中有外来物种的进入，帮助塑造了自然。所以，这很复杂，但我觉得我们真的需要重新思考这个关系，绝不是因为知道它有强大的健康益处，也不是因为它具有某种超然的精神层面的东西，而是在于学习方面，让我们的孩子们体验野生自然的变化过程。这就是为什么我非常喜欢让城市的一些自然区域保持野生状态的原因。

西蒙·马尔凯蒂 这个问题非常有意思，因为它还跟人类能进入绿色空间的可及性问题有关。绿色区域在城市中的分布，往往存在严重的环境上的不平等，大多数情况下，有些处于不利地位的社区无法进入某些绿色空间。在这个问题上，要如何更好地在城市中管理和规划城市林业呢？

塞西尔·科尼纳迪克 这一点至关重要，但大多数时候，可及性不仅仅是指能够进入绿色空间的可及性，它还有多种形式，其中包括决策权可及性、管理权可及性，以及收益权可及性。正如你已经说过的，我们不幸地看到一个趋势，可及性越来越倾向于那些有能力参与决策、参与管理的人，那些已经具备技能或知识能让自己获得可及性的人，以及具有流动能力的人。我认为想要克服这些问题，重点是，我们所有的业内人士必须非常关注一个方面：环境公正。我们如今在"黑命贵"等活动中，可以看到越来越多的人在强调人人都该具有可及权。在温哥华的新冠疫情中，很明显，在我所在的地方，也就是温哥华西部，我们有良好的体验可以进入绿色空间，街道旁有很多树。但是如果去温哥华东部，大家没法体验绿色空间，没有绿色空间，人们必须经过很长的路程才能进入绿色空间。在这种疫情来袭时，可及性变得尤为重要。我完全同意，可及性、环境公正和平等真的非常重要，并且不应该只通过政策来加以解决，而且得从设计时就进行解决（图5-17）。

斯坦法诺·博埃里 我们不得不承认，温哥华在这一领域已经走在了前列，无疑是个很好的例子，是个愿意进行城市林业规划的城市。这场疫情是一个突如其来且不可预测的事件，但同时它并非孤立的危机，而是一系列危机中的一部分。它与不平等、与经济、与气候危机都有着密切的联系。这场疫情之所以如此独特，是因为它集齐了潜藏在深处的运行在世界表面之下

图5-17　纽约州北部和长岛
来源：约翰·斯皮罗，2019年。

的无形的结构和过程，某种程度上，它们融合在一起，碰上了这场不可预测的事件，恶化了它们的影响力。我也非常同意可及性将成为未来的首要问题。为了能做到这一点，我们得共同努力，整合不同的研究领域和专业人士。我认为我们必须停止将世界一分为三：划分为人类、动物和植物，好像三者是毫无关系的世界一样。这场疫情或许有个积极的影响，那就是让我们得重新设计自然这一概念的界限。本质上来说，当我们提到野生自然时，我觉得我们还需要考虑到我们环境中其他的野生物种以及非国内物种的存在，并且在我们的城市设计中考虑到它们，以及在绿色和蓝色基础设施中考虑到它们。一般来说，林业是连接不同世界的东西：一边是人类创造的东西，一边是动物们的世界。林业带来了生命，带来了生物多样性，这就是为什么林业如此特殊如此重要，必须持续研究的原因。

西蒙·马尔凯蒂 城市和政府现在都正在探讨生态转型。你们认为在建设城市迅速恢复的议程中，应该实施哪些适应性的战略，以及在重塑城市环境中，城市林业会承担什么样的角色呢？

塞西尔·科尼纳迪克 城市的建造方式，几十年来，乃至几个世纪以来都没有变过。基本上我们只在进行非常细微的调整，我们并没有真正彻底改变我们的生活方式和工作方式。我同意斯坦法诺的观点，这只是我们看到的众多危机中的一个，而且直到最近我们才开始考虑用不同的方式去处理事情。我希望这有助于最终实现这种转变，使我们的生活空间（或许我们不要光谈城市，而应该更多地谈论人类的生活空间）更加可持续，更加以自然为本。我认为城市林业是一个非常好的机制，正如斯坦法诺所说，因为它代表了各种不同学科、不同利益、不同社会阶层的交汇点。我觉得现在是一个大好时机，就看我们能不能团结起来，去作出真正的改变，去确保我们以更可持续、更健康和更有活力的方式生活。

斯坦法诺·博埃里 当然，我们必须重新定义城市规划的相关草案。过去我们构思城市规划，都是将其作为一门地域性且定论性的学科，通常是在想要达到的目的和法典规定的行为之间取得一种平衡，并非重在制订一个杰出的整体规划，也不关心设计产生的后果和效果。我觉得我们真的需要一套负责任的职业道德，而不是简单地去执行的职业道德。这是我们必须采取的一个重要步骤。我们可以做到这一点，只要我们从现在开始，好好构思一个总体规划，不是简单地在纸上画，而是确保我们生活的环境主动朝向某些方向，而不是被动管制，比如说主动朝向生态、可持续性和适应性的发展方向。我们必须得承认，极度定论性的方法往往是一种失败。我们得设想出一种非定论性的规划方式，同时也一并解决参与性的问题，包括我们如何分散决策，以及如何利用网络在更大范围共享然后决策。当我们讨论这些话题时，我们还要让大家都参与进来，让地方协会以及地方行政部门参与进来，这也是至关重要的。我们正在通过植树来改变城市，这在城市的规划逻辑上，已经是一个巨大的改变。

5.12 森林米兰

米兰市长朱塞佩·萨拉

朱塞佩·萨拉，又名贝普·萨拉，他是意大利政治人物，企业高管，也是公共行政人员，自2016年6月当选为米兰市及米兰大都会区市长。他曾担任倍耐力（Pirelli）的首席财务官，以及TIM集团的总经理，并且为多家银行担任过顾问。他在2013年至2015年担任2015年米兰世博会的唯一代表，并于2010年至2016年担任2015年世博会的董事代表。

"前人栽树，造福后世"。这是罗马共和国晚期的哲学家西塞罗所认为的：心系明天的人所发挥的作用。树木象征着美好未来的承诺。种植树木是对未来世代负责任的生活的标志。

毫无疑问，在我们的价值观体系的演变过程中，树木越来越具有重要的意义。树木象征着我们希望赋予土壤以意义，尤其是在城市里，树木象征着一个积极的创造者，创造着生命、环境和公平。植树意味将环境可持续性这一主题与经济平等和社会正义这些主题结合在一起，将以建立一个更公平更进步的城市以及社会作为优先考虑。

如今大家几乎都明白，人类以及地球想要有未来，尊重环境是必须优先考虑的最基本的条件。关于地球的健康问题，是年轻人站出来，要求拿出明确的改变来，尤其是他们不想再忍受简单地喊口号，他们要求拿出一些不再拖延的选项和决策来。唯有这些问题，能够激发他们对政治产生兴趣。但是，要解决气候危机，解决它对人工环境造成的影响，需要采取非常具体的以及全球性的应对措施才行。

我们必须以积极的态度履行我们的职责，争取实现真正意义上的、扎实、务实的环境转型，努力实现更大的社会公正。

这些方面紧密相连，因为一场环境革命不能被解读为少数人的时尚表演，而应该解读为它是建立一个经济社会平衡稳定的社会环境的基本条件。如果还有人不太明白为何要有这一愿景，那么新冠疫情已经就此说得很明白了。虽然还未证实病毒传播跟环境污染有关，但是无论如何，这场疫情已经扑灭了我们认为唯有创造"至高无上"的幻想。我们所谓的技术、进步、我们以为的"超越了"病痛，在这个疾病面前，根本比不过它。它让健康重新引起我们的关注，它改写了政治行为的基本优先顺序。

打造一个健康可持续性增长的世界，且对人人都行之有效，对人人都公正的世界，要实现的先决条件是健康、环境和公平，需要重新考量社区里的个人生活方式，以及重新思考投资的重点。

从这个角度来看，"森林米兰"项目既不是一时兴起，也不是一个潮流之举。

它是一个具体的愿望，希望建立全新的绿色和蓝色基础设施，与那些保障数据、货物、和人员健康流动的同等必要的基础设施，形成和谐的相辅相成。

"森林米兰"项目必须成为米兰市和米兰大都市区的风格标签，不再将绿化视为街道上家具般的元素，而是将种植以及照料树木当作绿化存在的一个条件。解决绿化与城市开发之间的对立关系，并不仅仅表示要限制土地的使用，限制土地使用是一个必要但不充分的条件，我们还必须有勇气根据规划建设新的城市和新的郡县，让人们、让各个家庭在一个健康的环境中成长、工作以及娱乐，并且以一种负责任和安全的方式享受生活，我们绝不能忘记，要建设这样的未来，需要我们每个人意识的转变。这就是为什么，我们必须就这些问题展开广泛辩论的原因，不仅是为了说服那些持怀疑态度的人，而且是为了让人们对城市绿化有个全新的认识，以及消除城市与自然之间的二元对立，从生理、社会和经济福祉的角度，认识到绿化的重要性。

我们不会在这一努力中孤军奋战。世界上还有一些很重要的城市，也在为这场革命努力，米兰只是这个群体中的一员，并且我们之间会不断交流经验、政策和决策。与那些城市的公民们一起，米兰人可以以关注健康、环境，以及社会与经济的公平为基础，发起一场真正书写未来新篇章的运动（图5-18）。

图5-18 "森林米兰"项目地图,2019年意大利米兰市树冠覆盖面积
地图细化:米兰理工大学,福斯托·柯蒂城市模拟实验室,2019年。

5.13　森林米兰：米兰市种植300万棵树木活动

玛丽亚·基亚拉·帕斯托雷

植树，造林，以及在我们城市的街道、广场、庭院、屋顶和外墙增加植物的数量，可以减少气候危机的影响，降低能源的消耗，避免灰尘净化呼吸的空气，这是最有效、最经济和最具吸引力的方式。

如今，城市森林已经列于全世界大都市（从纽约到墨尔本，从上海到巴黎）的首要议程上，意大利米兰也以自己在2030年前要种植300万棵树的目标，成为参与这一重大运动并支持城市森林的主要城市之一。

OMD基金会米兰大教堂气象台报告称，2018年是过去122年来最热的一年，平均气温超过16.1℃。近几年有22天的极端高温（如超过31℃的温度），并且高温夜晚（期间温度不低于20℃）从35天上升到超过50天。

强风和暴风雨来袭的强度和频率越来越高，对米兰以及大都会区造成破坏。然而与之相反的是，当我们衡量年降雨量的趋势时，却发现总体降雨量减少了。

每新的一年都能看出，因为气候危机，城市的健康状况发生了改变。我们要共同应对这一巨大挑战，这件事从未像如今这般重要。

"森林米兰"项目由米兰理工大学建筑与城市研究系创建，旨在通过到2030年为居住在米兰大都市区的每个人种植一棵树，也就是300万棵新树，从而改善空气质量，改善绿色空间的质量和绿色基础设施。

米兰市政府、米兰大都会区、米兰北公园、米兰南部农业公园和伦巴第大区农业与林业地区服务机构签署了一份协议备忘录，承诺一起合作，促进大都会公园的建设，促进制定政策和项目，以便推动城市森林。米兰理工大学正辅助一些由Falck基金会和意大利国家铁路系统赞助的研究机构，目标是针对绿化系统在米兰大都会区的作用，制定一个战略性愿景，收集、落实和强化各种主要的绿化区域、可渗透区域、绿树林立的区域，以及它们的重要影响范围。

在米兰大都会区种植300万棵树，是一项复杂而艰巨的挑战。在"森林米兰"项目的实施中，有四个战略目标，同时也是对该项目主要工作范围的介绍。

第一个战略目标：了解种植区域，以及系统化现有的项目，目的不仅是为了改造建筑环境，也是为了改进绿化区域，改进环境的脆弱性，以及改善大都会区目前正在经历的变化。从既往历史入手，通过这项研究，尽量设想可在城市和城郊地区容纳新的自然资源的地方。

米兰的大都会区与一般地区非常不一样。北部的特点是工业建筑密集，城市化程度很高，而南部有米兰南部农业公园，南部的特点是大型农田不利于生物多样性，新物种必须与农业生产力共存才能被包含其中。公共空间、私人空间，以及可以用来种植的空间，正在成为整个大都会区新的自然资源。为此，米兰理工大学的工作重点是寻找潜在的植树区域。一方面，我们计算了2018年米兰大都会区全境的树冠覆盖率，经估计为16%，接着一直利用卫星数据以及各种地图数据库进行观察，寻找适合种植300万棵树的地方。另一方面，我们与各大机构之间开办了咨询表，首先是咨询大都会区的133个市镇，寻找可以用来种植这些树木的潜在区域。

第二个战略目标：寻找融资。此等级别具规模的项目，无论是在绿色表面还是要在灰色表面种植，都需要在很长一段时间内获得大量投资，仅靠筹款是不够的。因此，成立了"森林米兰"基金，由社区基金会组建，收取来自私人的捐款，其中包括公民捐款和公司捐款。在国家和国际范围内进行强有力的呼吁，构成了另一个重要的资金来源，保证能够持续开展不同性质和规模的项目。

第三个战略目标：构建一套新的管理模式。这套模式不仅能够做到伴随该项目10年的活动，助力其种植、维护和监管种植的新树，而且还要考虑到过了当前的工作和研究时期后，"森林米兰"模式能够依然可持续性发展。为此，这个项目希望打造一个自治的实体法人，以便能够批准通过后续会不时出现的各种项目。

最后一个挑战涉及项目的传播策略，宣传城市森林所带来的益处，促进大米兰地区市民的参与，让他们积极置身其中。

绿色基础设施，尤其是树木，它们给环境、社会、经济和健康上所带来的益处不会在短时间内产生明显效果，虽然存在大量的数据，但还是不能明确说明就是这片土地带来的好处，因此很难用这些来进行传播。我们处在一个匆匆忙忙的时代，需要立竿见影的好处、效果，需要能在某种程度上让付出获得结果，因此很多行为抉择都具有这样的特征。而从某种意义上而言，"森林米兰"项目走的是不一样的步调节奏。这种步调适合于大自然，所以想想农业上的季节更替，这种步调适合森林里的大部分小树苗（或灌木幼苗），它们将来会长成森林，这种步调适合用来维护森林。要讲好这个故事的过程，是这项工作的一个基本工作，目的是在居民和自然资源之间建立牢固的关系，以便他们能够意识到直接利益（身处大自然），以及间接利益（一个更高质量的环境）。

因此，"森林米兰"是一个关于关爱、关于叙事的项目，是一个为了2030年米兰大都会区的福祉而设定的项目。

米兰大都会区期待通过"森林米兰"项目，能开展城市森林国家项目，那样的话，各大城市周围便有森林，有成长着意义深远的树木的延伸地带，就可以保护和促进生物多样性，为公共区域遮阳庇荫，避免过度的炎热，吸收灰尘净化空气，减少二氧化碳，从而改善生活质量和公共健康。

5.14 森林城市宣言：
不以人类为中心的城市现象

博埃里建筑设计事务所

摘自上海当代艺术博物馆和卡地亚当代艺术基金会在中国上海举办的"树木"展览。

垂直森林©打造的城市原型

森林城市©（FC）是新一代紧凑型绿色城市的原型，由几十座中高建筑（也叫作垂直森林©）组成，周围生长着绿叶树木（高3~9m）、灌木和开花植物。

城市生态系统

森林城市©是一个占地1600公顷，拥有50万名居民的城市生态系统。它是一种自然和城市交织在一起成为一个有机体的城市生态系统。在公共空间内占有一席之地的野生植被，应被视为景观设计的一个基本要素。

一个反扩张装置

每个森林城市都将集中在一个垂直的维度上，存在于4km×4km的范围内，相当于通常存在于10000公顷土地上的城市体量。

生态自给自足

人类需要找到相应的解决方案，以变革的视角和做事的方式，并贯彻到我们的生产方式到我们的消费方式中。"商品和服务的无纸化和无毒化之路可以用四个词来概括：减少、修复、再利用和再循环。"森林城市将满足50万名居民的发展需求，促进教育和经济赋权，从根本上开发更具生态效率的解决方案、生活方式和行为形式，森林城市从减少对能源的需求以及减少浪费开始，这也意味着在降低成本（图5-19）。

图5-19 森林城市宣言
来源：博埃里建筑事务所（上海），2021。

多中心型城市

一个城市的特征是，它有一个中心，周围则围绕着不同的活跃地区和社区，共同协作下形成一个网络化的城市结构，目标是克服高度等级化的中心-边缘二分法，克服原有的土地价值分布，这种城市结构允许按照城市不同地区的实际需求，重新分配各种服务体系。

物种生物多样性的倍增器

森林城市将成为数百种不同植物的家园，包括树木、灌木和多年生植物。森林城市还将容纳许多鸟类和家畜。

应用新的绿色标准

城市中存在的绿色区域（包括公共的和私人的）差异很大。虽然在城市里如何定义绿色空间存在一定的冲突，不过塞西尔·科尼纳迪克教授的主张是，为城市森林制定一套新的经验法则，即"3-30-300"法则。"每户3棵树，每个社区30%的树冠覆盖率，距离最近的公园或绿色空间300m。"森林城市将应用这套绿色公平法则，来促进健康、幸福感和迅速恢复能力。

中国城市化新模式

森林城市（FC）是一种城市化模式，是大量居住组合体的基本要素。不同的森林城市（FC）可以组成一个集群，或者连成一线，形成一个主要的城市集合，但始终遵守为森林城市制定的标准进行维护：每个1600公顷的城市拥有10000公顷绿化（农业、自然、体育用途）可渗透面积。

5.15　写在最后的思考

斯坦法诺·博埃里

"转型"是当前无法避免的主题，这本书让我觉得：如今有勇气以不同的方式看问题是多么重要。转型并不是从某个国家、某个大陆或某个州的政治状态转向另一种政治状态，它已经不再是纯粹政治制度的转型。如今所说的转型，都是指更深层次的转型，需要从根本上重新思考我们与自然、与其他生物物种、与动物界以及植物界的关系。

我认为转型是指有勇气为我们的自然环境作出重要的抉择。

我们需要为城市生活作出一些勇敢的举措。

必须考虑能源这一基础问题，考虑城市和社区应有相当程度的能源自给自足这一理念。换句话说，城市和社区必须能够通过可再生能源产生能源和储存能源，让自己作为产能网中的一部分，而不是依赖于每栋建筑成为清洁能源网络中的终端，成为集中式系统的末梢。这一理念是里夫金在他的第三次工业革命计划中提出的，如今依然具有极大的关联性，依然非常重要。

此外，正如我们之前所说，城市交通以矿物燃料为基础的时代必须永远终止才行，不能定在10～15年内，而是最迟在3～4年内就得结束，这是个激进的做法，但是数据显示，空气污染和新冠疫情的蔓延与之有关系，我们必须从中进行思考。

虽然没有直接的证据，但是我们不能被过度简单化的想法给带偏了，这个问题和气候危机，以及自然资源的丧失，都在迫使我们采取行动，去实现转型，而且这个转型是集体性的，必须从城市开始。

如果我们真正想要拯救城市的未来，我们必须朝着这样的方向前进：大都市与自然现象的领域相互渗透，形成大型群岛，包括农业领域、自然植被和动植物区域。

群岛是一个形象的比喻，从中可以看出各个岛屿在功能上都是自治管理，但这并不妨碍强调共同海洋的重要性，在我们这个例子中，这个"海洋"由巨大的生物多样性走廊所构成。

因此，便有了一个跨国群岛大都市的愿景，其中包含多个城市聚集体，但不会消耗更多的土地，并且认识到，植物和动物的连接区域发挥着关键性的作用以及结构性的作用。

以城市为一个社区，以及以城市为一个地理空间，这一概念让我想起我几年前读过的一本书里的内容，其中卡洛·金兹堡在4节精彩的课程中解释了为什么"没有哪座岛屿是孤岛"，而是一个包含多个重要影响区域的系统，每个影响区域都彼此不同，但又都参与在同一个关系宇宙中。

我们如今已经进入了地球历史的新篇章。

如果我们正在经历的，是一段让整个世界陷入虚弱的过程，那么我们作为主导物种，是时候承担起责任了，是时候停止一头扎进去断送未来的行为了。

这一切要看我们是否意识到了这一点，以及如今我们是否能够将这种意识转化为直接而普遍的政治行动。用哲学家佛朗哥·博莱利喜欢的话来说，就像人不能没有氧气一样，我们得知道即将到来的未来是怎样的，而且我们当下采取了什么样的行动，那即将到来的未来便会是什么样子的。

对于新的世界而言，我们需要一个变革，让我们都开始思考这个问题，在实践中、在我们的日常生活中用我们的长远眼光思考它，为了我们的后世后代。

图5-20 过渡状态
来源:《乌尔巴尼亚》(*Urbania*,编辑:斯坦法诺·博埃里,意大利拉泰尔扎,2021年)。
图片版权:伊丽莎·加卢佐。

致谢

本书试图在气候危机的背景下，思考城市的未来。乔木和灌木对于地球的生物多样性和生态系统的平衡至关重要。因此，重新评估它们在我们的生活和城市结构中的角色，重塑植物界与人类之间新的共生关系，也是至关重要的。

这里描述的研究工作离不开博埃里建筑设计事务所，特别是研究部门在刺激、批评、建议和讨论中的贡献，以及我们在多次机会中有幸遇到的一些专家和专业人士的支持。例如，2018年在曼托瓦举行的第一届世界城市森林论坛、2019年在米兰召开的世界城市森林论坛以及2019年在埃因霍温举行的荷兰设计周。我们感谢在过去几年中参与私人会谈和采访并帮助我们在具体问题上形成思想的专家和专业人士。特别感谢 Joe Mcbride、C.Y. Jim、Klaus Loenhart、Kelly Shannon、Francesco Ferrini、Terry Hartig、Theodor Endreny、Piero Pelizzaro、Marc Palahi、Marco Marchetti、Alan Simson、Laura Petrella、Adam Freed、Jacob Koch、Amanda Burden、Dan Lambe、Noemie Fompeyrine、Richard Weller、Bas Smets。我们也由衷感谢陪伴我们学术之旅的专家Fabio Salbitano、SISEF和Simone Borelli、FAO。

特别感谢Daniela De Donno、Christopher Hildreth（简·古道尔研究所），以及Enrica Viganò（Admira），Karen Machtinger和Alanna Joanne Smith（Edward Burtynsky工作室）的支持和帮助。我们非常感谢Francesca Cesella和Fiona Watson、Survival International，以及Juliette Lecorne、卡地亚基金会，感谢他们的巨大支持。我们也非常感谢Graham基金会对本项目的信任和出版支持。Graham基金会成立于1956年，致力于促进关于建筑及其在艺术、文化和社会中的角色的多样化和挑战性思想的交流。

我们要感谢所有决定以他们的艺术、研究和知识为这个项目贡献力量的摄影师和作者，感谢他们通过这本书展示他们的惊人作品，加入我们的事业。最后但同样重要的是，我们要感谢Jon Cox的翻译、评论和对英文文本的建议，以及在本书创作过程中全程协助我们的Mario Piazza和Lorenzo Mazzali（Anchora Srl）。我们非常感谢他们在最艰难的时刻也充满热情地工作和奉献。

本书展示了博埃里建筑设计事务所的项目、思考和共同的追求所在，它得以实现还要感谢三位意大利合伙人Stefano Boeri、Francesca Cesa Bianchi和Marco Giorgio，以及博埃里室内设计事务所合伙人Giorgio Dona和博埃里中国的合伙人胥一波博士，他们信任并支持本项目的全过程。

参考文献

第1章

ACF, *Arctic Climate Forum Consensus Statement 2020 Arctic Summer Seasonal Climate Outlook*, 2020.

Amigo I., *When will the Amazon hit a tipping point*, on Nature 578, 505–50, 2020.

Barthes R., *Comment vivre ensemble. Simulations romanesques de quelques espaces quotidiens*, Notes de cours et de seéminaires au Collège de France (1976–1977), ed. Claude Coste, SEUIL IMEC, 1977.

Boeri S., *Visioni del futuro in un mondo sempre più fragile*, article published on Corriere della Sera, 12th July 2020.

Boeri S., Coccia E., Vacchiano G., *We think the forest is out there, but it's inside us*, in Lampoon n.22, Milan, November 2020.

Boeri S., *Urbania*, Laterza editore, Bari, 2021.

Clément G., *The Planetary Garden and Other Writings*, Univ. of Pennsylvania Press, 2015

Coccia E., *La vita delle piante. Metafisica della mescolanza*, (eng. tr. The Life of Plants. A Metaphysics of Mixture), Il Mulino, Bologna 2018.

EC, 2019, COM(2019) 640 final, *The European Green Deal*, Brussels, 11.12.2019.

EC, 2019, *Reflection Paper Towards a Sustainable Europe by 2030*, 2019.

EC, 2020, EC COM(2020) 380 final, *EU Biodiversity Strategy for 2030, Bringing nature back into our lives*, Brussels, 20.5.2020.

FAO, *The State of the Worlds Biodiversity for Food and Agriculture*, Bélanger J. and Pilling D. (eds.). FAO Commission on Genetic Resources for Food and Agriculture Assessments. Rome. 572 pp. 2019.

The Commonwealth, Forum Regenerative Development to Reverse Climate Change (RDRCC), London, 2017.

Friedman T.L., *Thank you for being late*, Farrar, Straus & Giroux, 2016.

Gütschow J., et al., 2016, *The PRIMAP-hist national historical emissions time series*, Earth System Science Data, 8, 571–603, 2016.

Hawken P., *Drawdown: The Most Comprehensive Plan Ever Proposed to Reverse Global Warming*, Penguin books, 2017.

Hawken, P., *Regeneration. Ending the climate crisis in one generation*, 2021.

Anzellini V., Desai B., Leduc C. et al., *IDMC Global Report on Internal Displacement 2020*, April 2020.

IPBES, 2019, *Global assessment report on biodiversity and ecosystem services of the Intergovernmental Science-Policy Platform on Biodiversity and Ecosystem Services* E. S., Brondizio, J. Settele, S. Díaz, and H. T. Ngo (editors). IPBES secretariat, Bonn, Germany.

IPCC, 2018, *Global Warming of 1.5℃. An IPCC Special Report on the impacts of global warming of 1.5℃ above pre-

industrial levels and related global greenhouse gas emission pathways, in the context of strengthening the global response to the threat of climate change, sustainable development, and efforts to eradicate poverty.

[.Masson-Delmotte, V., P. Zhai, H.-O. Pörtner, D. Roberts, J. Skea, P.R. Shukla, A. Pirani,W. Moufouma-Okia, C. Péan,R. Pidcock, S. Connors, J.B.R. Matthews, Y. Chen, X. Zhou,M.I. Gomis, E. Lonnoy, T. Maycock, M. Tignor, and T. Waterfield (eds.)

IUCN, 2020, *The IUCN Red List of Threatened Species.* Version 2020-2. https://www. iucnredlist.org. Downloaded on 09 July 2020.

Jacobson M.Z. et al., *Impacts of Green New Deal Energy Plans on Grid Stability, Costs, Jobs, Health, and Climate in 143 Countries*, One Earth, Issue 4, pp.449–463, December 20, 2019 .

Lenton T.M. et al., *Climate tipping points — too risky to bet against*, Nature.com, 2019.

Lewis S., Maslin M., *Defining the Anthropocene.* Nature 519, 171 – 180 (2015).

Lovelock J., *Gaia, a new look at life on Earth*, Oxford Landmark Science, 1979.

Mancuso S., *Plant Revolution*, Giunti, Firenze 2017.

Pinker S., *Enlightenment Now: The Case for Reason, Science, Humanism, and Progress*, Penguin Books Limited/Viking, London 2018.

Plaza C. et al., *Direct observation of permafrost degradation and rapid soil carbon loss in tundra*, Nature Geoscience, 2019.

Pope Francis, *Laudato Si'. Lettera Enciclica sulla cura della casa comune*, LEV, Città del Vaticano 2015.

Sasgen, I., et al., *Return to rapid ice loss in Greenland and record loss in 2019 detected by the*

GRACE-FO satellites. Commun. Earth Environ. 1, 8 (2020).

Shepherd A., Ivins E., Rignot E. et al., *Mass balance of the Greenland Ice Sheet from 1992 to 2018.* Nature 579, 233 – 239(2020).

Soroye P. et al., 2020, *Climate change contributes to widespread declines among bumble bees across continents*, Science 07 Feb 2020: Vol. 367, Issue 6478, pp.685–688.

Tielbeke J.,2020, *Il mito del consumatore verde*, l'Internazionale, n.1372, anno 27, Agosto 2020.

UNDP, UN SDGs Goal 11,Web.

UN, 2015, *United Nations Transforming our World: The 2030 Agenda for Sustainable Development*, 2015.

Valido A. et al., *Honeybees disrupt the structure and functionality of plant-pollinator network*, Nature, Scientific Reports 9, 4711 (2019).

Yin, J. et al., *Model projections of rapid sea-level rise on the northeast coast of the United States.* Nature Geosci 2, 262 – 266 (2009).

第2章

AMO, Rem Koolhaas, *Countryside: A Report*, Taschen, Köln 2020.

Bennett V. J., Smith W. P., Betts G., *Toward understanding the ecological impact of transportation corridors.*

Gen. Tech. Rep. PNW- GTR-846. Portland, OR: U.S. Department of Agriculture, Forest Service, Pacific Northwest Research Station, 2011.

Boeri S., "*Idee possibili per un pianeta migliore*", in AD Italia, June 2020.

Boeri S., *Urbania*, Laterza editore, Bari, 2021.

Braungart M., McDonough W., *Cradle to cradle: Remaking the Way We Make Things*, North Point Press, 2002.

COM(2020) 562 final, Communication from the commission to the European Parliament, the Council, the European economic and social committee and the committee of the regions, "Stepping up Europe's 2030 Climate Ambition, Investing in a Climate-neutral future for the benefit of our people", chap.2, September 2020.

COM(2020) 80 final, *Proposal for a Regulation of the European Parliament and of the Council, 2020*, European Commission,2020.

COM2019 640 final, *Communication from the Commission – The European Green Deal*, European Commission, 2019.

Di Sacco A., Hardwick KA, Blakesley D., et al. *Ten golden rules for reforestation to optimize carbon sequestration, biodiversity recovery and livelihood benefits*, Glob Change Biol. 2021; 00:1–21.

Ecorys, Copenhagen Resource Institute, *Resource Efficiency in the Building Sector*, page 12, 2014.

EU, NextGenerationEU:Commission presents next steps for €672.5 billion Recovery and Resilience Facility in 2021 Annual Sustainable Growth Strategy, Press Release, September 2020

Fahrig, L., *Effects of habitat fragmentation on biodiversity*. Ann. Rev. Ecol. Syst. 34(1), 487–515, 2003.

FAO & UNEP, *The State of the World's Forests 2020: Forests, biodiversity and people*, Rome, 2020.

Gatti L.V., Basso L.S., Miller J.B. et al., *Amazonia as a carbon source linked to deforestation and climate change*, Nature 595, 388–393, 2021.

Harari Y. N., *Homo Deus. A Brief History of Tomorrow*, (first ed. Published by Kinneret Zmora-Bitan Dvir), 2015.

IEA 2020, *IEA World Energy Statistics and Balances*, IEA Energy Technology Perspectives, 2020.

IEA, Global Alliance for Buildings and construction, *2019 Global Status Report for Buildings and Construction – Towards a zero-emissions, efficient and resilient buildings and construction sector*, page 12, 2019.

IUCN, *Issues Brief on Forests and Climate Change*, web article, February 2021.

Legambiente ONLUS, 2018, *Biodiversità a rischio*, May 2018.

MiPAAF, Ministry of Agriculture, Food and Forestry Policies, *RAF Italia 2017-2018, Report on the state of the forests and forestry in Italy*, 2019.

Naomi K., *This changes everything*, Simon & Schuster, 2014.

NextGenerationEU, European Commission Press release, 17 September 2020.

Peters P. Glen et al., *Rapid growth in CO2 emissions after 2008-2009 global financial crisis*, 2011.

Piattella M., Storti D., Rete Rurale Nazionale, *National Strategy for Inner Areas*, NSIA, September 2019.

Rifkin J., *The Green New Deal: Why the Fossil Fuel Civilization Will Collapse by 2028, and the Bold Economic Plan to Save Life on Earth*, St. Martin's Press, 2019.

Rossi A., *L'architettura della città*, Quodlibet, 2011.

Shepley M., Sachs N., Sadatsafavi H., Fournier C., Peditto K., *The Impact of Green Space on Violent Crime in Urban Environments: An Evidence Synthesis*, International Journal of Environmental Research and Public Health, December

2019, 16, 5119.

Stewart F.E.C. et al., 2019. Stewart, F.E.C., Darlington, S., Volpe, J.P. et al., *Corridors best facilitate functional connectivity across a protected area network*, Sci Rep 9, 10852, 2019.

Treccani, Treccani.it, Web

UNEP, UN Environment Programme, 2020 *Global Status Report for Buildings and Construction: Towards a Zeroemission, Efficient and Resilient Buildings and Construction Sector*, page 25, Nairobi, 2020.

UNDP, UN SDGs Goal 11, Web article.

Weller R., *World Park*, in LA+,2015.

Wilson E.O., *The Half Earth, our Planet's Fight for Life*, Liveright Publishing Corporation, 2016.

World Green Building Council, Burrows V. K., Adams M., Black M., 2020, *Advancing Net Zero Status Report*, 2020.

第3章

AAVV, *Diagnostic and Statistical Manual of Mental Disorder*, American Psychiatrists Association.

Alberti M., Marzluff J.M., Shulenberger E., Bradley G., Ryan C. et al., *Integrating humans into ecology: opportunities and challenges for studying urban ecosystems*, Bioscience 53:1169–1179, 2003.

Armson D., Stringer P., Ennos R., *The effect of tree shade and grass on surface and globe temperatures in an urban area*, Urban Forestry & Urban Greening. 11. 245–255, 2012.

Banham R., Barker P., Hall P., Price C., "*Non-Plan: An Experiment in Freedom*" in New Society, 1969.

Banham R., *The Architecture of Four Ecologies*, Harper & Row, 1971.

Barthes R., *Le Degré zéro de l'écriture*, Éditions du Seuil, Paris, 1953.

Benevolo L., *La casa dell'uomo*, Laterza, 1976.

Boeri S., "*Superluoghi. A proposito di due potenti metafore della globalizzazione*", in Domus, 885, October 2005, Editoriale Domus, Milano.

Boeri S., Un bosco verticale. Libretto di istruzioni per il prototipo di una città foresta (A vertical forest, Instructions Booklet for the Prototype of a Forest City), Corraini Edizioni, 2015.

Branzi A., *No-Stop City – Archizoom Associati*, Hyx Publisher, 2006.

Braungart M., McDonough W., *Cradle to Cradle: Remaking the Way We Make Things*, Farrar, Straus and Giroux, 2002.

Burdett R., Rode P., 2018, *Shaping Cities in an Urban Age*, Phaidon, 2018.

Calvino I., *Barone Rampante*, Einaudi, 1957.

Collins P., Patel V., Joestl S. et al., "*Grand challenges in global mental health*", Nature 475, 27–30, 2011.

Elmqvist T., Fragkias M., Goodness J., Güneralp B., Marcotullio P.J., McDonald R.I., Parnell S., Schewenius M., Sendstad M., Seto K.C., Wilkinson C., Urbanization, *Biodiversity and Ecosystem Services: Challenges and Opportunities. A Global Assessment*, Springer, 2013

EU, European Commission, *Towards an EU Research and Innovation policy agenda for Nature-Based Solutions & Re-Naturing Cities. Final Report of the Horizon 2020 Expert Group on Nature-Based Solutions and Re-Naturing Cities*, 2015.

FAO, *Guidelines on urban and peri-urban forestry*, by Salbitano F., Borelli S., Conigliaro M., Chen Y., FAO Forestry Paper No.178. Rome, Food and Agriculture Organization of the United Nations, 2016.

Felson A., Bradford M., Terway T., *Promoting Earth Stewardship through urban design experiments*, Frontiers in Ecology and the Environment. 11. 362–367, 2013.

Fontenot A., "Notes Toward a History of Non-Planning", Places Journal, January 2015.

Forman R.T.T, *Urban ecology: science of cities*, Cambridge University Press, Cambridge, 2014.

Forman R.T.T., *Urban Regions: Ecology and Planning Beyond the City*, Cambridge University Press, Cambridge, 2008.

Glaeser. E., *Triumph of the City: how our greatest invention makes us richer, smarter, greener, healthier and happier*, Penguin Press, London, 2011.

Grimm N.B., Faeth S.H., Golubiewski N.E., Redman C.L., Wu J. et. al., *Global change and the ecology of cities*. Science 319(5864):756–760, 2008.

Jacobs J., *The Death and Life of American Cities*, Random House Publisher, 1961.

Khanna P., *Connectography: Mapping the future of Global Civilization*, Random House Publisher, 2016.

Koolhaas R., "What Ever Happened to Urbanism?" in S.M.L.XL, The Monacelli Press, 1995.

Livesley S.J., McPherson G.M., Calfapietra C., *The Urban Forest and Ecosystem Services: Impacts on Urban Water, Heat, and Pollution Cycles at the Tree, Street, and City Scale*, J Environ Qual., 45(1):119–24, Jan 2016.

Mairet P., The Life and Letters of Patrick Geddes, Lund Humphries, 1957.

Manzini E., Bertola P.(edited by), Design multiverso. Appunti di fenomenologia del design, POLI.Design, Milan, 2004.

Maturana H., Varela F., *The maquinas y seres vivos*, Editorial Universitaria S.A., Chile, 1972.

McPhearson T., Pickett S.T.A., Grimm N.B., Niemelä J., Alberti M., Elmqvist T., Weber C., Haase D., Breuste J., Qureshi S., *Advancing Urban Ecology toward a Science of Cities*, BioScience, Volume 66, Issue 3, Pages 198212, 2017.

McPherson, E. G., Kendall, A., *A life cycle carbon dioxide inventory of the Million Trees Los Angeles program*, The International Journal of Life Cycle Assessment. 19(9): 1653–1665, 2014.

Meadows D.H., Meadows D.L., Randers J., Behrens W.W., et al., *The Limits to Growth*, Potomac Associates – Universe Books, 1972.

Michael M. Santos, João C.G. Lanzinha, Ana Vaz Ferreira, *Review on urbanism and climate change*, Cities, Volume 114, 103176, 2021.

More T., *Utopia*, Edward Arber Edition, 1895 – originally published in 1516.

Mostafavi M., Doherty G., *Ecological Urbanism*, Harvard University Graduate School of Design, Lars Müller Publishers, Baden, 2010.

Nowak D., Greenfield E., Hoehn R., Lapoint, E., *Carbon storage and sequestration by trees in urban and community areas of the United States*, Environmental pollution (Barking, Essex : 1987). 178C, 2013.

Nowak, D.J., Crane D.E., Stevens J.C., Hoehn R.E., Walton J.T., Bond J., *A groundbased method of assessing urban forest structure and ecosystem services*, Arboriculture and Urban Forestry 34:347–358, 2008.

Otter C., *The technosphere: A new concept for urban studies*, Urban History, 44(1), 145–154, 2017.

Russo A., Cirella G., *Modern Compact Cities: How Much Greenery Do We Need?*, International Journal of Environmental Research and Public Health. 15, 2018.

Seligman A. B., *La scommessa della modernità. L'autorità, il sé e la trascendenza*, Social Science, 2002.

Sennett R., 2018, *Building and dwelling: Ethics for the city*, Penguin publishing, 2018.

Somarakis, G., Stagakis, S., Chrysoulakis, N. (Eds.), *ThinkNature Nature-Based Solutions Handbook. ThinkNature project funded by the EU Horizon 2020 research and innovation programme under grant agreement No. 730338*, 2019.

Stein G., *Sacred Emily*, in: "Geography and Plays", Boston, 1922.

Steiner F., *Landscape ecological urbanism: Origins and trajectories*, Landscape and Urban Planning, Volume 100, Issue 4, pages 333–337, 2011.

Stone Jr B, Vargo J, Liu P, et al., *Avoided heat-related mortality through climate adaptation strategies in three US cities*, PLoS ONE 9: e100852, 2014.

UN, UN General Assembly, *Transforming our world: the 2030 Agenda for Sustainable Development*, 21 October 2015.

UN, UN General Assembly, *United Nations Millennium Declaration*, Resolution Adopted by the General Assembly, A/RES/55/2, 18 September 2000.

UN, UN SDGS Report 2020, *United Nations Sustainable Development Goals Report 2020, Goal 11*, page 41.

UN, UN Department of Economic and Social Affairs, *The 2030 Agenda for Sustainable Development*, 2015.

UN, UN Department of Economic and Social Affairs, *The Sustainable Development Goals Report 2018*, 2018.

UNEP, *Cities and Climate Change*, web article.

Vidor K., *A Tree Is a Tree*, Longmans Green and Co., 1953.

Wheeler S.M., Beatley T., *The Sustainable Urban Development Reader*, Third Edition, New York, Routledge, 2014.

Wilson E.O., *The Social Conquest of Earth*, Liveright, 2012.

Wilson E.O., *The Meaning of Human Existence*, Liveright, 2014.

Wu J., *Urban ecology and sustainability: The state-of-the- science and future directions*, Landscape and Urban Planning, Volume 125, 2014.

第4章

Agnoletti M., *Storia del Bosco. Il paesaggio forestale italiano*, Editori Laterza, November 2018.

Andrew R.M., *Global CO2 emissions from cement production*, Earth Syst. Sci. Data, 10, 195–217, https://doi.org/10.5194/essd-10-195-2018, 2018.

ANSI – American National Standard Institute, *Standard for Performance-Rated Cross- Laminated Timber*, New York, 2012.

Austin G., *Green Infrastructure for Landscape Planning: Integrating Human and Natural Systems*, New York, Routledge, 2014.

BAMB. Materials Passports. *Buildings As Material Banks*, February 28, 2019.

Boeri S., Brunello M., Pellegrini S., *Biomilano, Glossario di idee per una metropoli della Biodiversità (Glossary of ideas for a metropolis based around bio-diversity)*, Corraini Edizioni, 2011.

Boeri S., *Metropoli e Tecnosfera*, About a City, Feltrinelli Foundation, Milan, 2018.

C40, C40 Cities, 2018.

Caffo L., *Il cane e il filosofo. Lezioni di vita dal mondo animale*, Mondadori 2020.

Chomsky N., Foucault M., *The Chomsky – Foucault Debate: On Human Nature*, The New Press, New York, 1974.

Chris M., *Cities: farewell from the editor*, in the Guardian, 13 January 2020.

Colaninno N., Morello E., *Modelling the impact of green solutions upon the urban heat island phenomenon by means of satellite data*, LABSIMURB, Laboratorio di Simulazione Urbana Fausto Curti DAStU Politecnico di Milano, 2019.

Comitato Capitale Naturale, *Secondo Rapporto sullo Stato del Capitale Naturale in Italia*, Rome, 2018.

Council of Europe, *European Landscape Convention*, Florence, 20 October 2000.

Craig M. T. Johnston, Volker C., Radeloff, *Global mitigation potential of carbon stored in harvested wood product*, 2019.

Crippa M., Solazzo E., Guizzardi D. et al., *Food systems are responsible for a third of global anthropogenic GHG emissions*. Nat Food 2, 198–209, 2021.

Eldredge N., *La vita in bilico. Il pianeta Terra sull'orlo dell'estinzione* (Life in the balance. Humanity and the Biodiversity Crisis), 1998.

Espinoza O., Trujillo V.R., Mallo M.F.L., Buehlmann U., *Cross-Laminated Timber: Status and Research Needs in Europe*, 2015, BioResources 11(1): 281–295.

FAO and UNEP, *The State of the World's Forests 2020. Forests, biodiversity and people*. Rome, 2020.

FAO, *Urban and peri-urban forestry throughout history*, 2014.

FAO, *Land Use in Agriculture by the numbers*, 7 May 2020.

FAO, *Guidelines on urban and peri-urban forestry*, by F. Salbitano, S. Borelli, M. Conigliaro and Y. Chen. FAO Forestry Paper No. 178. Rome, Food and Agriculture Organization of the United Nations, 2016.

Gagg C. R., *Cement and concrete as an engineering material: An historic appraisal and case study analysis*, Engineering Failure Analysis, Volume 40, 2014, Pages 114–140.

FAO, Gerber P.J., Steinfeld H., Henderson B., Mottet A., Opio C., Dijkman J., Falcucci A., Tempio G., *Tackling climate change through livestock – A global assessment of emissions and mitigation opportunities.*, Rome, 2013.

Griscom B.W. et al., *Natural Climate Solutions*, PNAS, October 2017.

Hansjörg K., *Geschichte des Waldes. Von der Urzeit bis zur Gengewart*, Verlag C.H. Beck oHG, Munich, 2003 (from the Italian Edition: Hansjörg Küster, "Storia dei boschi. Dalle origini a oggi", Bollati Boringhieri, July 2019)

Harrison Pogue R., *Forests, the Shadow of Civilization*, The University of Chicago Press, 1992.

Hildebrandt J., Hagemann N., Thrän D., *The contribution of wood-based construction materials for leveraging a low carbon building sector in Europe*, Sustain. Cities Soc. 34: 405–418, 2017.

HSE, Health and Safety executive – UK, *Cancer and construction: Silica*, Web Article https://www.hse.gov.uk/construction/healthrisks/cancer-and-construction/silica-dust.htm

IPCC, Intergovernmental Panel on Climate Change, *2013 Revised Supplementary Methods and Good Practice Guidance Arising from the Kyoto Protocol*, T. Hiraishi, et al., Eds. (Intergovernmental Panel on Climate Change, Geneva, Switzerland, 2014).

IPCC, Intergovernmental Panel on Climate Change, *Revised 1996 IPCC Guidelines for National Greenhouse Gas Inventories*, J. T. Houghton et al., Eds. [Intergovernmental Panel on Climate Change (IPCC), IPCC/ Organisation for Economic Co-operation and Development/ International Energy Agency, Paris, France, 1997.

IPPC-SRCCL, *IPCC Special Report on Climate Change and Land*, 2019.

Jung C.J., *On the history and interpretation of the tree symbol*, in Alchemical studies, pages 272–349 (trans Hull R.F.C., 1967).

Kopenawa D., Bruce A., *The Falling Sky, Words of a Yanomami Shaman*, The Belknap Press of Harvard University Press, Cambridge Massachusetts, London England, 2013.

Kovacic I., Honic H., Rechberger H., *Proof of Concept for a BIM-Based Material Passport. Advances in Informatics and Computing in Civil and Construction Engineering*, Springer International Publishing, 2019.

Leskinen P., Cardellini G., González-García S., Hurmekoski E., Sathre R., Seppälä J., Smyth C., Stern T., Verkerk P.J., *Substitution effects of wood-based products in climate change mitigation*, From Science to Policy 7, European Forest Institute (EFI), 2018.

Li J., Greenwood D., Kassem M., *Blockchain in the built environment and construction industry: A systematic review, conceptual models and practical use cases*, Automation in Construction, Volume 102, Springer International Publishing, 2019.

Lingiardi V., *Mindscapes. Psiche nel paesaggio*, Raffaello Cortina Editore, Milano, pages 60–61, 2017.

Lorenz K., Das Wirkungsgefüge der Natur und das Schicksal des Menschen, R. Piper'& Co., 1978 (from the Italian Edition: Lorenz K., *Natura e Destino*, Mondadori, 1985).

Mancuso S., *Plant Revolution*, Giunti Editore, 2017.

Mell I., *Global Green Infrastructure, Lessons for successful policy-making, investment and management*, New York, Routledge, 2016.

PACE. *The Circularity Gap Summary 2021*, 2021, https://www.circularity-gap.world/2021.

Palmer L., *Adding power to the value of trees*, Nat Energy 2, 17020, 2017.

Panzini F., *Per i piaceri del popolo. L'evoluzione del giardino pubblico in Europa dalle origini al XX secolo*, Zanichelli Editore Spa, Bologna, 1993.

Perugini L., "*Una radicale inversione di tendenza*", in The Power of Trees, n.45 We World Energy, December 2019.

Pogue Harrison R., *Forests, the shadow of civilization*, The University of Chicago Press, 1992.

Prentice I.C., Farquhar G.D., Fasham M.J.R., Goulden M.L., Heimann M., Jaramillo V.J., Kheshgi H.S., Le Quéré C., Scholes R.J., Wallace D.W.R., *2001: The Carbon Cycle and Atmospheric Carbon Dioxide*. In "Climate Change 2001: The Scientific Basis". Contribution of Working Group III to the Third Assessment Report of the Intergovernmental Panel on Climate Change. Cambridge University Press, Cambridge, United Kingdom and New York, NY, USA, 881pp, 2001.

Ratcliffe R., *Mass monkey brawl highlights coronavirus effect on Thailand tourism*, in The Guardian, 13 March 2020.

Sacks O., *The River of Consciousness*, 2017.

Schama S., *Landscape and Memory*, pages 9–61,1995.

Sereni E., *Storia del paesaggio agrario italiano*, Editori Laterza, 1961.

Silvestri G., Schmid C., *Il virus buono*, Mondadori, 2019.

Simmel G., *Philosophie der Landschaft*, 1913.

Smedley T., BBC. Future. *Could wooden buildings be a solution to climate change?*, 25 July 2019.

Smith P., Bustamante M., Ahammad H., Clark H., Dong H., Elsiddig E.A., Haberl H., Harper R., House J., Jafari M., Masera O., Mbow C., Ravindranath N.H., Rice C.W., Robledo Abad C., Romanovskaya A., Sperling F., Tubiello F., *2014: Agriculture, Forestry and Other Land Use (AFOLU)*. In "Climate Change 2014: Mitigation of Climate Change". Contribution of Working Group III to the Fifth Assessment Report of the Intergovernmental Panel on Climate Change [Edenhofer, O., R. Pichs-Madruga, Y. Sokona, E. Farahani, S. Kadner, K. Seyboth, A. Adler, I. Baum, S. Brunner, P. Eickemeier, B. Kriemann, J. Savolainen, S. Schlömer, C. von Stechow, T. Zwickel and J.C. Minx (eds.)]. Cambridge University Press, Cambridge, United Kingdom and New York, NY, USA.

Sonter L.J., Herrera D., Barrett D.J. et al., *Mining drives extensive deforestation in the Brazilian Amazon*. Nat Commun 8, 1013, 2017.

Stone A., Zender M., *Reading Maya Art, a Hieroglyphic Guide to Ancient Maya Painting and Sculpture*, Thames & Hudson, 2011.

Turney C.S. et al., *Global peak in atmospheric radiocarbon provides a potential definition for the onset of the anthropocene epoch in 1965*, Scientific reports, 8(1), 3293, 2018.

UNEP, IEA, *Global Status Report — Towards a Zero-Emission, Efficient and Resilient Buildings and Construction Sector*, 2018.

UN, United Nations, Department of Economic and Social Affairs, *Population Division, World Urbanization Prospects: The 2014 Revision, Highlights* (ST/ESA/SER.A/352), 2014.

Valentini R., "Un prezioso alleato nella lotta ai cambiamenti climatici", in The Power of Trees, n.45 We World Energy, December 2019.

Van Gennep A., *Le rites de passage*, Émile Nourry, Paris, 1910.

Wolman A., "The metabolism of cities", Scientific American, 213(3), 178–193, 1965.

WWF, World Wide Fund for Nature, 2020.

第5章

Altieri M.A., Nicholls, C.I., *Urban agroecology: Principles and applications*, In Routledge Handbook of Urban Ecology (Second edition), eds. I. Douglas, PML Anderson, D. Goode et al. Forthcoming, 2021.

ARBRES, *Déclaration de droit de l'arbre*, 5 April 2019.

Basu S., Nagendra H, *The street as workspace: assessing street vendors' rights to trees in Hyderabad, India*, Landscape and Urban Planning.

Biemann U., Tavares P., *Forest Law/ Selva Juridica*, Eli and Edythe Broad Art Museum, Michigan State University, 2014.

Coccia E., *Private Interview in the occasion of the Green Obsession Event at DDW – Dutch Design Week*, 2019.

Elmqvist T., McPherson T., Bai X., et al., *The Urban Planet: Knowledge Towards Sustainable Cities*, Cambridge University Press, Cambridge, 2018.

Frase P., *Four Futures: Life After Capitalism*, Verso Books, New York 2016.

Mancuso S., *The Nation of Plants*, Other Press, March 2021.

Nagendra H., *Nature in the City: Bengaluru in the Past, Present, and Future*, Oxford University Press, Delhi, India, 2016.

Rifkin J., *The Third Industrial Revolution; How Lateral Power is Transforming Energy, the Economy, and the World*,

Palgrave MacMillan, 2011.

Sanderson E.W., *Mannahatta: A Natural History of New York City*, Harry N. Abrahams, New York, 2013.

Sen A., Nagendra H., *Mumbai's Blinkered Vision of Development: Sacrificing Ecology for Infrastructure. Economic and Political Weekly*, Volume LIV(9): 20–23, 2019.

Serres M., *Les Contrat Naturel*, François Bourin éditeur, 1990.

Shackleton C., Hurley P., Dahlberg A., Emergy M., Nagendra, H., *Urban foraging: ubiquitous but overlooked by urban planners and policy*, 2017.

Stone D.C., *Should Trees Have Standing? Toward Legal Rights for Natural Objects*, William Kaufman Inc., Los Altos, California, 1972.

UN, United Nations Department of Economic and Social Affairs (UNDESA). *World Urbanization Prospects 2018*, 2019.

Xiangning L., "The architecture in building with nature and landscapes: A kind of value dimension" [J]. Chinese Landscape Architecture, 2019, 35 (7): 34–39.

附录

术语翻译对照表

"术语"是指相关人名、地名、机构名、书名、文件名、会议名、专业词汇。

在翻译和审稿过程中，保留原著正文中对于参考文献的引用，无须翻译引用文献中的人名。

1. 在"术语翻译对照表"中出现的术语，第一次在正文中出现时必须在括号中标明术语原文，如是书名用斜体，如有机构名称，须在第一次出现时将全称写上。
2. 人名缩写：Middle name的缩写在翻译时，还是用"."，而不是"·"。
   e.g. 亨特·L. 洛文斯（Hunter L. Lovins）

术语	中文	
		序言
Monopodial	单轴	
sympodial	合轴	
via Donizetti	多尼泽蒂大道	
Stefano Boeri Architetti	博埃里建筑设计事务所	
James Lovelock	詹姆斯·洛夫洛克	
Gaia	盖亚	
Tirana	地拉那	
Mario Piazza	马里奥·皮亚扎	
Diana Lelonek	戴安娜·莱洛内克	
Global Allianee for Buildings and Construetion	全球建筑联盟	
Stefano Boeri	斯坦法诺·博埃里	
Porta Nuova	新门	
Eindhoven	埃因霍温	
Amatrice	阿马特里切	

术语	中文	
Down from the Stand: Arguments in favour of Non-Anthropocentric Urban Ethics	《从立场出发：支持非人类中心城市伦理的论点》	
Andrea Branzi	安德烈亚·布兰齐	
Politecnico di Milano	米兰理工大学	
Pier Mannuccio Mannucci	皮尔曼努西奥·曼努奇	
Laura Gatti	劳拉·加蒂	
Enrico Alleva	恩里科·阿列瓦	
Emanuele Coccia	伊曼纽尔·科西亚	
Fredi Devas	弗雷迪·德瓦斯	
Laura Gatti	劳拉·加蒂	
Jane Goodall	简·古道尔	
Paul Hawken	保罗·霍肯	
Cecil Konijnendijk	塞西尔·科尼纳迪克	
Davi Kopenawa Yanomami	戴维·科佩纳瓦·雅诺马米	
Pier Mannuccio Mannucci	皮尔·曼努奇奥·曼努奇	
David Miller	大卫·米勒	
Harini Nagendra	哈里尼·纳根德拉	
Thomas B. Randrup	托马斯·B.兰德鲁普	
Giuseppe Sala	朱塞佩·萨拉	
Mitchell Silver	米切尔·西尔弗	
Giorgio Vacchiano	乔治·瓦基亚诺	
FAO	联合国粮食及农业组织	
SISEF	意大利造林和森林生态学会	
Richard Weller	理查德·韦勒	
Fondation Cartier pour l'Art Contemporanie	卡地亚当代艺术基金会	
Power Station of Art	上海当代艺术博物馆	
Emanuele Coccia	伊曼纽尔·科西亚	
George Floyd	乔治·弗洛伊德	
Peter Godfrey-Smith	彼得·戈弗雷-史密斯	

术语	中文	
Steven Pinker	史蒂芬·平克	
		第1章
Potsdam Institute for Climate Impact Research	德国波茨坦气候影响研究所	
Scripps		
Thank You for Being Late	《谢谢你迟到了》	
Thomas L. Friedman	托马斯·洛伦·弗里德曼	
points of no return	不归宿点	
The Intergovernmental Panel on Climate Change（IPCC）	联合国政府间气候变化专门委员会	
United Nations Environment Program（UNEP）	联合国环境规划署	
World Meteorological Organization（WMO）	世界气象组织	
Atlantic Meridional Overturning Circulation（AMOC）	大西洋经向翻转环流	
Greenland	格陵兰	
Ohio State University Byrd Polar and Climate Research Center	俄亥俄州立大学伯德极地与气候研究中心	
Intergovernmental Science-Policy Platform on Biodiversity and Ecosystem Services（IPBES）	生物多样性和生态系统服务政府间科学政策平台	
International Union for Conservation of Nature（IUCN）	国际自然保护联盟	
European Commission（EC）	欧盟委员会	
Pope Francis	教宗方济各	
Laudato Si	愿你受赞颂	
Greta Thunberg	格蕾塔·桑伯格	
New European Green Deal	欧洲绿色新政	
Water-Wind-Solar technology（WWS）	水—风—太阳能技术	
Paul Hawken	保罗·霍金	
Lyla June Johnston	莱拉·琼·约翰斯顿	
Stefano Mancuso	特凡诺·曼库索	
Monica Gagliano	莫妮卡·加利亚诺	

术语	中文	
Gilles Clément	吉尔斯·克莱门特	
Yup'ik	尤皮克族	
Regeneration, Ending the Climate Crisis in One Generation	《再生：用一代人的努力结束气候危机》	
Timothy Morton	蒂莫西·莫顿	
BioBlitz	生物多样性普查	
International Energy Agency (IEA)	国际能源署	
Richard Sennett	理查·森内特	
Building and Dwelling	《建筑与居住》	
		第2章
Jeremy Rifkin	杰里米·里夫金	
The Green New Deal: Why the Fossil Fuel Civilization Will Collapse by 2028, and the Bold Economic Plan to Save Life on Earth	《绿色新政：化石燃料文明将在2028年崩盘，以及能拯救地球生命的经济方案》	
Cradle to cradle. Remaking the way we make things	《从摇篮到摇篮：循环经济设计之探索》	
2019 Global Status Report for Buildings and Construction	2019年全球建筑行业形势报告	
Mobility as a Service，MaaS	"出行即服务"	
Carlos Moreno	卡洛斯·莫雷诺	
Ursula von der Leyen	乌尔苏拉·冯德莱恩	
Strategic Plan for biodiversity 2011—2020	2011—2020年生物多样性战略计划	
Aichi Targets	爱知目标	
Edward Osborne Wilson	爱德华·奥斯本·威尔逊	
World Park	"全球生态公园"	
Great Green Wall	"绿色长城"	
Pan-European Ecological Network (PEEN)	泛欧生态网络(PEEN)	
Global Change Biology	《全球变化生物学》	
World Atlas of Desertificatio	全球荒漠化地图集	
Parco Italia	意大利公园	

术语	中文	
Gromo (Bergamo), Pescara del Tronto (Ascoli Piceno) and Brugnello (Val Trebbia)	格罗莫(贝加莫)、佩斯卡拉(阿斯科利皮切诺)和布鲁内洛(特雷比西亚河谷)	
Ligurian/ Tuscany Coast	利古里亚/托斯卡纳海岸	
CAI（the Italian Alpine Club）	意大利阿尔卑斯登山俱乐部	
Maria Lucrezia De Marco	玛丽亚·卢克雷齐娅·德·马可	
Corrado Longa	科拉多·隆加	
		第3章
Pietro Los	彼得罗·洛斯	
William McDonough	威廉·麦克多诺	
Michael Braungart	迈克尔·布朗加特	
MERS	中东呼吸综合征	
Hurricanes Harvey, Sandy and Katrina	哈维、桑迪和卡特里娜飓风	
Jakarta	雅加达	
Sebastian Mejia	塞巴斯蒂安·梅希亚	
The Social Conquest of Earth	《群的征服》	
Richard Sennett	埋查德·塞奈特	
Leonardo da Vinci	列奥纳多·达·芬奇	
Michelangelo Buonarroti	米开朗基罗·博纳罗蒂	
Sandro Botticelli	桑德罗·波提切利	
Cupertino	库比蒂诺	
Palo Alto	帕罗奥图	
Mountain View	山景城	
Manuel Castells	曼努埃尔·卡斯特尔	
Ricky Burdett	里奇·伯德特	
Philipp Rode	菲利普·罗德	
Edward Glaeser	爱德华·格莱泽	
James Hansen	詹姆斯·汉森	
Michael Bloomberg	迈克尔·布隆伯格	
We are still in	我们仍在坚守	

术语	中文	
COP21	联合国气候变化大会	
Ken Livingstone	肯·利文斯通	
Resilient Cities Catalyst	弹性城市催化剂	
World Mayor Council on Climate Change	世界气候变化市长理事会	
Sustainable Cities Network	可持续城市网络	
ICLEI	国际地方政府永续发展理事会	
Global Platforms	全球平台组织	
Sustainable Cities	可持续城市	
COP24	波兰卡托维兹联合国气候变化大会	
Thomas More	托马斯·莫尔	
Amerigo Vespucc	阿美利哥·韦斯普奇	
Republic	"理想国"	
Friedrich August von Hayek	弗里德里希·奥古斯特·冯·哈耶克	
Jane Jacobs	简·雅各布斯	
Rem Koolhaas	雷姆·库哈斯	
What Ever Happened to Urbanism?	《城市主义怎么了？》	
Lagos	拉各斯	
Istanbul	伊斯坦布尔	
Ebenezer Howard	埃比尼泽·霍华德	
Garden Cities of Tomorrow	《明日的田园城市》	
Frederick Law Olmsted	弗雷德里克·劳·奥姆斯特德	
Patrick Geddes	帕特里克·格德斯	
Limit to Growth	"增长的极限"	
SDGs	联合国可持续发展目标	
Sendai framework for the reduction of 2015—2030 disaster risk	2015—2030年仙台减灾纲领	
Lorenzo Zandri	洛伦佐·赞德里	
Chris Otter	克里斯·奥特	

术语	中文	
The Technosphere: A New Concept on Urban Studies	《技术圈：城市研究的新概念》	
Paul Duvigneaud	保罗·杜万约	
Herbert Sukopp	赫伯特·苏科普	
Mohsen Mostafavi	莫森·莫斯法塔维	
Charles Waldheim	查尔斯·沃尔德海姆	
Ian McHarg	伊恩·麦克哈格	
James Corner	詹姆斯·科纳	
Frederik Steiner	弗雷德里克·斯坦纳	
Horizon 2020 Expert Group	"地平线2020"专家组	
Guidelines on Urban and Peri-urban Forestry	《城市和城郊林业指南》	
TR030（The Tirana 2030 Project）	"地拉那2030"项目	
Enver Hoxha	恩维尔·霍查	
Edi Rama	埃迪·拉玛	
Lana River	拉纳河	
Tirana River	地拉那河	
Erzen River	埃尔岑河	
Rocca	瓜塔要塞	
Montefeltro	蒙特费尔特罗	
San Marino 2030 Plan	"圣马力诺2030计划"	
Emanuele Coccia	埃马努埃莱·科夏	
École des hautes études en sciences sociales	法国社会科学高等研究院	
La Vie Sensible	《感性的生命》	
La Vie des Plantes	《植物的生命》	
Prix des Rencontres philosophiques de Monaco	摩纳哥哲学会奖	
Filosofia della Casa	《居所哲学》	
Cartier Fondation for Contemporary Art	卡地亚当代艺术基金会	
Italo Calvino	伊塔罗·卡尔维诺	
Il Barone Rampante	《树上的男爵》	

术语	中文	
Cosimo Piovasco di Rondò	科西莫·皮奥瓦斯科·迪·隆多	
Emilio Ambasz	埃米利奥·安巴斯	
Jules de Gaultier	朱尔斯·德·高缇耶	
Vere Gordon Childe	维尔·戈登·柴尔德	
Gilles Clément	吉尔斯·克莱门特	
Guido Musante	吉多·穆桑特	
Dan Graham	丹·格雷厄姆	
Enzo Mari	恩佐·马里	
Hans Ulrich Obrist	汉斯·乌尔里希·奥布里斯特	
Joseph Rykwert	约瑟夫·瑞克维特	
Humberto Maturana	温贝托·马图拉纳	
Marseilles Unité d'Habitation	马赛公寓	
King Vidor	金·维多	
Gertrude Stein	格特鲁德·斯坦	
Roland Barthes	罗兰·巴尔特	
Elisa Galluzzo	伊丽莎·加卢佐	
Biblioteca Degli Alberi	树木图书馆公园	
Maria Lucrezia De Marco	玛丽亚·卢克雷齐亚·德·马可	
Piazza Gae Aulenti	盖·奥伦蒂广场	
Chavannes-Près-Renens	沙瓦讷-普雷-雷南	
Edward Burtynsky	爱德华·伯汀斯基	
		第4章
Michael Crichton	迈克尔·克莱顿	
Congo	《刚果》	
The Andromeda Strain	《仙女座菌株》	
Jurassic Park	《侏罗纪公园》	
Rising Sun	《旭日》	
Revelations	《启示录》	
Westworld	《西部世界》	

术语	中文	
Salk Institute	索尔克研究所	
Louis Kahn	路易斯·康	
Dr. Jane Goodall	简·古道尔博士	
Spillover	《溢出》	
David Quammen	大卫·夸门	
David Attenborough	大卫·艾登堡	
Planet Earth	《地球脉动》	
Fredi Devas	弗雷迪·德瓦斯	
Grand Paris	"大巴黎"	
Milano Animal City	"米兰动物城"	
Azzurra Muzzonigro	阿祖拉·穆佐尼格罗	
Matilde Cassani	马蒂尔德·卡萨尼	
Michele Brunello	米歇尔·布鲁内罗	
Francesca Benedetto	弗朗西斯卡·贝内代托	
Livia Shamir	利维娅·沙米尔	
Giorgio Zangrandi	乔治·赞格兰迪	
Saverio Pesapane	萨维里奥·佩萨帕内	
Enrico Alleva	恩里科·阿莱瓦	
Foucault	福科	
Leonardo Caffo	莱昂纳多·卡弗	
Simone Marchetti	西蒙·马尔凯蒂	
Hansjörg Küster	汉斯约格·库斯特	
Natural Climate Solutions, NCS	"自然气候解决方案"	
Herzog & de Meuron	赫尔佐格–德梅隆建筑事务所	
Jacques Herzog	雅克·赫尔佐格	
Cascina Triulza	特里乌尔扎农场	
Carl Jung	卡尔·荣格	
Rainer Maria Rilke	莱纳·玛利亚·里尔克	
Georg Simmel	乔治·西美尔	

术语	中文	
The European Landscape Convention	《欧洲风景公约》	
Dante Alighieri	但丁·阿利吉耶里	
The River of Consciousness	《意识之河》	
Oliver Sacks	奥利弗·萨克斯	
Forests: The Shadow of Civilization	《森林：文明之影》	
Robert Pogue Harrison	罗伯特·波格·哈里森	
Carl Linnaeus	卡尔·林奈	
Radura della Memoria	记忆之林	
Euripides	欧里庇得斯	
Le Troiane	《特洛伊妇女》	
Triveneto	特里韦内托	
Ips Typgraphus	欧洲云杉树皮甲虫	
Creolization	混杂文化	
E. Glissant	爱德华·格里桑	
Matvejević	马特韦耶维奇	
Antonio Calbi	安东尼奥·卡尔比	
Peloponnese	伯罗奔尼撒半岛	
Achaeans	亚该亚人	
Andromache	安德洛玛克	
Hector	赫克托尔	
Astyanax	阿斯提亚纳克斯	
Anastasia Kucherova	阿纳斯塔西娅·库切洛娃	
Muriel Mayette Holtz	穆里尔·马耶特·霍尔茨	
Massimiliano Fuksas	马西米利亚诺·富克萨斯	
Friuli	弗留利	
Sappada	萨帕达	
The Blink Fish	"眨眼的鱼"	
Stefano Santamato	斯坦法诺·桑塔马托	
Paolo Soravia	保罗·索拉维	

术语	中文	
Hecuba	赫库巴	
Polyxena	波利克塞娜	
Petra Blaisse	佩特拉·布莱瑟	
Luca Vitone	卢卡·维托内	
Polcevera	波尔切韦拉	
Andrea Boschetti	安德里亚·博斯凯蒂	
Secondo Antonio Accotto	安东尼奥·阿科托	
Via Porro	波罗街	
Via Fillak	菲拉克街	
Davi Kopenawa Yanomami	达维·科佩纳瓦·亚诺玛米	
Alessandro Lucera	亚历山德罗·卢切拉	
Hutukara Yanomami Association	胡图卡拉亚诺玛米协会	
Giorgio Vacchiano.	乔治·瓦基亚诺	
Drinic	德里尼克	
lom	洛姆	
Antonio Stradivari	安东尼奥·斯特拉迪瓦里	
Amundsen Sea	阿蒙森海	
Chicxculub	希克苏鲁伯	
Riccardo Badano	里卡多·巴达诺	
European Journal of Internal Medicine	《欧洲内科学杂志》	
Common Preservation Society	共同保护协会	
Shinrin-yoku	森林浴	
Dr. Baraldi	巴拉尔迪博士	
Enrico Alleva	里科·阿列瓦	
Fredi Devas	弗雷迪·德瓦斯	
Alessandro Mariani	亚历山德罗·马里亚尼	
Legambiente	环保联盟	
ANPA	国家环境保护局	
Anton Dohrn Zoological Station of Naples	那不勒斯安东多恩动物研究所	

术语	中文
Institute of the Italian Encyclopedia "Giovanni Treccani"	意大利百科全书"乔瓦尼·特雷卡尼"研究所
Italian Space Agency	意大利航天局
CNR Department "Life Sciences"	意大利国家研究委员会（CNR）"生命科学"部
San bushmen	布希曼人
Meerkat Manor	《猫鼬庄园》
Nick Baker's Weird Creatures	《尼克的怪兽朋友》
Frozen Planet	《冰冻星球》
Wild Arabia	《狂野阿拉伯》
Planet Earth II	《地球脉动第二季》
Cities	《城市》
Villa Pamphilj	潘菲利别墅
Gheppio falcon	红隼猎鹰
San Miguel Ajusco	圣米格尔阿朱斯科
Pedregal	佩德雷加尔
Manaus	马瑙斯市
Tamarins	绢毛猴
Harar	哈勒尔
Jaipur	斋浦尔
Hanuman	哈努曼
Gecko Tokay	托凯壁虎
Leon Battista Alberti	莱昂·巴蒂斯塔·阿尔贝蒂
Elman Clémance	埃尔曼·克莱芒斯
Donna Haraway	堂娜·哈拉维
Tim Jackson	蒂姆·杰克逊
Prosperity without Growth	《无增长的繁荣》
Francesca Cesa Bianchi	弗朗西斯卡·塞萨·比安奇
Marco Giorgio	马可·乔治
Sofia Paoli	索菲亚·保利

术语	中文	
Guidelines for National Greenhouse Gas Inventories	《国家温室气体清单指南》	
Revised Supplementary Methods and Good Practice Guidance Arising from the Kyoto Protocol	《源自京都议定书的修订补充方法和良好实践指南》	
Distributed Ledger Technologies –DLT	分布式账本技术	
Annecy	安纳西	
Mt. Salève	萨雷布山	
Eugenio Morello	尤金尼奥·莫雷洛	
Fabio Salbitano	法比奥·萨尔比塔诺	
Friuli	弗留利	
Corriere della Sera	《意大利晚邮报》	
TG La7	意大利电视七台	
Maria Chiara Pastore	玛丽亚·基亚拉·帕斯托雷	
Il capitale naturale in Italia	《意大利的自然之都》	
Abel Wolman	阿贝尔·沃尔曼	
Pro Silva Italia	意大利近自然林业协会	
Victor Moriyama	维克多·莫里亚马	
		第5章
Peter Frase	彼得·弗雷泽	
Dr. Jane Goodall	珍·古德博士	
Jane Goodall Institute	珍古德教育与保育协会	
Gombe	贡贝	
Roots & Shoots	根与芽环境教育项目	
Akira Miyawaki	宫胁昭	
Adrien Dubost	阿德里安·杜博斯特	
Fiamma Colette Invernizzi	弗莱姆·科莱特·因弗尼兹	
Christopher Stone	克里斯托弗·斯通	
Should Trees Have Standing? Toward Legal Rights for Natural Objects	《树应该有诉讼资格吗——迈向自然物的法律权利》	
Michel Serres	米歇尔·塞雷斯	

术语	中文
The Natural Contrac	《自然契约》
Paola Antonelli	保拉·安特那利
The Nation of Plants	《植物国度》
Francesco Ferrini	弗朗西斯科·费里尼
Paolo Pileri	保罗·皮莱里
Ci vuole un Albero per salvare la Città	《需要一棵树来拯救城市》
"*Du bon usage des arbres: Un plaidoyer à l'attention des élus et des émarques*"	《善用树木》
Francis Hallé	弗朗西斯·阿莱
Azim Premji University	阿齐姆·普莱姆吉大学
Harini Nagendra	哈里尼·纳根德拉
Global Environmental Change	《全球环境变化》
Nature in the City: Bengaluru in the Past, Present and Future	《城市中的自然：班加罗尔的过去、现在和未来》
Cities and Canopies: Trees of Indian Cities	《城市与冠盖：印度城市中的树木》
Eric Sanderson	埃里克·桑德森
Mannahatta: A Natural History of New York City	《曼纳哈塔：纽约市自然史》
Hyderabad	海德拉巴
Kaikondrahalli lake	凯康德拉哈利湖
Project Dus	"尘埃计划"
Frank Gehry	弗兰克·盖里
Intended Nationally Determined Contribution (INDC)	国家自主贡献预案
American Planning Association	美国规划协会
Robert Moses	罗伯特·摩西
Michael Friedrich	迈克尔·弗雷德里希
Simone Leigh	西蒙妮·利
Janette Sadik-Kahn	珍妮特·萨迪克-卡恩
Discovery Green	"探索绿色公园"
Urban Forestry & Urban Greenings	《城市林业与城市绿化》

术语	中文	
Rudolf De Groot	鲁道夫·德·格鲁特	
Robert Costanza	罗伯特·科斯坦萨	
Ingo Kowarik	英戈·科瓦里克	
Black Lives Matter	"黑命贵"	
Pirelli	倍耐力	
Fausto Curti	福斯托·柯蒂	
Parco Nord Milano	米兰北公园	
Parco Agricolo Sud Milano	米兰南部农业公园	
ERSAF Lombardy Region	伦巴第大区农业与林业地区服务机构	
Carlo Ginzburg	卡洛·金兹堡	
Franco Bolelli	佛朗哥·博莱利	
Syracuse	雪城	
Cicero	西塞罗	
Levi Trommelen	列维·特罗梅伦	
John Spyrou	约翰·斯皮罗	

图书在版编目（CIP）数据

生态意念：森林在城市的回响 / 意大利斯坦法诺·博埃里建筑事务所著；徐娴雅译. -- 上海：同济大学出版社，2025.5. -- ISBN 978-7-5765-1625-8

Ⅰ. TU984；X321

中国国家版本馆CIP数据核字第2025LY1292号

Green Obsession: Trees towards Cities, Humans towards Forests
by STEFANO BOERI ARCHITETTI.
Copyright © STEFANO BOERI ARCHITETTI
All rights reserved.
本书原版版权由STEFANO BOERI ARCHITETTI所有，侵权必究。

Tongji University Press is authorized to publish and distribute exclusively the Chinese (Simplified Characters) language edition. This edition is authorized for sale throughout Mainland of China. No part of the publication may be reproduced or distributed by any means, or stored in a database or retrieval system, without the prior written permission of the publisher.
本书中文简体翻译版权由同济大学出版社独家出版并仅限在中国大陆地区销售。未经出版者书面许可，不得以任何方式复制或发行本书的任何部分。

生态意念：森林在城市的回响
Green Obsession: Trees Towards Cities, Humans Towards Forests

Stefano Boeri Architetti / 斯坦法诺·博埃里建筑事务所　著
徐娴雅　译

出 品 人	金英伟
策划编辑	吕　炜
责任编辑	姜　黎
责任校对	徐逢乔
封面设计	陈益平

出版发行	同济大学出版社 www.tongjipress.com.cn
	（地址：上海市四平路1239号　邮编：200092　电话：021-65985622）
经　销	全国各地新华书店
印　刷	上海安枫印务有限公司
开　本	787mm×1092mm　1/16
印　张	21.75
字　数	434 000
版　次	2025年5月第1版
印　次	2025年5月第1次印刷
书　号	ISBN 978-7-5765-1625-8
定　价	188.00元

本书若有印装质量问题，请向本社发行部调换

版权所有　侵权必究